Martin Rees

Vor dem Anfang
Eine Geschichte des Universums

**Mit einem Geleitwort von
Stephen Hawking**

Aus dem Englischen von Anita Ehlers

S. Fischer

2. Auflage: 6.–8. Tausend
Die englische Originalausgabe erschien 1997 unter dem Titel
›Before the Beginning. Our Universe and Others‹
bei Simon & Schuster Ltd., London.
Übersetzung und Abdruck des Geleitworts
mit freundlicher Genehmigung
von Professor Stephen Hawking, Cambridge.
© 1997 by Martin Rees
Für das Geleitwort:
© 1997 by Stephen Hawking
Für die deutsche Ausgabe:
© 1998 S. Fischer Verlag GmbH, Frankfurt am Main
Alle Rechte vorbehalten
Gesamtherstellung: Clausen & Bosse, Leck
Printed in Germany
ISBN 3-10-062913-2

Inhalt

Geleitwort

Martin Rees und ich waren zur gleichen Zeit Doktoranden am Department für Angewandte Mathematik und Physik in Cambridge. Martin hatte Mathematik studiert und begann sich für Physik und Astrophysik zu interessieren, während ich in Oxford wohl etwas Physik gelernt hatte und nun versuchte, mir die zum Verständnis von Einsteins Relativitätstheorie nötige Mathematik anzueignen. Unser beider Doktorvater war Dennis Sciama. Er war für uns sehr anregend, obwohl weder Martin noch ich ihm in allem zustimmten. Damals wurden heftige Auseinandersetzungen um die Frage geführt, ob die Welt mit einem Urknall begonnen habe oder von jeher im gleichen Zustand war. Sciama vertrat diese Steady-State-Theorie. Martin und ich aber waren beeindruckt von den zahllosen Beobachtungen von Radioquellen und Quasaren, die für die Urknalltheorie sprachen. Die Frage wurde später durch die Entdeckung der schwachen Hintergrundstrahlung entschieden, die nur als Überbleibsel des Urknalls erklärt werden kann.

Diese Zeit um 1960 war für uns Physikstudenten sehr aufregend, denn sowohl Theorie als auch Beobachtung brachten überraschende Entdeckungen. Alles war neu, deshalb konnte auch ein fortgeschrittener Student Wege finden, die zu gehen etablierten Forschern zu schwerfällig erschien. Erstaunlicherweise ist das mit gelegentlichem Auf und Ab auch heute noch so, weil das Gebiet sich jetzt ebenso rasch verändert wie damals.

Martin und ich sind später sehr unterschiedliche Wege gegangen. Während ich mich vor allem für die Weiterentwicklung der Theorie interessiert habe und meine Arbeit größtenteils noch nicht durch Beobachtungen bestätigt wurde, hat Martin immer in engem Kontakt mit der Beobachtung gearbeitet und auf das geachtet, was sie uns über das Universum mitteilt. Dieser andere Ansatz spiegelt sich in den Büchern, die wir geschrieben haben, wider. Das vorliegende Buch vermittelt dem Leser Bekanntschaft mit den Tatsachen, um die es in der Astronomie geht – ohne das Wort Gott zu erwähnen, bei dem Martin offenbar Unbehagen verspürt. Aber »Gott« ist ja auch ein theoretischer Begriff.

Stephen Hawking
Mai 1997

Einleitung

Die Philosophie beginnt mit dem Staunen.
Und am Ende, wenn das philosophische
Denken alles ihm Mögliche getan hat, bleibt
das Staunen.
A. N. Whitehead

Die kosmische Perspektive

Unser Universum hatte seinen Anfang im »Urknall« oder
»Feuerball«. Es dehnte sich aus und kühlte sich ab; einige Milliarden Jahre später entstand das komplizierte System von Sternen und
Galaxien, das wir um uns herum sehen. Um mindestens einen Stern
kreist mindestens ein Planet, auf dem sich Atome zu Gebilden zu-
sammengefunden haben, die so komplex sind, daß sie darüber nachdenken können, wie sie geworden sind.

Spötter haben gern und nicht ganz zu Unrecht gesagt, es gäbe in
der Kosmologie nur zwei Tatsachen, nämlich daß unser Universum
sich ausdehnt und daß der Nachthimmel dunkel ist. Aber das
stimmt so nicht mehr. Von der Erde und vom Weltraum aus beobachten wir mittlerweile Galaxien, die das Licht, wie wir es heute
sehen, auf den Weg schickten, als unser Weltall erst ein Zehntel so
alt war wie heute. Heute simulieren Computer, wie sich aus amorphen Anfängen Galaxien herausbilden, andere Verfahren haben
»Überbleibsel« aus noch früheren Zeiten der kosmischen Geschichte enthüllt.

Wir können die Evolution unseres Universums bis in die Zeit
zurückverfolgen, als es nur 1 Sekunde alt war. Diese Behauptung
hätte frühere Generationen von Kosmologen erstaunt, die ihr Gebiet als einen Teil der Mathematik sahen, der nichts mit empirischer

Überprüfung zu tun hat. Ich würde mindestens 10 : 1 wetten, daß es wirklich einen Urknall gab und alles in unserem beobachtbaren Universum als komprimierter Feuerball begann, viel heißer als die Mitte der Sonne. Die meisten Kosmologen würden ähnlich hohe Einsätze bieten. (Eine Minderheit jedoch würde lautstark Widerspruch einlegen.)

Kosmos und Mikrowelt

So gewaltig Sterne und Galaxien auch sein mögen, sie stehen auf der Komplexitätsskala weit unten. Deshalb ist es nicht allzu anmaßend, wenn wir sie verstehen möchten. Ein Frosch stellt für die Naturwissenschaft eine viel größere Herausforderung dar als ein Stern. Planetensysteme um ein Zentralgestirn sind nicht selten. Aber wie groß sind die Chancen, daß unter günstigen Umständen Leben entsteht und sich bis zu einem »interessanten« Stadium entwickelt? Diese biologische Frage ist noch unbeantwortet. Vielleicht wimmelt der Kosmos von Leben. Andererseits könnte die Entwicklung von Lebewesen auch eine derart seltene Kombination »glücklicher Zufälle« voraussetzen, daß nur auf unserer Erde bewußte intelligente Wesen leben.

Unser »kosmischer Zyklus« könnte endlich sein und in einem »Big Crunch«, einer »Endkatastrophe« kollabieren. Aber das wird erst geschehen, wenn die Sterne verblaßt sind und alle Atome und sogar die Schwarzen Löcher wieder zu Strahlung geworden sind. Bis dahin hätten Leben und Intelligenz, selbst falls es sie jetzt nur auf der Erde gibt, genug Zeit, sich durch unsere ganze Galaxis und darüber hinaus zu verbreiten. Wenn das Leben auf der Erde jetzt erlöschen würde, wären die Entwicklungsmöglichkeiten des ganzen Weltalls beschnitten. Unsere Biosphäre hat möglicherweise für die ganze Welt Bedeutung, nicht »nur« für die Erde. Wir können die Geschichte des Kosmos zuverlässig bis zur ersten Sekunde zurückverfolgen. Der Boden wird schwankender, wenn wir noch weiter zurück extrapolieren, bis zur ersten Mikrosekunde. Aber neue Fortschritte machen Fragen, deren Antworten man zuvor höchstens vermuten konnte, ernsthafter Forschung zugänglich: Warum ist unser Universum so groß? Warum dehnt es sich eigentlich aus? Einem neuen Einstein oder Newton stellt sich die Herausforderung, die Naturkräfte zu »vereinheitlichen«, also elektrische Kräfte, Kernkräfte und Gravitationskräfte als unterschiedliche Manifestationen einer einzigen Urkraft zu beschreiben. Vielleicht finden wir diese Urkraft nur dann, wenn die Energien ungeheuer hoch sind – was möglicherweise nur in den ersten Augenblicken des Urknalls der Fall war, in dem alles Existierende bis auf die Größe eines Golfballs und kleiner zusammengepreßt war und Quantenwellen den ganzen Raum erschüttern konnten. Die »Keime« von Galaxien und anderer kosmischer Strukturen und die unser Weltall durchdringende »dunkle Materie« sind Reste aus dieser Zeit.

Das Multiversum

Als sich unser Universum abkühlte, ergab sich die ihm eigene Mischung aus Energie und Strahlung und möglicherweise sogar die Anzahl der Raumdimensionen genauso »zufällig« wie die Muster im Eis eines gefrierenden Sees. Die Naturgesetze jedoch wurden schon beim Urknall »festgelegt«. Unser Universum und die Gesetze, die es bestimmen, mußten (in einem wohldefinierten Sinn) ganz besondere sein, damit wir entstehen konnten. Es mußten sich Sterne bilden, und die nuklearen Brennöfen, die sie leuchten lassen, mußten den im Urknall entstandenen Wasserstoff zu Kohlenstoff, Sauerstoff und Eisenatomen verbrennen. Vorbedingungen für die Komplexität des irdischen Lebens waren eine stabile Umwelt und ungeheuer viel Raum und Zeit.

Die »Feinabstimmung« des Universums, von der unsere Existenz abhängt, könnte Zufall sein: So habe ich früher gedacht. Aber diese Sichtweise erscheint mir jetzt als zu eng. Was man gewöhnlich »Universum« nennt, könnte nämlich ein Teil einer größeren Gesamtheit sein. Es könnte zahllose Universen geben, in denen andere

Gesetze gelten. Das Universum, in dem wir uns entwickelt haben, gehört zu der ungewöhnlichen Teilmenge, welche die Entwicklung von Komplexität und Bewußtsein zuläßt. Wenn wir so denken, brauchen wir uns nicht mehr zu wundern, daß unser Universum Eigenschaften hat, die »besonders« zu sein scheinen – und von Theologen einmal als Hinweise auf die Vorsehung oder einen göttlichen Plan angeführt wurden. Die größere Perspektive des »Multiversums« war ein Beweggrund, dieses Buch zu schreiben. Sie bedeutet womöglich eine so drastische Veränderung unserer Vorstellungen vom Kosmos, wie es der Übergang vom vorkopernikanischen Weltbild zu der Erkenntnis war, daß die Erde einen ganz gewöhnlichen Stern am Rand des Milchstraßensystems umläuft, das selbst nur eine unter vielen Galaxien ist. Ganz im Geist der Wissenschaft können Kosmologen heute ernsthafte Fragen zu einem neuen Bereich grundlegender Themen stellen, über den sie zuvor höchstens nach Feierabend spekulierten.

Vielleicht ist unser ganzes Universum nur ein Element – ein »Atom« sozusagen – einer unendlichen Menge von Universen, eine Insel im kosmischen Archipel. Jedes dieser Universen beginnt mit seinem eigenen Urknall, erhält, während es sich abkühlt, seine eigene Prägung (und seine eigenen Naturgesetze) und durchläuft seinen eigenen kosmischen Kreislauf. Der Urknall, der unser Universum auslöste, ist so gesehen der winzige Teil eines höchst raffinierten Prozesses, der weit über die Reichweite aller Teleskope hinausgeht.

Nach Meinung einiger Kosmologen können sich in den vorhandenen Universen neue »Embryo-Welten« bilden. So könnte Materie, die (beispielsweise in der Umgebung eines kleinen Schwarzen Lochs) zu ungeheurer Dichte zusammenfällt, die Ausdehnung eines uns unzugänglichen neuen Bereichs auslösen. Vielleicht lassen sich Universen sogar »herstellen« – das geht zwar heute über alles in der Experimentalphysik Menschenmögliche hinaus, könnte aber einmal Wirklichkeit werden. Bedenken wir, daß unser Weltall den größten Teil seines Lebens noch vor sich hat! Mit einer Tochterwelt könnten wir zwar unmöglich Information austauschen, aber sie könnte durch ihre Herkunft geprägt sein. Möglicherweise ist unser eigenes Universum das (geplante oder ungeplante) Ergebnis eines solchen Vorgangs, der sich in einem früheren Kosmos abspielte. In diesem Fall würde der alte Gottesbeweis, der sich auf die Zweckmäßigkeit der Welt beruft, in neuer Form wieder auftauchen.

Die meisten natürlich entstandenen Universen wären »Totgeburten« in dem Sinn, daß sie keine Umwelt bieten, in der eine komplexe Evolution ablaufen könnte: Ihre Lebenszeit wäre zu kurz, sie hätten die falsche Anzahl von Dimensionen, sie ließen keine Chemie zu, oder sie wären sonst irgendwie ungeeignet. Aber vielleicht ist unser Universum nicht einmal besonders kompliziert: Andere Universen könnten eine reichere Struktur haben, reicher als alles, was wir uns vorstellen können.

Wir können das Wesen unserer kosmischen Umwelt nicht allein durch Denken erfassen. Die modernen Teleskope und Raumschiffe haben die Kosmologie zu einer Wissenschaft gemacht – sie dringen tief in den Raum und weit zurück in die Zeit und suchen nach solch bizarren Objekten wie Schwarzen Löchern und kosmischen Strings. Dieses Buch beschreibt einige der Höhepunkte dieser Suche und berichtet von Entdeckungen und Gedanken, die erst jetzt ins Blickfeld rücken. Ich habe mich dabei immer bemüht, den historischen Zusammenhang im Auge zu behalten und einige der »alten« Fragen zu klären, die immer wieder angesprochen werden – Themen wie Rotverschiebung, dunkle Materie, Schwerkraft und dergleichen.

Ich habe in den Text auch manche Erinnerung eingeflochten und versucht, den Eindruck zu schildern, den einige der außergewöhnlichen Menschen auf mich gemacht haben, denen ich begegnet bin oder mit denen ich zusammengearbeitet habe. Dabei habe ich mich bemüht zu zeigen, wie ihr Ansatz durch ihre Persönlichkeit, ihre außerwissenschaftlichen Interessen und gelegentlich auch durch fixe Ideen geformt wurde.

»Federn« werden im *Großen Brockhaus* als »Ausstülpungen der Haut« definiert und so beschrieben:

Die in der Haut wurzelnde Achse (Schaft) der Konturfeder ist beiderseits dicht mit Ästen (rami) besetzt, die ihrerseits nach oben und unten die Äste zweiter Ordnung oder Strahlen (radii) entsenden.

Diese Definition könnte für jemanden, der ungeheuer gelehrt ist und noch nie einen Vogel gesehen hat, nützlich sein. Viele naturwissenschaftliche Bücher sprechen eine (fast nicht existente) Klasse von Lesern an, die zwar über einen umfangreichen Wortschatz verfügen, sich aber von Zahlen oder Formeln verwirren lassen – dabei kann Fachjargon oft unverständlicher sein als einfache Gleichungen.

Ich habe versucht, Fachsprache *und* Formeln zu vermeiden. Aber Zahlen lassen sich nicht vermeiden. Und wenn man den Kosmos beschreibt, sind einige der Zahlen sehr groß. Wichtig ist ihre Größenordnung, nicht ihr genauer Wert, deshalb werden sie hier oft als Zehnerpotenzen angegeben (10^x, wobei x die Anzahl der Nullen ist, die in der ausgeschriebenen Zahl vorkommen). Der Däne Niels Bohr, ein Bahnbrecher der modernen Physik, gab seinen Kollegen den Rat, so »klar zu sprechen, wie sie denken, aber nicht klarer«. Er befolgte seinen eigenen Rat – er war geradezu berühmt für sein unhörbares und unverständliches Gemurmel. Die Mathematik der Theoretiker und die Instrumente der Beobachter mögen in der Tat schwer verständlich erscheinen, aber diese technischen Einzelheiten gehen eigentlich nur Spezialisten etwas an. Sie sind lediglich das Werkzeug, mit dem sich die großen Fragen der Kosmologie anpacken lassen: Wie entstanden Sterne, Planeten und das Leben? Warum ist unser Universum gerade so, wie es ist? Was prägte die Gesetze, die es bestimmen? Könnte es andere Universen geben? Diese Fragen kann jeder erfassen – und wenn wir alle nach einer Lösung suchen, hat der Spezialist sicher kaum einen Vorsprung vor dem allgemein gebildeten Laien.

Für einige Behauptungen über unser Universum gibt es inzwischen gute Bestätigungen, die unter Kosmologen weite Zustimmung finden, andere sind eher Vermutungen oder Spekulationen.

Dieses Buch beschreibt einige dieser Gedanken, über die heute Übereinstimmung besteht, aber auch einige Vermutungen, die meine Kollegen nicht teilen würden. Ich habe immer versucht, den Unterschied zwischen dem, was gesichert ist, und dem, was nicht – oder jedenfalls *noch* nicht – bestätigt wurde, nicht zu verwischen.

Stephen Hawking, mein Kollege in Cambridge, behauptet in *Eine kurze Geschichte der Zeit*, jede in einem Buch vorkommende Gleichung halbiere die Verkaufszahlen. Er verzichtete deshalb auf Gleichungen, und das tue ich auch. Aber er (oder vielleicht auch der Verlag) meinte, jede Erwähnung von Gott werde die Verkaufszahlen verdoppeln. In Befolgung dieses Gedankens kommt Gott in den Titeln mehrerer seiner späteren Bücher vor – *Gott und die moderne Physik, Der Plan Gottes* und ähnliches. Hier nun folge ich Hawkings Vorbild nicht. Ausflüge von Naturwissenschaftlern in die Theologie oder Philosophie können peinlich naiv oder dogmatisch sein. Die Folgerungen, die sich für diese Bereiche des Denkens aus der Kosmologie ziehen lassen, mögen tief gehen und weit reichen, aber mir fehlt das Selbstvertrauen, mich auf dieses Gebiet zu wagen. Ich halte es vielmehr mit einem anderen Kollegen, dem Kosmologen Joseph Silk: »Eingedenk des unverändert großen Unbekannten ist die wahre, der modernen Physik angemessene Haltung schlichte Demut.«

Martin Rees
Cambridge, 1996

1 Von den Atomen zum Leben: Galaktische Ökologie

Ich bin Teil der Sonne, wie mein Auge Teil
von mir ist. Daß ich Teil der Erde bin, wissen
meine Füße sehr wohl, und mein Blut ist Teil
des Meeres.

D. H. Lawrence

»Es ist wahrlich eine großartige Auffassung, dass . . ., während unser Planet den strengsten Gesetzen der Schwerkraft folgend sich im Kreis geschwungen, aus so einfachem Anfange sich eine endlose Reihe der schönsten und wundervollsten Formen entwickelt hat und immer noch entwickelt.« Mit diesen Worten schließt Charles Darwins *Über die Entstehung der Arten.*

Kosmologen gehen *vor* Darwins »einfachen Anfang« zurück und versuchen, unser Sonnensystem als Teil der Entwicklung eines großen Systems zu sehen, dessen Anfang bis zur Entstehung des Milchstraßensystems zurückreicht – zurück sogar bis zum Urknall, mit dem die Expansion unseres Universums begann. Wir werden dadurch zu Spekulationen ermutigt: Welche Möglichkeiten bieten sich unserer kosmischen Entwicklung in ferner Zukunft? Könnte es andere Universen geben, in denen vielleicht andere Gesetze gelten? Würden sie für die »schönsten und wundervollsten Formen« ähnlich günstige Umwelten bieten? Mit diesen Themen werden wir uns in späteren Kapiteln beschäftigen.

Das Licht der Sonne braucht 8 Minuten, um die Erde zu erreichen, und nur wenige Stunden, um Neptun und Pluto zu passieren, die äußersten Planeten des Sonnensystems. Das Licht der hellen Sterne im Milchstraßensystem – Sonnen wie die unsere – war Jahrhunderte unterwegs, bis wir es sehen. Aber auch die gesamte Milchstraße, das System der Sterne, zu der die Sonne gehört, ist nur ein kleiner Farbtupfer im Vordergrund des kosmischen Bildes. Am Horizont sehen wir jetzt das Licht von Himmelskörpern, das sich vor mehreren Milliarden Jahren auf den Weg gemacht hat. Die modernen Teleskope offenbaren uns die gewaltigen *räumlichen* Entfernungen. Das Sonnensystem zwingt uns aber auch, unseren Begriff von *Zeit*räumen in einem Maß zu dehnen, das sich nur schwerlich mit menschlichen (oder auch geschichtlichen) Maßstäben in Einklang bringen läßt. Nehmen wir an, es hätte Amerika schon immer gegeben und wir wollten es durchwandern. Wir beginnen an der Ostküste zu der Zeit, zu der die Erde entsteht und wollen in Kalifornien ankommen, wenn die Sonne im Sterben liegt. Wir müssen dann nur *alle 2000 Jahre einen Schritt* weitergehen. Drei oder vier Schritte umfassen bereits die gesamte Menschheitsgeschichte. Diese wenigen Schritte würden wir kurz vor der Hälfte des Weges machen, irgendwo in Kansas vielleicht – sie sind also keineswegs der Höhepunkt der Reise. Unsere Sonne hat erst weniger als die Hälfte ihres Lebens hinter sich. Wir sind dem Anfang ihrer Entwicklungsgeschichte noch nahe.

Die Sonne und ihr Stoffwechsel

Die Sonne ist wie andere Sterne eine riesige Kugel aus leuchtendem Gas, in der zwei Kräfte gegeneinander kämpfen: Schwerkraft und Druck. Die Schwerkraft versucht, alles zur Mitte zu ziehen, aber wenn Gas zusammengepreßt wird, erhöht sich der Druck. Dieser Druck stellt eine Gegenkraft zur Schwerkraft dar. Die weißglühende Sonnenoberfläche hat eine Temperatur von 6000 Kelvin. In der Mitte aber muß die Sonne noch viel heißer sein, damit der Druck hoch genug ist – die Temperatur dort beträgt etwa 15 Millionen Kelvin.

Was läßt die Sonne leuchten? Wenn sie keine Brennstoffquelle hätte, würde sie allmählich von der Schwerkraft zusammengepreßt werden, während ihre Wärme verströmt. Der Schotte Lord Kelvin, einer der großen Physiker des 19. Jahrhunderts, berechnete, daß die

Sonne in etwa 10 Millionen Jahren auf etwa die Hälfte ihrer jetzigen Größe geschrumpft sein müßte. Das ist eine lange Zeit, aber nicht lang genug. Sie ist viel zu kurz für die Zeitspanne, die nach Darwin für die biologische Evolution nötig war, und auch kürzer als die zeitgenössischen Schätzungen des Erdalters, die auf geologischen Ablagerungen und der Erosion beruhen. Das Leben der Sonne konnte, wie Kelvin erkannte, nur dann länger währen, wenn »die Vorratskammern der Schöpfung eine unbekannte Energiequelle bargen«. Nach 1920 wurde klar, daß diese Energie »subatomar« sein mußte. Einsteins berühmte Gleichung $E = mc^2$ bedeutet, daß in aller Materie Energie steckt und schon ein Prozent der Sonnenmasse ausreicht, um die Sonne leuchten zu lassen. In den dreißiger Jahren wußte man endlich genug über die Kernenergie, um Kelvins vermeintlichen Widerspruch auflösen zu können.

Die Sonne wird durch denselben Vorgang mit Energie versorgt, der Wasserstoffbomben explodieren läßt. Wasserstoffatome sind die einfachsten aller Atome: Ihr Kern enthält nur ein Proton. Je heißer ein Gas wird, um so schneller bewegen sich die Atome, aus denen es besteht. Im Kern der Sonne stoßen Protonen so heftig gegeneinander, daß sie aneinander haftenbleiben. Eine Reihe von Reaktionen kann 4 Wasserstoffkerne (Protonen) in einen Heliumkern verwandeln. Der Heliumkern wiegt jedoch 0,7 % weniger als die 4 Wasserstoffatome, aus denen er gebildet wurde. Wenn beispielsweise 1 g Wasserstoff zu Helium verschmilzt, werden 175 000 kWh frei. Der Prozeß liefert genug Energie, um die Sonne mehrere Milliarden Jahre leuchten zu lassen. Die Energiefreisetzung erfolgt in einem Stern gleichmäßig und »kontrolliert«, nicht explosiv wie in einer Bombe, weil die Schwerkraft die oberen Schichten stark nach unten zieht und dadurch immer »den Daumen draufhält«, obwohl der Druck in der Mitte gewaltig ist. Auf der Sonne hat sich ein Gleichgewicht eingestellt, so daß die Kernfusion gerade so viel Nachschub liefert, um die von der Sonnenoberfläche abstrahlende Energie zu ersetzen.

Über die Sonne wissen wir inzwischen, jedenfalls im Umriß, gut Bescheid. Die Diskussion geht heute um Einzelheiten: Was verursacht die dunklen Flecken und heftigen Ausbrüche auf ihrer Oberfläche? Wie können wir etwas über ihr Innerstes erfahren? Scheint die Sonne gleichmäßig, oder reichen ihre Helligkeitsschwankungen aus, um das Klima auf der Erde zu beeinflussen?

Die Sonne wurde in einer interstellaren Wolke geboren. Diese Wolke rotierte zunächst nur sehr langsam, dann immer rascher, da sie sich zusammenzog (wie Eiskunstläufer, wenn sie die Arme anziehen). Die Zentrifugalkräfte verstärkten sich, bis sie an die Schwerkraft heranreichten. Um eine Proto-Sonne herum entwickelte sich eine wirbelnde Scheibe, die allmählich (mehr oder weniger wie von Kelvin vorhergesagt) schrumpfte, bis die Mitte heiß genug war, um die Kernfusion auszulösen. Mittlerweile kühlte sich die umgebende Scheibe ab, und ein Teil des Gases kondensierte zu Staub und Gesteinsbrocken, die sich zu Planeten zusammenfanden.

Die Sonne, jetzt also Mittelpunkt eines Planetensystems, kam in einen Gleichgewichtszustand und verbrannte langsam, aber stetig Wasserstoff zu Helium. Dieser Vorgang setzt so viel Wärme frei, daß die Sonne bis heute erst weniger als die Hälfte des Wasserstoffvorrats in der Sonnenmitte aufgebraucht hat, obwohl sie schon 4,5 Milliarden Jahre alt ist. Sie kann also noch weitere 5 Milliarden Jahre leuchten. Dann wird sie zu einem roten Riesenstern anschwellen und so groß und hell werden, daß sie die inneren Planeten verschlingt und alles irdische Leben verdampft. Im nächsten Stadium werden einige der äußeren Schichten in den Raum geblasen, während sich der Sonnenkern zu einem Weißen Zwerg zusammenzieht – zu einem dichten Stern, der nicht größer ist als die Erde, aber mehrere hunderttausendmal schwerer; er wird nicht heller sein als der Mond heute und mit seinem bläulichen Schimmer all das bescheinen, was von unserem Sonnensystem übriggeblieben ist.

Andere Sterne

Wie hängen die Leuchtkraft und die Farbe eines Sterns von seiner Masse, seinem Alter oder seiner Zusammensetzung ab? Astrophysiker kennen jetzt die Antwort auf diese Fragen. Sie können nicht nur die Entwicklung der Sonne berechnen, sondern auch die Lebenszyklen von Sternen, die zu Beginn ihres Lebens leichter oder schwerer sind als die Sonne, also weniger oder mehr Masse haben. Schwerere Sterne sind heller und durchlaufen ihren Lebenszyklus rascher. Die Berechnungen beruhen auf den Daten, die Physiker in Laborversuchen über Atome und Atomkerne gewonnen haben.

Aber wie lassen sich solche Behauptungen beweisen? Die Lebensdauer eines Sterns ist im Vergleich zu der eines Astronomen so ungeheuer lang, daß wir von jedem Stern nur einen einzigen »Schnappschuß« erhalten. Wir können unsere Theorien trotzdem überprüfen, indem wir die Gesamtheit der Sternpopulationen überblicken. Bäume können jahrhundertelang leben, aber selbst wer noch nie einen Baum gesehen hätte, könnte auf einer einzigen nachmittäglichen Waldwanderung den Lebenslauf der Bäume erschließen: Man findet nebeneinander Schößlinge, voll ausgewachsene Bäume und auch abgestorbene Stämme. Wilhelm Herschel, der große Astronom des 18. Jahrhunderts, der den Uranus entdeckte und die Milchstraße durchmusterte, beschrieb das in einem anschaulichen Bild:

Ist es nicht beinahe einerley, ob wir fortleben, um nach und nach das Aussprossen, Blühen, Belauben, Fruchttragen, Verwelken, Verdorren und Verwesen einer Pflanze einzusehen, oder ob eine große Anzahl von Exemplaren, die aus jedem Zustande, den die Pflanze durchgeht, erlesen, auf einmal uns vor Augen gebracht werden?

Sterne lassen sich am leichtesten beobachten, wenn sie in den hellsten Phasen ihrer Entwicklung sind: Wohlbekannte Sterne wie Beteigeuze und Arkturus sind im »Riesenstadium«. Die besten

»Prüfstände« für unsere Theorien über die Sternentwicklung sind die sogenannten Kugelhaufen – Schwärme von bis zu einer Million gleichzeitig entstandener Sterne unterschiedlicher Größe, die sich wechselseitig durch ihre Schwerkraft halten.

Weiße Zwerge, die »Asche«, die zurückbleibt, wenn Sterne wie die Sonne ihren Lebenslauf beendet haben, sind in unserer Galaxis sehr häufig, aber wegen ihrer Lichtschwäche nicht leicht zu untersuchen. Neugebildete Weiße Zwerge haben sehr heiße Oberflächen (sie sind eigentlich eher blau als weiß). Weil ihnen keine Kernenergie mehr zur Verfügung steht, mit der sie die Abstrahlung kompensieren können, kühlen sie sich allmählich ab. Wir können die Temperatur Weißer Zwerge aufgrund ihrer Farbe bestimmen (sie werden roter, wenn sie abkühlen) und daraus ihr Alter berechnen (also die Zeit, zu der ihre Hauptenergiequelle verbraucht war). Die kältesten Sterne sind mehrere Milliarden Jahre alt, und schon daraus können wir schließen, daß einige Sterne ihren Lebenslauf beendet hatten, bevor das Sonnensystem entstand.

Plötzliche Todesfälle

Nicht alles im Kosmos geschieht langsam. Gelegentlich explodieren Sterne in einer Katastrophe, die wir Supernova nennen. Eine nahe Supernova überstrahlt einige Wochen lang alles andere am Nachthimmel. Das berühmteste derartige Ereignis wurde in China beobachtet. »An einem chi-chhou Tag im fünften Monat des ersten Jahres der Regierung von Chih-Ho« (4. Juli 1054) schrieb Yang Wei-Te, der »Hauptberechner des Kalenders« – wohl die chinesische Entsprechung zum »Königlich-britischen Astronom« –, seinem Kaiser diese ehrerbietigen Worte: »Vor Eurer Majestät verneige ich mich in tiefster Verehrung, um von dem Erscheinen eines Gast-Sterns zu berichten. Auf dem Stern war eine leicht schillernde gelbe Farbe zu beobachten. «

Jetzt, etwa 1000 Jahre später, sehen wir die Trümmer der von Yang Wei-Te beobachteten Explosion – ein bläuliches Oval, Krebsnebel genannt, von dessen Mitte fadenförmige Gasströme ausgehen. Er wird noch einige Jahrtausende zu beobachten sein, obwohl er sich allmählich ausbreitet und schwächer wird, bis er schließlich so dünn sein wird, daß er sich mit dem sehr dünnen Gas und Staub des interstellaren Raums vereint.

Die uns nächste Supernova des 20. Jahrhunderts – nicht so nah wie der Krebsnebel, aber gut zu erforschen, weil sie hell genug war – wurde 1987 beobachtet. In der Nacht vom 23. auf den 24. Februar bemerkte Ian Shelton, ein kanadischer Astronom, der in den chilenischen Anden beobachtete, am Südhimmel in der sogenannten Großen Magellanschen Wolke ein »neues« Phänomen. Das Aufleuchten und allmähliche Verblassen wurde nicht nur mit optischen Geräten verfolgt, sondern auch von Radio-, Röntgen- und Gammastrahlenteleskopen, die mit modernen Verfahren neue »Fenster« zum Weltall geöffnet haben. Das gab den Theoretikern die seltene und glückliche Gelegenheit, ihre komplizierten, viele Einzelheiten berücksichtigenden Berechnungen zu überprüfen.

Kosmische Alchemie

Ereignisse wie Supernovae faszinieren Astronomen. Aber warum sollte sich irgend jemand sonst um Sterne kümmern, die Tausende von Lichtjahren von uns entfernt explodieren? Warum sollten sich *die* 99 % der Menschen dafür interessieren, deren berufliche Belange irdisch und nicht kosmisch sind? Weil die Komplexität des Lebens auf der Erde niemals entstanden wäre, wenn es keine Supernovae gebe – und weil es uns dann sicherlich auch nicht gäbe!

Auf der Erde kommen 92 Atomarten vor, aber einige sind ungeheuer viel häufiger als andere. So kommen auf je 10 Kohlenstoffatome im Mittel 20 Sauerstoffatome und etwa 5 Stickstoff- und Eisenatome. Gold aber ist hundertmillionenmal seltener als Sauerstoff, und andere Elemente – beispielsweise Uran – sind noch seltener.

Alles, was je in unserer Sprache geschrieben wurde, setzt sich aus den 26 Buchstaben des lateinischen Alphabets zusammen. Ähnlich lassen sich Atome auf unzählige unterschiedliche Weisen zu Molekülen kombinieren, von denen einige so einfach sind wie Wasser (H_2O) oder Kohlendioxid (CO_2), während andere Tausende von Atomen enthalten. Die wichtigsten Bestandteile von Lebewesen (uns selbst eingeschlossen) sind Kohlenstoff- und Sauerstoffatome, die (mit anderen Elementen) zu ungeheuer komplizierten kettenartigen Molekülen verknüpft sind. Wir würden nicht existieren, wenn diese Atome auf der Erde nicht so häufig vorkämen.

Atome bestehen wiederum aus einfacheren Teilchen. Jedes Element hat in seinem Kern eine bestimmte Anzahl von (positiv geladenen) Protonen und (neutralen) Neutronen. Den Kern umlaufen (negativ geladene) Elektronen, deren Zahl der Anzahl der Protonen entspricht. Diese Kernladungszahl ist die sogenannte Ordnungszahl. Die Ordnungszahl von Wasserstoff ist 1, die von Uran 92.

Da die Kerne der Atome alle aus denselben Elementarteilchen – Protonen und Neutronen – bestehen, ist es nicht erstaunlich, daß sie ineinander umgewandelt werden können. Das passiert beispielsweise bei einer Kernreaktion. Kerne sind allerdings sehr »robust« und lassen sich durch chemische Vorgänge, wie sie sich in Lebewesen oder im Chemielabor abspielen, nicht zerstören.

Die relativen Häufigkeiten der Atomarten auf der Erde sind heute dieselben wie bei der Bildung des Sonnensystems vor etwa 4,5 Milliarden Jahren, denn kein natürlicher irdischer Vorgang kann Atome erschaffen oder zerstören.[1] Wir würden gern verstehen, warum uns die Atome gerade in diesen Häufigkeiten »zugeteilt« wurden. Natürlich können wir das als Tatsache einfach hinnehmen – vielleicht hat ein Schöpfer 92 verschiedene Knöpfe gedrückt. Aber wir suchen auch nach einer umfassenderen Erklärung, die komplexe Strukturen auf einfache Anfänge zurückführt. In diesem Fall verdanken wir die entscheidenden Einsichten den Astronomen: Anscheinend begann das Weltall tatsächlich mit einfachen Atomen, die im Inneren von Sternen verschmolzen und in schwerere umgewandelt wurden.

Nicht einmal in der Mitte der Sonne ist es heiß genug für diese

Umwandlungen. Aber die Kräfte im Inneren heller blauer Sterne, wie wir sie im Orionnebel finden, und die starken Schockwellen, die bei ihrer Explosion entstehen, können unedle Metalle in Gold verwandeln.

Sterne, die über zehnmal schwerer sind als die Sonne, leuchten heller; ihre Entwicklung verläuft komplizierter und aufregender. Der in ihnen enthaltene Wasserstoff wird in 100 Millionen Jahren verbraucht (und in Helium umgewandelt) – also in weniger als 1 % der Lebenszeit der Sonne. Die Schwerkraft preßt diese schweren Sterne dann noch weiter zusammen, und die Temperatur in ihrem Inneren steigt weiter, bis sogar Heliumatome aneinanderhaften und zu Kernen schwererer Atome werden – zu Kohlenstoff (6 Protonen), Sauerstoff (8 Protonen), Silizium (14 Protonen) und Eisen (26 Protonen). So entwickelt sich eine Art »Zwiebel«: Eine Schicht Kohlenstoff umgibt eine Schicht Sauerstoff, die wiederum eine aus Silizium umgibt. Die heißeren inneren Schichten werden in Elemente mit noch höherer Atomzahl umgewandelt und umgeben eine Sternmitte, die im wesentlichen aus Eisen besteht.

Wenn ein großer Stern seinen Brennstoff restlos verbraucht hat (wenn also, anders gesagt, seine heiße Mitte in Eisen verwandelt wurde), steht eine Krise bevor. In einer verheerenden Katastrophe wird der Eisenkern auf die Dichte eines Atomkerns zusammengepreßt. Das löst eine enorm heftige Explosion aus, welche die äußeren Schichten mit einer Geschwindigkeit von 10000 km/s wegschleudert. Diese Explosion macht sich als eine Supernova von der Art bemerkbar, die den Krebsnebel entstehen ließ. Die Trümmer enthalten die Ergebnisse all der nuklearen Alchemie, die den Stern zu seinen Lebzeiten leuchten ließ. Diese Mischung enthält viel Sauerstoff und Kohlenstoff und Spuren von vielen anderen Elementen. Die berechnete »Mischung« kommt den Anteilen, die wir jetzt in unserem Sonnensystem beobachten, erfreulich nahe.

Ein wenig Geschichte

Als erste erkannten unabhängig voneinander der in Straßburg ge-
borene und in die USA emigrierte Hans Bethe, einer der Pioniere
der Kernphysik der dreißiger Jahre, und Carl Friedrich von Weiz-
säcker, wie die Sonne Energie freisetzt.[2] Genaue Berechnungen der
Vorgänge im Sterninneren, insbesondere während der sehr heißen
Phasen, die dem Supernova-Ausbruch unmittelbar vorangehen,
müssen sehr komplizierte Reaktionsketten berücksichtigen und
wurden erst durch leistungsfähige Computer möglich. Das Ergebnis hängt wesentlich von den Einzelheiten der Kernphysik ab.
(Einige der für diese komplizierten Berechnungen nötigen Verfahren wurden im Rahmen der Entwicklung von Kernwaffen erarbeitet. Es ist deshalb nicht verwunderlich, daß die ersten detaillierten
Berechnungen zu Supernovae aus dem *U.S. Livermore Laboratory*
und ähnlichen militärischen Forschungsinstituten in den USA und
in der Sowjetunion kamen.)[3]

Der erste, der die Beziehung zwischen den Sternen und den uns
umgebenden Elementen durchschaute – also sah, warum Kohlenstoff und Eisenatome häufig sind, Goldatome aber selten –, war Fred
Hoyle. Er tat das in der knappen Zeit, die ihm blieb, als er während
des Zweiten Weltkriegs an der Entwicklung des Radarsystems arbeitete.

Wäre Fred Hoyle 10 Jahre früher geboren worden, hätte er wohl
an den triumphalen Leistungen des »goldenen Zeitalters« der theoretischen Physik zwischen 1925 und 1930 Anteil gehabt. In diesen
wenigen Jahren wurde die Quantentheorie formuliert, die Ordnung
in die anscheinend widersprüchlichen Eigenschaften von Atomen,
Elektronen und Strahlung brachte. Alle Naturwissenschaftler, Kosmologen wie Biologen, werden zugeben, daß die Quantenmechanik
einen entscheidenderen begrifflichen Durchbruch darstellt als alle
anderen Theorien, denn die Breite ihrer wissenschaftlichen Auswirkungen ist groß und der Schlag, den ihre der Anschauung wider-
sprechenden Folgerungen unserer Sicht der Welt versetzten, war
gewaltig. Für diese Sichtweise war kein einzelner »Einstein« ver-

antwortlich, ihre Grundlagen wurden vielmehr von einer ganzen Schar brillanter junger Physiker gelegt – Werner Heisenberg, Max Born und Pascual Jordan in Göttingen, Paul Dirac in Cambridge und Erwin Schrödinger in Zürich.

Nach den revolutionären neuen Gedanken der zwanziger Jahre waren die späten dreißiger Jahre eine Zeit der Konsolidierung. Dirac, zu der Zeit Professor in Cambridge, sagte damals zu Hoyle, der gerade sein Studium abgeschlossen hatte: »Leute, die nicht besonders gut waren, konnten 1926 wichtige Fragen der Grundlagenphysik bearbeiten. Heute [1938] finden selbst sehr gute Leute keine wichtigen Probleme mehr, die sie lösen können.« Deshalb wandte sich Hoyle den Sternen zu. Mit Hilfe seines Wissens über Atomkerne wollte er ihr Verhalten bei extrem hohen Temperaturen erforschen.

Hoyle wußte, daß die schwereren Atome, die im Periodensystem der Elemente höhere Ordnungszahlen haben, auf der Erde gewöhnlich seltener sind als die leichteren. Magnesium und Silizium sind weniger häufig als Sauerstoff, und die Edelmetalle sind millionenmal seltener. Aber es gibt Ausnahmen von dieser allgemeinen Regel: Das 26. Element, Eisen, und seine Nachbarn im Periodensystem, etwa Kobalt und Nickel, sind relativ häufig. Hoyle wußte aus seinem Physikstudium, daß Eisen und seine Nachbarn die Kerne mit der höchsten »Bindungsenergie« haben, also sehr stabile Elemente sind und sich nur unter großer Energiezufuhr spalten oder in noch schwerere Kerne verwandeln lassen. Sind also die chemischen Elemente möglicherweise das Ergebnis von Kernumwandlungen? Auch ohne die Reaktionsabläufe im einzelnen zu kennen, kann man mit Sicherheit folgern, daß Eisenkerne, wenn sie einmal gebildet sind, besonders schwer zu zerstören sind. Deshalb sollte die relative Häufigkeit von Eisen besonders groß sein.

Aber ein solcher Prozeß braucht ein Umfeld, in dem die Kerne auch wirklich ineinander umgewandelt werden können. Diese Forderung ist für die massereicheren Kerne besonders schwer zu erfüllen, denn diese stoßen einander stärker ab, weil ihre elektrischen Ladungen größer sind (Eisenkerne enthalten 26 Protonen). Um sie

zu verschmelzen oder zu spalten, braucht man deshalb viel energie-
reichere Stöße als beispielsweise bei der Umwandlung von Wasserstoff in Helium. Die Geschwindigkeit der Atome in einem Gas
hängt von der Gastemperatur ab, deshalb setzt eine Kernumwand-
lung extrem hohe Temperaturen voraus – so verschmelzen in der
Sonne Wasserstoffatome bei Temperaturen von 15 Millionen Kelvin. Nach Hoyles Schätzung muß die Umgebung, in der die »eisen-
ähnlichen« Elemente geschmiedet wurden, noch einmal hundertmal
heißer gewesen sein – die Temperatur muß also über 1 Milliarde
Kelvin betragen haben.

Hoyle veröffentlichte seine Vermutungen 1946. Alle »schwe-
ren« Elemente der Erde würden, so behauptete er, aus einfacheren
Kernen im Inneren von Sternen aufgebaut, die in ihrer späteren
Entwicklung Temperaturen von Milliarden Kelvin erreichten.
Sterne wie die Sonne werden niemals so heiß, aber vielleicht gilt die
Theorie tatsächlich für massereichere Sterne?

Hoyle fand seine Gedanken durch die auf der Erde gefundenen
Häufigkeiten der Elemente bestätigt. Aber sind diese in irgendeiner
Weise für den Kosmos »typisch«? In einer Hinsicht sind sie es nicht.
Wasserstoff und Helium sind zu flüchtig, als daß eine Proto-Erde
sie hätte festhalten können; deshalb sind diese beiden leichtesten
Elemente (von denen wir jetzt wissen, daß sie in der Sonne die weit-
aus häufigsten sind) auf der Erde unterrepräsentiert. Vielleicht sind
aber wenigstens die Häufigkeiten der anderen Elemente für das
Sonnensystem typisch.

Wie ist es mit den anderen Sternen in unserem Universum?
Woraus bestehen sie? Der französische Philosoph Auguste Comte
behauptete vor 150 Jahren, diese Frage werde sich niemals beantworten lassen, und schrieb in seiner *Abhandlung über die Philosophie des Positivismus*:

Wir werden niemals ... die chemische Zusammensetzung oder
die mineralogische Struktur der Sterne erforschen können ...
Unser Wissen über die Sterne ist notwendigerweise auf ihre geo-
metrischen und mechanischen Phänomene beschränkt.

Aber noch vor Ende des 19. Jahrhunderts hatten Astronomen die reiche Information zu nutzen gewußt, die ihnen das Sternenlicht vermittelt. Wenn das Licht durch ein Prisma fällt und sich in ein Spektrum auffächert, verraten sich die verschiedenen Stoffe – Sauerstoff, Natrium, Kohlenstoff und alle anderen – durch ihre Farben. Das Element Helium, das zweite im Periodensystem, wurde auf der Erde erst nachgewiesen, als man seine Spektraleigenschaften im Sonnenspektrum bemerkt hatte. Sterne bestehen aus den gleichen Elementen, wie wir sie auf der Erde finden. Aber es hat sich als schwierig erwiesen – diese Aufgabe beschäftigt immer noch viele Astrophysiker –, mit Hilfe der Spektren herzuleiten, wie häufig die Elemente in den Sternen und Nebeln vorkommen.

Wenn man Hoyles Überlegungen begründen wollte, mußte man die entscheidenden Kernreaktionen besser verstehen. Es gelang Hoyle, William A. Fowler für seine Gedanken zu begeistern, der als Physiker am *Caltech* (dem *Kalifornischen Institut für Technologie*) vor allem Messungen vornahm, die von astronomischem Interesse waren. Gemeinsam mit ihren Kollegen Geoffrey und Margaret Burbidge faßten Hoyle und Fowler das Wissen über die kosmische Sternentstehung 1957 in einem Aufsatz von Buchumfang zusammen. Dieses klassische Werk – allen Astronomen als »B^{2}FH«, also unter den Anfangsbuchstaben der vier Verfasser bekannt – ist auch heute noch nicht überholt.

Der wichtigste Fortschritt seit »B^{2}FH« betrifft die Elemente, die im Periodensystem nach dem Eisen kommen. Weil Eisen den am stabilsten gebundenen Kern hat, wird bei der Bildung noch schwererer Kerne wie Blei und Uran keine Energie freigesetzt, sondern es muß Energie *zugeführt* werden. Die dafür entscheidenden Beiträge stammen unabhängig voneinander von Kippenhahn, damals in Göttingen, und von Hoyles jüngeren amerikanischen Mitarbeitern, die alljährlich im Sommer an seinem Institut in Cambridge mit ihm zusammenarbeiteten. Wenn die Materie während eines Supernova-Ausbruchs plötzlich durch eine Stoßwelle erhitzt wird, die sich ihren Weg durch den Stern hindurch nach außen bahnt, läuft eine sogenannte »explosive Nukleosynthese« ab.

Warum sind Kohlenstoff- und Sauerstoffatome hier auf der Erde so häufig, Gold und Uran aber so selten? Wir können diese alltägliche Frage beantworten – und dabei spielen Vorgänge eine Rolle, die in Sternen abliefen, die vor über 5 Milliarden Jahren in unserem Milchstraßensystem explodierten, noch bevor sich unser Sonnensystem bildete. Der Kosmos ist eine Einheit. Wenn wir uns selbst verstehen wollen, müssen wir die Sterne verstehen. Wir sind Sternenstaub – die Asche von Sternen, die seit langem tot sind.

Die Ökologie des Milchstraßensystems

Primo Levi schildert in seinem Buch *Das periodische System* die ereignisreiche Geschichte eines typischen irdischen Kohlenstoffatoms:

> Unser Held ist also seit Hunderten von Millionen Jahren an drei Sauerstoffatome und ein Kalziumatom gebunden – in einem Kalkfelsen. Er hat bereits eine lange kosmische Geschichte hinter sich, die wir aber unberücksichtigt lassen wollen. . . . Irgendwann . . . wurde das Atom von einem Schlag mit der Spitzhacke herausgebrochen, . . . es wanderte in den Kalkofen . . . und erhob sich in die Lüfte. . . . Der Wind erfaßte das Atom, warf es zu Boden und hob es zehn Kilometer in die Höhe. Ein Falke atmete es ein. . . . Dreimal löste es sich im Meereswasser auf . . . und wurde wieder ausgestoßen. . . . Dann geriet es in Gefangenschaft und in ein organisches Abenteuer. . . . Es hatte das Glück, ein Blatt zu streifen, in dieses einzudringen und von einem Sonnenstrahl darin festgenagelt zu werden. . . . Es schließt sich einem großen, komplizierten Molekül an, wird von ihm aktiviert und empfängt gleichzeitig . . . die entscheidende Botschaft: im Nu, wie ein im Spinnennetz gefangenes Insekt, wird es von seinem Sauerstoff getrennt, verbindet sich mit Wasserstoff . . . wird schließlich in eine Kette aufgenommen . . . die Kette des Lebens. . . . Es dringt in den Blutstrom ein: es wandert, klopft an die Pforte einer Ner-

venzelle, tritt ein und ersetzt ein anderes Kohlenstoffatom. Diese Zelle gehört zu einem Gehirn, dem meinigen, dessen, der hier sitzt und schreibt, die fragliche Zelle und das in ihr enthaltene Atom sind für mein Schreiben zuständig – ein gigantisches und zugleich mikroskopisch feines Spiel, das noch niemand beschrieben hat. Es führt meine Hand, und sie drückt diesen Punkt aufs Papier: diesen.

Die Theorie der Sternentwicklung und Elemententstehung, zweifellos ein Triumph der Astrophysik des 20. Jahrhunderts, verfolgt die Geschichte aller Atome zurück in die Zeit vor der Entstehung der Erde. Eine Galaxie gleicht einem ungeheuer großen Ökosystem. Wasserstoff aus dem Urknall wird im Inneren von Sternen in die Grundbausteine des Lebens umgewandelt – in Kohlenstoff, Sauerstoff, Eisen und alle anderen. Ein Teil dieser Materie gelangt in den interstellaren Raum, wo sie zu neuen Sternen wird.

Unsere Galaxis, das Milchstraßensystem, ist eine gewaltige Scheibe mit einem Durchmesser von 100 000 Lichtjahren, die 100 Milliarden Sterne enthält. Ihre ältesten Sterne bildeten sich vor über 10 Milliarden Jahren. Die ursprüngliche Materie enthielt nur die einfachsten Atome – weder Kohlenstoff noch Sauerstoff oder Eisen. Unsere Sonne ist ein mittelalter Stern – manche Sterne sind mehr als doppelt so alt. Bevor sie vor 4,5 Milliarden Jahren entstand, hatten womöglich schon mehrere Generationen schwerer Sterne ihren ganzen Lebenszyklus durchlaufen. In diesen Sternen wurden die chemisch interessanten Atome – solche, die Komplexität und Leben ermöglichen – geschmiedet. Die Todeskämpfe dieser Sterne, die Supernovae, haben diese Atome in den interstellaren Raum zurückgeschleudert.

Kohlenstoffatome – jene in unseren Blut- und Gehirnzellen oder in der Druckerschwärze dieser Seite – haben eine Ahnentafel, die viel weiter zurückreicht als bis zur Geburt unseres Sonnensystems vor 4,5 Milliarden Jahren. Das Sonnensystem selbst kondensierte aus den Trümmern vieler früherer Sterne. Wenn wir die Geschichte der Atome, die jetzt auf einem einzelnen Strang DNA vereint sind, weiter zurückverfolgen – bis vor, sagen wir, 7 Milliarden Jahren –, finden wir Atome im Inneren von Sternen oder in interstellarer Materie durch die gesamte Galaxis verstreut wieder.

Ein Kohlenstoffatom, das in einer frühen Supernova aus Helium entstanden war, könnte mehrere 100 Millionen Jahre zwischen den Sternen herumgewandert sein und sich dann in einer interstellaren Wolke wiedergefunden haben, die unter ihrer eigenen Schwerkraft zusammenfiel und Sterne bildete. Das Atom könnte in den Kern eines neuen hellen Sterns gelangt, im periodischen System (umgewandelt in Silizium oder Eisen) höher gestiegen und in einem weiteren Supernova-Ausbruch in den interstellaren Raum zurückgeschleudert worden sein. Es könnte auch in einen weniger massereichen Stern gelangt sein, der von einer kreisenden Gasscheibe umgeben war, die zu einen Schwarm von Planeten kondensierte. Ein solcher Stern könnte unsere Sonne gewesen sein. Dieses Kohlenstoffatom könnte sich in der neugebildeten Erde wiedergefunden haben, um dort seine Rolle bei den geologischen Vorgängen zu spielen, welche die Erdkruste formten und gestalteten, und in der Chemie, die sich bei der Entstehung und Entwicklung biologischer Arten abspielte, und so schließlich in Primo Levis Gehirnzelle gelangt sein.

In der fernen Zukunft, nach dem Tod unseres Sonnensystems, könnte dieses Atom wieder irgendwo in der Galaxis in einen neuen Stern eingebaut werden. Es hat nur vorübergehend biochemische Gestalt, wenn es in einem DNA-Molekül gefangen ist; astrophysikalisch gesehen ist auch die Gefangenschaft in demselben Sonnensystem eine vorübergehende Epoche in seiner Geschichte, die zurückgeht in die Zeit vor der Bildung der Galaxis und die weit in die Zukunft reichen kann.

Während die Häufigkeiten von Kohlenstoff, Sauerstoff, Natrium und der anderen »schweren Elemente« relativ zueinander überall gleich sind, ist ihr Mengenverhältnis *relativ zum Wasserstoff* nicht immer dasselbe. Sie sind in den *ältesten* Sternen *weniger* häufig. Das ist natürlich auch zu erwarten, wenn sie sich wirklich in aufeinanderfolgenden Sterngenerationen allmählich gebildet haben. Die ältesten Sterne, die früh in der galaktischen Geschichte entstanden, hätten sich demnach aus Materie kondensiert, die noch nicht so »verschmutzt« war wie heute und wie zu den Zeiten, als sich die jüngeren Sterne bildeten. Außerdem sind die Häufigkeiten oft dort höher, wo die Sternbildung am raschesten erfolgt und die »Recyclingrate« besonders hoch ist.

In ihrer Jugend enthielt unsere Galaxis weder Kohlenstoff noch Sauerstoff oder Eisen. Chemie wäre damals ein langweiliges Fach gewesen. Bevor sich komplexe chemische Verbindungen bilden konnten und bevor ein Sonnensystem entstand, mußten alte Sterne die grundlegende Arbeit der Bildung, Umwandlung und Wiederverwertung der chemischen Elemente verrichten.

Gibt es andere Planeten?

Sterne bilden sich auch heute noch. Etwa 1500 Lichtjahre von uns entfernt liegt der Orionnebel, der genug Gas und Staub für Millionen Sterne enthält. Er enthält helle junge Sterne, sogar Proto-Sterne, die noch kondensieren und nicht heiß genug sind, um ihren Kernbrennstoff zu entzünden. Einige Proto-Sterne sind von kreiselnden Scheiben aus Staub und Gas umgeben. Dies sind Proto-Sonnensysteme: Staubteilchen haften zusammen und werden zu felsigen »Planetesimalen«, die wiederum zu Planeten verschmelzen.

Planetensysteme wurden früher unwahrscheinlichen und ungewöhnlichen Ereignissen zugeschrieben – man vermutete beispielsweise, ein Stern sei so nahe an der Sonne vorbeigezogen, daß seine Schwerkraft aus ihr einen Gasstrom herausriß, der sich zu Planeten abkühlte. Aber es ist inzwischen deutlich geworden, daß die Entstehung von Planeten keinen seltenen »Zufall« voraussetzt. Planeten sind eine natürliche Begleiterscheinung der Sternbildung. Sie sind sogar unvermeidlich, wenn der Drehimpuls der Materie, die einen Stern bildet, nicht gerade Null ist: *Das* wäre eher ein seltener Zufall!

Planetensysteme sollten also weit verbreitet sein. Voll ausgebildete Planeten, die andere Sterne umlaufen, sind wegen ihrer Lichtschwäche nur sehr schlecht zu sehen, wohl aber läßt sich ihre Wirkung indirekt ausmachen. Ein Stern und die ihn begleitenden Planeten umlaufen einen gemeinsamen Massenmittelpunkt, den sogenannten Schwerpunkt. Dieser Schwerpunkt liegt natürlich sehr nahe am Stern, weil dieser viel schwerer ist als die Planeten. Der Stern bewegt sich kaum, aber hinreichend genaue Messungen können die von umlaufenden Planeten bewirkten kleinen Veränderungen messen.

Die ersten wirklich überzeugenden Hinweise auf einen Planeten um einen *gewöhnlichen* Stern wurden erst 1995 gefunden, als Michel Mayor und David Queloz an der Genfer Sternwarte nachwiesen, daß die Dopplerverschiebung von 51 Pegasus, einem sonnenähnlichen Stern in 40 Lichtjahren Entfernung, in einem Rhythmus von 4 Tagen sehr leicht schwankt.[4] Anscheinend wird er eng von einem Planeten umkreist, der fast so schwer ist wie Jupiter. Dieser Planet dürfte seinem Zentralstern zehnmal näher sein als Merkur der Sonne, und seine Oberflächentemperatur dürfte über 1450 Kelvin betragen; vielleicht ist er nur der größte Planet eines ganzen Planetensystems. Innerhalb weniger Monate haben Geoffrey Marcy und Paul Butler in Kalifornien auch bei anderen Sternen Planeten entdeckt, die längere Umlaufzeiten haben und deren Temperaturen die Existenz von Wasser zulassen könnten. Aber diese Planeten sind alle sehr groß – schwerer als Jupiter. Planeten, die nicht mehr wiegen als die Erde, wären weitaus schwerer zu entdekken.

Planeten, auf denen sich wie hier auf der Erde Leben entwickeln kann, müssen ganz besondere Eigenschaften haben. Ihre Schwerkraft muß stark genug sein, um die Atmosphäre daran zu hindern, in den Raum zu verdampfen. Sie dürfen weder zu heiß noch zu kalt sein, müssen also die richtige Entfernung von einem langlebigen und stabilen Stern haben. Nur ein kleiner Bruchteil der Planeten erfüllt diese Bedingungen, aber meiner Meinung nach sind Planetensysteme in unserem Milchstraßensystem so häufig, daß es Mil-

lionen erdähnlicher Planeten geben sollte. Die für das Forschungsprogramm der NASA verantwortlichen Wissenschaftler haben die
USA gedrängt, die Suche nach Planeten zu einem vorrangigen Ziel
des Raumfahrtprogramms der USA zu machen. Das Ziel ist von
ungeheurem wissenschaftlichen Interesse und könnte mehr als die
meisten anderen wissenschaftlichen Programme auch die Begeisterung der Öffentlichkeit wecken.

Die Aufgabe ist nicht nur deshalb schwierig, weil erdähnliche
Planeten sehr lichtschwach sind, sondern auch, weil Planet und
Stern am Himmel eng benachbart sind. Kein existierendes optisches
Teleskop, nicht einmal das Hubble-Raumteleskop, könnte Bilder
liefern, die scharf genug sind, um die beiden zu unterscheiden. Das
ist nur mit Hilfe der »Interferometrie« möglich, die zwei getrennte
Teleskope miteinander verbindet. Die jupiterähnlichen Planeten
dagegen können auf recht einfache Weise von der Erde aus mit mä-
ßig großen Teleskopen entdeckt werden, die das Sternenlicht analysieren und so die winzigen Bewegungsschwankungen des Sterns
nachweisen, die der umlaufende Planet bewirkt.

Die technischen Probleme, welche die Entdeckung erdähnlicher
Planeten stellt, sind nicht unüberwindlich, und wir könnten, wenn
einmal ein solcher Planet gefunden wird, einiges über ihn in Erfahrung bringen. Nehmen wir an, ein Astronom, der 40 Lichtjahre von
uns entfernt lebt, hätte unsere Erde entdeckt – sie wäre, wie Carl
Sagan sagte, ein »blaßblauer Punkt«, sehr nahe an einem Stern (unserer Sonne), der viele millionenmal heller ist. Wenn die Erde überhaupt gesehen werden könnte, würde die Analyse ihres Lichts zeigen, daß es eine Biosphäre mit angereichertem Sauerstoff durchlaufen hat. Die Blauschattierungen wären etwas unterschiedlich, je
nachdem, ob der Pazifische Ozean oder Eurasien im Blickfeld wäre.
Der ferne Astronom könnte deshalb aus wiederholten Beobachtungen schließen, daß die Erde sich dreht. Er könnte die Länge eines
Erdentages herausfinden und sogar die Topographie und das Klima
erschließen.

Gibt es Leben auf anderen Planeten?

Die Frage, wie Leben auf einem Planeten entstehen kann, ist auch dann, wenn die richtige physikalische Umwelt gegeben ist, schwieriger zu beantworten. »Leben« kann Formen annehmen, die wir nicht erkennen würden und uns nicht vorstellen können. Mit welcher Wahrscheinlichkeit Leben, wie wir es von der Erde kennen, anderswo entsteht, hängt von der Antwort auf zwei Fragen ab. Erstens: Wie häufig sind erdähnliche Umwelten? Zweitens: Wie groß ist die Wahrscheinlichkeit, daß Leben sich entwickelt, *selbst wenn* die physikalischen Bedingungen optimal sind?

Die erste dieser Fragen haben wir bereits beantwortet: Es sollte viele »geeignete« Planeten geben. Aber wie wahrscheinlich ist es, daß Leben beginnt, wenn Chemie, Temperatur und Schwerkraft »stimmen«? Darüber herrscht bei Biologen immer noch keine Übereinstimmung, aber man fand 1996 einen faszinierenden Hinweis, als in einem Meteoriten, der vermutlich vom Mars stammt, winzige Spuren organischer »Fossilien« gefunden wurden. Wenn das Leben auf unserem Nachbarplaneten von selbst entstand, würden die Chancen, daß »Grünzeug« in jeder ähnlichen Umwelt entstehen würde, deutlich steigen. Aber das Leben auf dem Mars ist, wenn es überhaupt einmal existierte, offenbar in einem primitiven Stadium steckengeblieben. Die komplexe Biosphäre der Erde könnte sich gegen alle Wahrscheinlichkeit entwickelt haben, und die Entwicklung intelligenter Wesen könnte ein noch größerer Glücksfall sein. Der Verlauf der Evolution wurde vielleicht durch »Zufälle« gesteuert – Kometeneinfälle, Eiszeiten, Vulkanausbrüche und dergleichen.

Wenn die Evolution auf der Erde noch einmal ablaufen könnte, käme vielleicht ein ganz anderes Ergebnis heraus. Biologen behaupten, es würde immer Tiere mit *Augen* geben, weil sich im Lauf der Evolution Augen in der einen oder anderen Form unabhängig voneinander entwickelt haben. Aber würde auch notwendigerweise Intelligenz entstehen? Der Evolutionstheoretiker Ernst Mayr behauptet, Intelligenz sei nicht (wie Augen) ein sehr wahrscheinliches

Ergebnis der Evolution, denn sie hat sich anscheinend nur einmal entwickelt. Aber es gibt einen anderen Grund, warum sich Intelligenz vielleicht nicht mehrmals unabhängig voneinander entwickelt hat. Wenn es einmal intelligente Wesen gibt, die sich über ein gewisses Niveau hinaus entwickelt haben, beherrschen sie die Biosphäre und lassen der natürlichen Auslese nicht länger freien Lauf. Solange sich die vorherrschende Art nicht selbst ausrottet, hat eine andere Form von Intelligenz keine Chance, sich zu entwickeln.

Warum intelligentes Leben selten sein könnte

Selbst wenn es einfache Lebensformen gibt, wissen wir nicht, wie wahrscheinlich es ist, daß sie sich zu intelligenten Formen entwickeln, und auch nicht, wie lange sie Bestand haben, falls sie sich entwickeln. Intelligentes Leben könnte »natürlich« sein, oder es könnte eine Kette von Zufällen voraussetzen, die so überaus selten sind, daß nirgendwo sonst in unserer Galaxis je etwas Ähnliches passiert ist.

Es gibt sogar überzeugende Gründe für die Vermutung, daß intelligentes Leben selten ist. Ein alter Beweis steckt, wie der große Physiker Enrico Fermi einmal sagte, in der Frage »Wo sind sie?«. Viele Sterne sind Milliarden Jahre älter als unsere Sonne, deshalb sollte die Evolution an anderen Orten der unsrigen weit voraus sein. Warum haben uns dann Außerirdische nicht besucht oder zumindest Signale oder Gegenstände geschickt, die ihre Existenz deutlich verraten?

Ein ganz anderer Hinweis darauf, daß fortgeschrittene Lebensformen selten sind, stammt von Brandon Carter, einem Experten für Schwarze Löcher, von dem wir in späteren Kapiteln mehr hören werden. Sein Ausgangspunkt ist die schon erwähnte und wohlbekannte Tatsache, daß unsere Sonne etwa die Hälfte ihres Lebens hinter sich hat. Mit anderen Worten: Die Zeit, die wir zu unserer Entwicklung gebraucht haben, ist (bis auf einen Faktor 2) gleich dem Alter der Sonne. Carter wunderte sich darüber, daß diese beiden Zeiten näherungsweise gleich sind. Menschen sind das Ergebnis der Evolution einer Folge von ungeheuer vielen vorangegangenen Arten, während das Alter der Sonne durch ganz andere (und viel besser verstandene) physikalische Zwänge bedingt ist. Die beiden Zeitskalen könnten sich *a priori* um viele Zehnerpotenzen unterscheiden.

Carter sah diese Zeitskalen auf eine neue Weise und stellte die folgenden Überlegungen an: Es wäre ein unwahrscheinlicher Zufall, wenn die Zeit, die nötig ist, damit intelligente Wesen entstehen, gerade mit der Lebenszeit eines Sterns übereinstimmen sollte, denn die Vorgänge, die diese beiden Zeitskalen bestimmen, haben nichts miteinander zu tun. Die Zeitskala der Evolution würde (so wäre zu vermuten) entweder viel kürzer oder viel länger sein als die Lebensdauer der Sonne. Wenn sie viel kürzer wäre, wären wir Nachzügler – und Fermis Frage müßte direkt angegangen werden. Andererseits könnte man auch annehmen, daß die biologische Zeitskala in der Regel *viel größer* ist als das Alter von Sternen. Die Evolution würde dann auf den meisten Planeten nicht sehr weit kommen, bevor ihre Sonnen sterben. Es gäbe uns überhaupt nicht, wenn die entscheidenden Schritte der Evolution hier auf der Erde nicht alle besonders rasch abgelaufen wären. Intelligentes Leben der Art, wie es sich auf Planeten entwickelt, die eine Sonne umkreisen, sollte deshalb selten sein.[5]

Die Überwindung kultureller Schranken im Kosmos

Sicher ist nur, daß sich mindestens einmal intelligentes Leben entwickelt hat. Selbst wenn es woanders existierte, würden wir es vielleicht gar nicht erkennen. Intelligente Außerirdische leben möglicherweise eher zurückgezogen und kontemplativ und sehen keinen Grund, uns ihre Gegenwart anzuzeigen: Ein Nichts an Beweisen beweist nicht, daß es nichts gibt!

Die systematische Suche nach künstlichen Signalen ist ein lohnendes Glücksspiel – obwohl die Erfolgschancen so schlecht stehen –, weil jede solche Entdeckung große philosophische Bedeutung hätte. Außerirdische Intelligenz könnte »organisches« Leben sein, es könnten aber auch Maschinen sein, die von Lebewesen konstruiert wurden (oder sich aus ihnen entwickelt haben). Jedenfalls besagt die »herkömmliche Weisheit«, daß sie sich höchstwahrscheinlich durch Signale im Bereich der *Radio*frequenzen verraten würden – Radioteleskope sind außerordentlich empfindlich. Deshalb lassen sich im Bereich der Radiowellenlängen weniger energiereiche Signale aufspüren als (beispielsweise) im optischen oder im Röntgenbereich. Die Suche hat sich auf das Fenster im elektromagnetischen Spektrum konzentriert, das zwischen der 21-cm-Linie liegt, die von atomarem Wasserstoff (H) stammt, und der 18-cm-Linie, die von ionisiertem Wasser (OH) ausgeschickt wird.

Es lassen sich leicht Signale ausdenken, die unbestreitbar künstlich erzeugt sind: Beispielsweise könnte eine Zahlenfolge 2, 3, 5, 7, 11, 13, 17, 19, 23, 29 Aufmerksamkeit erregen. Diese ersten 10 Primzahlen lassen sich durch keinen natürlichen Vorgang erzeugen, würden aber von jeder Kultur erkannt werden, die an kosmischen Radiowellen interessiert ist (und in der Lage ist, sie aufzufangen).

Eine Reihe sorgfältig zusammengestellter Botschaften könnte dann einen Wortschatz aufbauen, um Dinge zu beschreiben, die beiden, Absendern und möglichen Empfängern, vertraut sind: die Grundlagen der Mathematik, Physik und Astronomie. Der Logiker Hans Freudenthal führt in seinem Buch *Lincos. Design of a language for cosmic discourse* die Einzelheiten dieses Vorhabens auf. Die Signale könnten auch Bilder übermitteln und (ein in der Science-fiction häufiges Thema) Kopien dreidimensionaler Gebilde zu uns »herunterbeamen«. Die nächsten möglichen Adressaten unserer Botschaften sind so weit entfernt, daß Signale viele Jahre brauchen würden, um sie zu erreichen. Ganz abgesehen von den Unterschieden in der kulturellen Entwicklung wäre die Übermittlung schon aus diesem Grund weitgehend eine Einbahnstraße – man hätte Zeit, eine wohlüberlegte Antwort zu senden, aber keine Möglichkeit zu einer schlagfertigen Unterhaltung.

Nach Meinung von Optimisten könnten uns die »Außerirdischen« Botschaften von solcher Wichtigkeit vermitteln, daß wir mit ihrer Hilfe Jahrhunderte wissenschaftlicher Forschung und Entdeckung überspringen könnten oder auch vor einer eventuellen Katastrophe gewarnt wären (die dann verhindert werden könnte). Aber selbst im Rahmen der *menschlichen* Kultur wäre eine große zeitliche Distanz der Entwicklung schwer zu überbrücken. Könnte beispielsweise eine kurze »Botschaft aus der Zukunft« einen großen Geist früherer Zeiten zu einem Aspekt der modernen wissenschaftlichen Erkenntnis geführt haben? Wäre Newton von der Alchemie zur Chemie gelenkt worden, wenn man ihn beispielsweise angeregt hätte, durch sein Prisma die Spektren von Flammen zu beobachten, die beim Verbrennen von Stoffen entstehen? Hätte Aristoteles zu »moderneren« Gedanken über Astronomie oder Anatomie geführt werden können?

Der kulturelle Abstand zu Außerirdischen könnte unüberwindlich sein. Aber selbst wenn wir ein künstliches Signal lediglich empfangen würden, hätte das an sich schon größere Bedeutung als alle Hinweise oder Warnungen, die es uns über unsere gemeinsame Umwelt mitteilen könnte. Wir würden wissen, daß unsere Erde nicht der einzige Ort ist, an dem sich etwas »Interessantes« entwikkelt hat, und daß die Begriffe der Logik und Physik nicht nur auf der »Hardware« in den Schädeln von Menschen beruhen.

In mehreren Ländern hat man den Himmel mit Radioteleskopen nach künstlichen Signalen abgesucht. Aber selbst für diese Bemühungen in kleinem Maßstab war es schwer, öffentliche Gelder bewilligt zu bekommen, weil das Gebiet mit nachweislich »verrückten« Vorstellungen in Zusammenhang gebracht wird – mit UFOs und ähnlichem. Das öffentliche Interesse an dieser Suche ist jedoch sicher weit größer als das an jedem herkömmlichen Zweig der Physik oder Astronomie. Wäre ich ein amerikanischer Wissenschaftler und würde vor einem Komitee im Kongreß dazu befragt, würde ich lieber 10 Millionen Dollar (weniger, als einige Science-fiction-Filme in einer Woche einspielen) für die Suche nach außerirdischer Intelligenz (SETI = *Search for Extra-Terrestrial Intelligence*) beantragen wollen als die Gelder für einen Teilchenbeschleuniger, der die subatomare Physik erforschen soll und 10 Milliarden Dollar kostet. Die Wahrscheinlichkeit könnte sehr stark dagegen sprechen, daß sich irgendwo sonst in unserer Galaxis intelligentes Leben entwickelt hat – vielleicht gibt es in dem für uns beobachtbaren Teil des Universums nirgendwo Leben. Manche Menschen finden es deprimierend, in einem gewaltig großen sinnlosen Kosmos allein zu sein. Mir persönlich geht es gerade umgekehrt. Es wäre zwar in gewisser Weise enttäuschend, wenn das SETI-Projekt keinen Erfolg hätte, aber wir brauchten in bezug auf unsere Erde weniger bescheiden zu sein, als wenn es in unserem Universum schon von hochentwickelten Lebensformen wimmelte.

Ein kosmischer Zufall

Die Entwicklung von Leben setzt nicht nur die »richtigen« Bedingungen in der Umwelt voraus, das ganze Universum muß auch darauf »abgestimmt« sein. Die Naturgesetze müssen es zulassen, daß sich Atome zu komplexen Molekülen verbinden können. Es muß hinreichend viel Raum und Zeit zur Verfügung stehen, damit Sterne entstehen und vergehen können und ihre Elemente eine neue Generation von Sternen, manche mit zugehörigen Planeten, bilden können. Dies sind harte Forderungen. In einem »gewöhnlichen« Universum sind sie nicht erfüllt; wie wir weiter unten erörtern werden, enthalten sie den Schlüssel zum Ursprung unseres Universums – und vielleicht auch zu dem anderer Universen.

Fred Hoyle war der erste, der eine besondere Forderung dieser Art entdeckte. Er erkannte, daß die atomaren »Bausteine« des Lebens in Sternen entstehen können, daß aber die erforderlichen Umwandlungen nur deshalb ablaufen, weil Atomkerne ganz besondere Eigenschaften haben, die Kernphysiker eher unter »überraschende Zufälle« einordnen.

Anfang der fünfziger Jahre dachte Hoyle darüber nach, wie in Sternen Kohlenstoff- und Sauerstoffatome entstehen könnten –

Elemente, die im Kosmos sehr häufig und vor allem auch wichtig für jegliches Leben sind. Ein Kohlenstoffkern hat 6 Protonen und 6 Neutronen und bildet sich aus 3 Heliumkernen (die je 2 Protonen und 2 Neutronen haben). 3 Heliumkerne würden selbst im dichten Sterninneren nur mit geringer Wahrscheinlichkeit gleichzeitig zusammenstoßen. Viel wahrscheinlicher sind 2 »Zweikörper«-Kollisionen nacheinander. Beim ersten Zusammenstoß würde sich ein Berylliumisotop bilden, dessen Kern 4 Protonen und 4 Neutronen enthält. Dieser Kern könnte bei einem weiteren Zusammenstoß ein weiteres Heliumatom einfangen und Kohlenstoff bilden.

Aber diese einfache Vorstellung stieß auf ein anscheinend unüberwindliches Problem. Ein Berylliumisotop aus 4 Protonen und 4 Neutronen ist nicht lebensfähig. Seine Lebenszeit ist, wie wir aus Messungen im Labor wissen, so kurz, daß der Berylliumkern in der kurzen Zeit, bevor er zerfällt, kaum einen dritten Heliumkern einfangen kann. Es gibt nur einen Ausweg aus diesem Dilemma: Beryllium und Helium vereinigen sich leicht und schnell, wenn der entstehende Kohlenstoffkern sich in einem sogenannten »Resonanzzustand« befindet, dessen Energie der Energie der zusammenstoßenden Beryllium- und Heliumkerne entspricht. Die Forderung ist also, genauer gesagt, daß die Gesamtenergie (mc^2) des Kohlenstoffkerns in diesem Resonanzzustand gleich der Summe aus den Energien der beiden ankommenden Kerne und der kinetischen Energie ihres Zusammenstoßes ist.

Kohlenstoffkerne waren Anfang der fünfziger Jahre noch wenig erforscht. Hoyle hatte erst kurz zuvor seine fruchtbare Zusammenarbeit mit dem kalifornischen Kernphysiker Fowler begonnen und drängte ihn und seine Kollegen, nachzuprüfen, ob Kohlenstoffkerne sich der Vorhersage entsprechend verhalten könnten. Die Versuche ergaben in der Tat eine »Resonanz«, die Hoyles Erwartungen entsprach. Die Energien von Teilchen werden in sogenannten Elektronvolt gemessen – bei chemischen Reaktionen setzt ein Atom (höchstens) einige wenige Elektronvolt frei. Kernreaktionen sind millionenmal energiereicher als chemische Reaktionen, deshalb werden ihre Energien gewöhnlich in MeV – Millionen Elek-

tronvolt – gemessen. Hoyle hatte eine »Resonanz« im Kohlenstoffkern mit einer Energie von 7,7 MeV vorhergesagt; die Experimentatoren fanden 7,65 MeV. Wir brauchen uns hier nicht damit zu
befassen, wie diese Energien gemessen werden – entscheidend ist,
daß die beiden Zahlen bemerkenswert nahe beieinanderliegen.
Wenn es diese spezielle Resonanz im Kohlenstoffkern nicht gäbe,
könnte sich in Sternen kein Kohlenstoff gebildet haben. Damit
Kohlenstoff überlebt, muß noch eine andere Bedingung erfüllt sein:
Er darf nicht zu rasch einen vierten Heliumkern einfangen, der ihn
in Sauerstoff umwandeln würde. Diese spätere Reaktion ist jedoch
nicht besonders effizient, wenn aber auch der Sauerstoffkern eine
»passende« Resonanz hätte, würde sich der Kohlenstoff sofort nach
seiner Entstehung in Sauerstoff umwandeln.

Diese Eigenschaften von Kohlenstoff und Sauerstoff sind an sich
wenig bemerkenswert. Alle Kerne haben Resonanzen, und die zugehörigen Energien sind nicht mehr oder weniger wahrscheinlich
als andere Werte in demselben Bereich. Aber wenn man versuchen
würde, eine Zahl auf einem Lotterielos zu raten, die mit gleicher
Wahrscheinlichkeit zwischen, sagen wir, 1 und 1000 liegt, würde
man im allgemeinen um mindestens 100 danebenliegen; die Wahrscheinlichkeit beträgt etwa 2 %, daß man eine Zahl rät, die der richtigen Antwort bis auf 10 nahekommt. Hoyles Vermutung lag so
nahe am wahren Wert, daß ein Kernphysiker wohl 100 : 1 gegen ihn
gewettet haben würde. Die Resonanzeigenschaften von Kohlenstoff
und Sauerstoff, scheinbare Zufälle der Kernphysik, erweisen sich
als entscheidend für die Allgegenwart von Kohlenstoff in Sternen
und Planeten und damit für die Entwicklung des Kosmos.

Die Eigenschaften von Atomen und Atomkernen hängen von
einigen ganz grundlegenden Größen ab, nämlich den Massen der
»Elementarteilchen«, aus denen sie bestehen, und den Stärken der
Kräfte, die sie zusammenhalten. Hoyle vermutete, daß diese Zahlen
nicht wirklich universell sind, sondern in verschiedenen Bereichen
des Universums unterschiedliche Werte annehmen können. Die
Komplexität (und vielleicht das Leben) wäre dann auf »kosmische
Oasen« beschränkt, in denen die Bedingungen günstig sind – wo

beispielsweise Kohlenstoff genau jene Resonanz aufweist, die Hoyle als wichtig erkannt hatte. Aber wir wissen jetzt genug über ferne Bereiche unseres Universums, um sicher zu sein, daß die Naturgesetze zumindestens überall dort, wohin unsere Teleskope reichen, gleich sind.

Ist es dann ein Zufall, daß Kohlenstoffkerne diese bestimmte Eigenschaft haben, obwohl die Chancen dafür nur etwa 1 : 100 stehen? Die meisten Kosmologen hätten in den letzten 30 Jahren mit »Ja« geantwortet. Aber Hoyle könnte im wesentlichen recht gehabt haben. Sein Fehler bestand nur darin, nicht in hinreichend großem Maßstab gedacht zu haben. Unser beobachtbares Universum könnte eine »Oase« in einer größeren Menge anderer Universen sein. Obwohl wir sie nicht beobachten können (und sie auch möglicherweise nie zugänglich sein werden), ergibt sich aus der heutigen Kosmologie ganz natürlich die Forderung nach anderen Universen. Mehr noch: Viele verblüffende Eigenschaften unseres Universums lassen sich verstehen, wenn wir das einmal erkannt haben. Ein wichtiges Thema dieses Buchs wird es sein, den Begriff des Multiversums zu erörtern. Aber bevor wir weiter spekulieren, müssen wir über die Größenordnungen und die Struktur des Universums nachdenken, das unsere Heimat ist.

2 Die kosmische Szenerie: Der Horizont weitet sich

Es ist jedoch möglich, daß einige völlig neuartige Himmelskörper, deren Entdeckung in
Zukunft die wichtigsten Geheimnisse im System der Welt enthüllen könnte, sich in der
Erscheinungsform ganz winziger Einzelsterne verbergen, die sich, außer durch sorgfältige und oft wiederholte Beobachtung,
überhaupt nicht von anderen, weniger interessanten, unterscheiden lassen.

John Herschel (1820)

Kein Biologe würde aus der Beobachtung einer einzigen Ratte auf
das Verhalten von Tieren im allgemeinen schließen – einzelne Rat-
ten könnten ganz »persönliche Macken« haben. Ebenso ungern
würden Physiker eine Theorie auf ein einziges unwiederholbares
Experiment gründen. Aber unsere Vorstellungen über unser Universum können wir nicht unmittelbar überprüfen, indem wir andere Universen untersuchen. Trotz dieser Einschränkungen hat die
wissenschaftliche Kosmologie Fortschritte machen können, und das
liegt daran, daß unser Universum in seiner großräumigen Struktur
einfacher ist, als wir mit einiger Berechtigung erwarten durften.

»Kosmologie« bedeutete ursprünglich »Welterkenntnis« im wei-
testen Sinn. Das Wort bezeichnet jetzt, spezieller, die Erforschung
des beobachtbaren Universums in seiner Gesamtheit. Wie sich
gezeigt hat, kann man keine klare Grenzlinie zwischen der »Kosmologie« und der übrigen Astronomie ziehen, die sich mit den Be-
standteilen und der kleinräumigeren Struktur unseres Universums
befaßt. Ein Vergleich mit irdischen Gegebenheiten soll das verdeutlichen: Wenn man einen Ozean in großer Entfernung vom Land aus
beobachtet, erkennt man komplexe Gebilde: Wellen (gelegentlich
reiten sogar kleine Wellen auf großen) oder Schaum. Aber wenn

man den Blick über die größten Wellen hinausschweifen läßt, sieht
man eine im allgemeinen gleichförmige Fläche, die sich bis zum
viele Kilometer entfernten Horizont erstreckt. Ein Teil des Meeres,
den man »typisch« nennen könnte, muß sich offensichtlich über
weit größere Dimensionen erstrecken als die größten erkennbaren
Wellen. Aber diese Dimension ist noch klein im Vergleich zur Entfernung des Horizonts: Unser Horizont ist so weit entfernt, daß vor
ihm viele Gebiete der Meeresoberfläche liegen, die einander statistisch ähnlich sind und von denen jedes groß genug ist, um eine
»repräsentative Stichprobe« zu sein. Diese Einförmigkeit eines mit
breitem Pinsel gemalten *Seestücks* finden wir jedoch nicht bei einer
Landschaft: Auf dem Land können sich immer höher werdende
Berggipfel bis zum Horizont hinziehen, und eine einzige topogra-
phische Gegebenheit (ein tiefes Flußtal, ein See usw.) kann das
ganze Bild beherrschen.

Unser beobachtbares Universum – der Bereich bis zu dem »Horizont«, den leistungsfähige Teleskope erreichen können – ähnelt
eher einem Seestück als einer Gebirgslandschaft. Selbst die heraus-
ragendsten Merkmale sind klein im Vergleich zur Reichweite unserer Teleskope. Es macht deshalb Sinn, von den durchschnittlichen,
»geglätteten« Eigenschaften unseres beobachtbaren Universums zu
sprechen. Diese Besonderheit, ohne die es in der Kosmologie keinen
Fortschritt gegeben hätte, schien bis vor kurzem ein glücklicher und
für uns erfreulicher Zufall zu sein – erst jetzt wird uns allmählich
klar, *warum* unser Universum eine so einfache Struktur hat.

In späteren Kapiteln werde ich weitere Vermutungen darüber
anstellen, wie sich der Vergleich Universum–Ozean weiter ausbauen läßt. Das Meer mag innerhalb unseres Horizonts gleichförmig aussehen, aber deshalb muß es sich nicht unbedingt ebenso
gleichförmig bis in die Unendlichkeit erstrecken. Einige wenige 100
Kilometer weiter könnte das Wetter viel stürmischer oder viel ruhi-
ger sein, die Wellen könnten dort ganz anders aussehen, und in
einigen 1000 Kilometern könnte das Meer von einer Küste begrenzt
werden. Entsprechend ist unser beobachtbares Universum vielleicht nur ein kleiner Fleck in Raum und Zeit innerhalb eines *stark*

strukturierten Multiversums. Wir beobachten an unserem »Fleck« Symmetrie und Einfachheit, weil Strukturen des »Ganzen« so ungeheuer groß sind, daß wir sie nicht unmittelbar wahrnehmen können.

Unser Beobachtungshorizont erstreckt sich bis in 10 Milliarden Lichtjahre Entfernung, umschließt aber nur einen Bruchteil der physikalischen Wirklichkeit – mehr noch, was wir sehen, ist nicht notwendigerweise »typisch«. Jenseits des Horizonts könnten neue äußerst komplexe Schichten von viel größerem Maßstab liegen. Ich werde weiter unten die Vermutung wagen, daß sich einige rätselhafte Eigenschaften unseres Weltalls – die »Zufälligkeiten«, die es zu einer Heimat für Leben machen – nur erklären lassen, wenn wir unseren begrifflichen Horizont erweitern. Beginnen wir diesen Weg nach außen mit der Betrachtung der Galaxien jenseits unserer eigenen.

Die Hierarchie kosmischer Strukturen: Von Sternen zu Superhaufen

Unsere eigene Galaxis ist typisch für zahllose Galaxien, die über das Universum verstreut sind. Die Sterne und das Gas, aus dem sie besteht, liegen hauptsächlich in einer Scheibe, die sich um eine »zentrale Wölbung« dreht, in der die Sterne enger benachbart sind und in der (wie wir in Kapitel 5 sehen werden) ein riesiges Schwarzes Loch lauern könnte. Ein Lichtsignal vom galaktischen Zentrum braucht etwa 28 000 Jahre, bis es unsere Sonne (und uns) erreicht.

Aus unserer Sicht liegen die anderen Sterne der Scheibe in einem Band, das sich quer über den Himmel zieht, der sogenannten Milchstraße. Alle diese Sterne umlaufen das galaktische Zentrum. Ein Umlauf der Sonne dauert über 200 Millionen Jahre. Der Andromedanebel, der nächste große Nachbar unseres Milchstraßensystems, ist etwa 2 Millionen Lichtjahre entfernt. Wie unsere eigene Galaxis enthält er Gas und Sterne aller Altersklassen.

Wenn wir aus unserem Universum irgendwo einen Würfel herausschneiden wollten, der gerade eine Galaxie enthält, müßte seine Kantenlänge im Mittel etwa 10 Millionen Lichtjahre betragen. Die Galaxien sind nicht gleichmäßig über den Raum verteilt. Die meisten gehören zu Gruppen oder Haufen, die von der Schwerkraft zusammengehalten werden. Unsere eigene sogenannte »Lokale Gruppe« hat einen Durchmesser von einigen Millionen Lichtjahren und enthält außer unserem Milchstraßensystem den Andromedanebel und mindestens 20 weitere kleinere Galaxien. Die Schwerkraft zieht den Andromedanebel in jeder Sekunde etwa 100 km näher zu uns heran. In etwa 5 Milliarden Jahren werden diese beiden Scheibengalaxien zusammenstoßen.

Einige Haufen enthalten viele hundert Galaxien. Die Lokale Gruppe liegt nahe am Rand des Virgohaufens, dessen Mitte etwa 70 Millionen Lichtjahre entfernt ist. Die Haufen und Gruppen wiederum gehören zu noch größeren Gebilden, die Ähnlichkeit mit Fäden oder dünnen Schichten haben. Eines der auffälligsten ist die sogenannte »Große Mauer«, eine flache Anordnung von Galaxien in etwa 200 Millionen Lichtjahren Entfernung. Eine andere gewaltige Massenkonzentration, der »Große Attraktor«, übt einen Gravitationssog aus, der uns zusammen mit dem ganzen Virgohaufen in jeder Sekunde mehrere 100 Kilometer weit zu sich hinzieht.

Ist das Universum »fraktal«?

So unterschiedliche Strukturen wie Küstenlinien, Bergketten, die Verzweigungen von Bäumen und die Bronchien unserer Lungen weisen eine Gemeinsamkeit auf – jeder stark vergrößerte Ausschnitt ähnelt dem Ganzen. Der Mathematiker Benoît Mandelbrot prägte zur Bezeichnung solcher Gebilde das Wort »Fraktale«. Dank seiner Einsicht haben wir die Allgegenwart der Fraktale in der Natur sehen gelernt. Könnte auch unser Universum ein Fraktal sein und Haufen von Haufen von Haufen enthalten . . . bis ins Unendliche?

Wir wissen heute, daß unser Universum *kein* Fraktal ist. Wenn sich die hierarchische Haufenbildung wirklich unendlich weit fortsetzen würde, müßten die Galaxien unabhängig davon, wie weit wir in den Weltraum schauen und wie groß die betrachteten Volumina sind, immer unregelmäßig verteilt sein – wir würden in der Hierarchie einfach immer größere Maßstäbe erkunden. Aber so sieht unser Weltall nicht aus. Wenn wir den Raum in größerer Tiefe erkunden, sehen wir immer weitere Haufen wie Virgo und immer weitere Strukturen wie die »Große Mauer«, aber wir entdecken keine neue »Schicht« übergeordneter Strukturen: Das Universum erscheint gleichförmig. Ein Würfel mit einer Seitenlänge von 500 Millionen Lichtjahren (diese Ausmaße sind im Vergleich mit dem beobachtbaren Universum immer noch klein) wäre für eine »repräsentative Stichprobe« groß genug – wo immer sich der Würfel befände, enthielte er etwa dieselbe Anzahl von Galaxien, die in statistisch ähnlicher Weise zu Haufen, Filamenten usw. gruppiert sind. In gewissem Sinn könnte man sagen, daß unser beobachtbares Universum homogen ist, also wirklich »mit breitem Pinsel gemalt«.

Seit Kopernikus wissen wir, daß wir nicht in der »Mitte« der kosmischen Bühne sitzen. Wenn unser Ort »typisch« ist, würde das Universum im großen (also alles, was über einige wenige 100 Millionen Lichtjahre vom Beobachter entfernt ist) auch von jeder anderen Galaxie aus ähnlich aussehen.

Das expandierende Weltall

Moderne Teleskope zeigen Galaxien, die bis zu 10 Milliarden Lichtjahre von uns entfernt sind. Aus kosmologischer Sicht sind Galaxien lediglich im Raum verstreute »Sonden«, die auf die Verteilung und Bewegung der im Universum enthaltenen Materie schließen lassen. Wenn Kosmologen vom »expandierenden Universum« sprechen, beziehen sie sich vor allem auf die Bewegung von Galaxien.

Die Erkenntnis, daß sich das Weltall ausdehnt, geht bis in die zwanziger Jahre zurück und ist den bahnbrechenden Beiträgen mehrerer Astronomen zu verdanken. Die überragende Gestalt war

Edwin Hubble, nach dem das Weltraumteleskop benannt wurde und der, bevor er Astronom wurde, Boxer und Rechtsanwalt gewesen war. Er beobachtete mit dem 2,5-Meter-Spiegel auf dem Mount Wilson in Kalifornien – dem leistungsfähigsten Fernrohr seiner Zeit – und untersuchte das Licht vieler Galaxien. Spektren von Galaxien zeigen Linien, die von den Elementen ausgesandt oder verschluckt werden, aus denen die Galaxien bestehen (Kohlenstoff, Natrium und viele andere). Hubble fand, daß diese Linien im Vergleich zu denen, die im Labor oder in Spektren von Sternen und Gas aus unserer eigenen Galaxis gemessen wurden, alle zu längeren Wellenlängen – zum Roten hin – verschoben waren, und zwar um so mehr, je schwächer (und damit vermutlich entfernter) die Galaxien sind. Hubble behauptete nun, die Rotverschiebung einer Galaxie sei proportional zu ihrer Entfernung. Die bekannteste Ursache für eine Rotverschiebung ist der uns vertraute Dopplereffekt. Wenn er wirklich der Grund für Hubbles Rotverschiebung ist, müssen Galaxien sich mit Geschwindigkeiten von uns entfernen, die zu ihrer Entfernung proportional sind.

Die Theorie hatte die Vorstellung von der Expansion des Weltalls schon vorweggenommen. Alexander Friedmann, ein russischer Mathematiker und Meteorologe, hatte 1922 gezeigt, daß nur ein expandierendes und unbegrenztes Universum mit Einsteins Allgemeiner Relativitätstheorie vereinbar ist. Einstein hatte Friedmanns Arbeit ursprünglich abgelehnt – er meinte, das Universum müsse statisch sein –, änderte seine Einstellung aber unter dem Einfluß von Hubbles Entdeckung.[1]

Hubbles Ergebnisse waren zunächst alles andere als überzeugend. Die von ihm untersuchten Galaxien waren alle relativ nah, so daß er daraus lediglich folgern konnte, daß unser »Lokaler Superhaufen« sich ausdehnt. Es blieb zunächst bloße Spekulation, daß »Hubbles Gesetz« auch für Entfernungen gelten sollte, die viele hundertmal größer sind und in denen die Fluchtgeschwindigkeiten der Galaxien sich der Lichtgeschwindigkeit annähern. Weil aber Friedmanns Arbeit bereits bekannt war, wurde diese Spekulation damals durchaus ernst genommen.[2]

Die Expansion sollte sich eigentlich *verlangsamen*, weil sich Materie aufgrund ihrer Schwerkraft gegenseitig anzieht. Wenn die Dichte sehr gering ist, sollte die Verlangsamung allmählich erfolgen und die Expansion niemals aufhören. Unser Weltall könnte dann sowohl räumlich als auch zeitlich unendlich sein. Ein dichteres Universum jedoch würde sich schließlich nicht weiter ausdehnen, sondern kollabieren. Obwohl es gleichförmig (homogen) und ohne Grenze wäre, würde es also »geschlossen« und in Raum und Zeit endlich sein.

In den dreißiger Jahren jedoch – und noch mehrere Jahrzehnte danach – war unklar, wie gut diese einfachen Lösungen der Einsteinschen Gleichungen das großräumige Universum beschreiben, und es gab keine Möglichkeit, zwischen der sogenannten »geschlossenen« und der »offenen« Fassung zu unterscheiden.

Hubbles Gesetz hat sich für Galaxien als gültig erwiesen, die so weit von uns entfernt sind, daß sie sich mit über 90 % Lichtgeschwindigkeit von uns wegbewegen. Die einfachen »Weltmodelle« haben sich nach mehr als 60 Jahren als außerordentlich gute Beschreibungen herausgestellt – sie haben für unser Universum mehr Bedeutung, als Friedmann und die anderen Pioniere es zu hoffen gewagt hätten.

Wir leben anscheinend in einem sich ausdehnenden Universum, das sich bis in eine Entfernung von 10 Milliarden Lichtjahren erstreckt und in dem sich ferne Objekte im Lauf der Zeit immer weiter voneinander entfernen.[3] Beobachter in jeder anderen Galaxis würden eine ähnliche Expansion feststellen. An der Lage unserer Galaxis im Raum ist nichts Besonderes, aber der *Zeit*punkt unserer Beobachtung ist möglicherweise ein besonderer – wie später deutlich werden wird.

Gibt es müdes Licht?

Wenn entfernte Galaxien heute auseinanderstreben, müssen sie, so leuchtet unmittelbar ein, eine Art »Anfang« gehabt haben, als sie vor 10 oder 20 Milliarden Jahren viel enger beieinanderlagen. Hubble stand der Frage, ob aus seinem Rotverschiebungsgesetz auf die Expansion geschlossen werden muß, jedenfalls zunächst erstaunlich offen gegenüber. Vielleicht »ermüdet« Licht, nachdem es gewaltige Entfernungen durchquert hat, und wird dadurch nach Rot verschoben, wobei das Universum dann durchaus statisch sein könnte. Noch in den siebziger Jahren vertraten einige Pariser Physiker ernsthaft die Vorstellung von »photons fatigués«, müden Photonen, und immer noch taucht dieser Gedanke von Zeit zu Zeit auf. Es ist deshalb wichtig zu betonen, daß »müdes Licht« aus guten Gründen ausgeschlossen werden kann, und nicht nur, weil eine (möglicherweise nicht vorurteilsfreie) Abneigung gegen den Gedanken besteht, einen vollkommen neuen Effekt in Erwägung zu ziehen.

Licht ist, physikalisch gesehen, eine Welle elektromagnetischer Energie, die durch den Raum läuft. Die Wellenlängen entsprechen den Farben und sind kürzer für blaues und länger für gelbes und rotes Licht. Die Wellenlängen aller Lichtwellen, die von einer ferner. Galaxie kommen, sind wie beim gewöhnlichen Dopplereffekt um denselben Faktor vergrößert. Dies ist genau das, was man in einem expandierenden Universum erwarten würde. Das wäre nicht so bei einem Prozeß, der das Licht »ermüden« ließe, beispielsweise durch wiederholte Streuung an hypothetischen Teilchen. Solche Vorgänge würden das Bild ferner Objekte verschwimmen lassen, was jeder Beobachtung widerspricht.

Es gibt noch einen weiteren Prüfstein. Eine periodisch tickende Uhr, die sich von uns entfernt, scheint langsamer zu gehen. Die Zeitsignale müssen einen immer längeren Weg zurücklegen und kommen deshalb mit größeren Intervallen bei uns an. Diese Verlangsamung hat unmittelbar mit der Rotverschiebung zu tun. Die Aufeinanderfolge der »Wellenberge« im Licht eines Atoms oder

Moleküls rührt von Schwingungen her, die im wesentlichen eine
mikroskopische Uhr darstellen – die Wellenberge kommen in größeren Abständen an, wenn sich die Quelle entfernt: Die Wellenlängen erscheinen gedehnt. Die Natur hat uns mit Uhren versorgt, die
wegen ihrer großen Helligkeit auch in fernen Galaxien sichtbar sind
– den Supernovae. Eine bestimmte Art Supernova, die etwas einfallslos »Typ 1« genannt wird, leuchtet auf und verblaßt in ganz
bestimmter Weise. Ferne Supernovae vom Typ 1 flackern nun anscheinend tatsächlich in größeren Abständen auf und verblassen
auch entsprechend langsamer. Die Verlangsamung des Flackerns ist
genau das, was wir erwarten würden, wenn eine Supernova sich von
uns entfernt und ihr Licht durch den Dopplereffekt eine Rotverschiebung erleidet. Der Effekt läßt sich in einem statischen Universum nicht erklären.

Eine Theorie vom statischen Universum würde zu bei weitem
schwerwiegenderen Widersprüchen führen als jede Urknalltheorie.
Sterne haben keine unendlich großen Energiereserven: Sie entwik-
keln sich, und irgendwann ist ihr Brennstoff erschöpft. Das gilt
auch für Galaxien, die ja im wesentlichen Ansammlungen von Sternen sind. Das Alter unseres Milchstraßensystems und anderer Galaxien wird aufgrund der Brennstoffsituation auf etwa 10 Milliarden Jahre geschätzt, was gut mit der Annahme übereinstimmt, daß
sich unser Universum seit ebenfalls etwa 10 Milliarden Jahren ausdehnt. Wenn unser Universum statisch wäre, müßten alle Galaxien
auf irgendeine geheimnisvolle Weise an ihrem jetzigen Ort vor
etwa 10 Milliarden Jahren gleichzeitig »angeschaltet« worden sein.
Ein nicht expandierendes Universum – auch von der Art, wie Einstein es befürwortete, bevor er Hubbles Arbeit kennenlernte (die in
Kapitel 8 weiter erörtert wird) – führt zu ernsthaften begrifflichen
Schwierigkeiten.[4]

Gibt es im Universum eine Entwicklung?

Astronomen können Objekte aus Bereichen des Raums erforschen, deren Licht sich vor langer Zeit auf den Weg machte. Wenn wir in einem höchst ungeordneten Universum lebten, hätten diese fernen Bereiche vielleicht keinerlei Ähnlichkeit mit unserer eigenen Umgebung. Aber da unser Universum (oder jedenfalls der uns sichtbare Teil) »mit breitem Pinsel gemalt« ist und eher einem Seestück ähnelt als einer Gebirgslandschaft, schließen wir, daß alle Teile sich auf gleiche Weise entwickelt haben und eine ähnliche Geschichte haben. Wenn wir also einen Bereich beobachten, der, sagen wir, 3 Milliarden Lichtjahre von uns entfernt ist, ähneln seine Eigenschaften (wie die Galaxien aussehen, wie sie angeordnet sind usw.) jenen unserer eigenen Gegend, wie sie vor 3 Milliarden Jahren ausgesehen hat.

Lagen die Galaxien in der Vergangenheit enger beieinander? Und sehen ferne Galaxien anders aus? Das wäre zu erwarten, weil sie doch im Mittel jünger waren, als sie das Licht ausschickten, das uns jetzt erreicht. Die ersten Daten Hubbles konnten diese Fragen nicht beantworten. Die Fragen sind wichtig, weil die Antwort nicht »ja« lauten muß – ein sich ausdehnendes Universum muß sich nicht unbedingt bei der Expansion weiterentwickeln. Auf diese Tatsache hat besonders Fred Hoyle sehr nachdrücklich hingewiesen und gemeinsam mit ihm Hermann Bondi und Thomas Gold, zwei Theoretiker, die auf der Flucht vor den Nazis aus Österreich nach Cambridge gekommen waren. Bondi lieferte vor allem als Mathematiker wesentliche Beiträge zur Astronomie und Relativitätstheorie. Golds Fachbereich war ausgefallener. Er hatte seine akademische Laufbahn mit einer Dissertation über das Hörvermögen und die Physiologie des Innenohrs begonnen. Später wandte er seine physikalischen Einsichten in vielen Bereichen an (darunter auf Neutronensterne, wie in Kapitel 4 beschrieben wird).

Bondi, Gold und Hoyle vermuteten, daß wir in einem Steady-State-Universum leben, in dem die fortwährende Erschaffung neuer Materie und neuer Galaxien die Struktur des Universums als

Ganzes unverändert läßt, obwohl es sich insgesamt ausdehnt. Einzelne Galaxien entwickeln sich, aber im Laufe ihrer Geschichte verteilen sie sich über weitere Bereiche. In den Lücken, die sich zwischen ihnen öffnen, bilden sich dann neue Galaxien. Das Universum, das nach dieser Vorstellung eine unendliche Vergangenheit hat, kommt so in eine Art Gleichgewichtszustand. Dabei müßte so wenig Materie neu geschaffen werden, daß sie kaum aufzuspüren wäre – ein Atom pro Jahrhundert pro Kubikkilometer –, trotzdem wurde die Vorstellung von vielen Wissenschaftlern für wenig plausibel gehalten. Hoyle begegnete den Einwänden, indem er eine Theorie entwickelte, die beschrieb, wie sich gelegentlich neue Atome »materialisieren« könnten. In jedem Fall, so behauptete er, sei die Erschaffung von allem »auf einmal« ein Sprung, der noch weiter über die herkömmliche Physik hinausginge.[5]

Die Steady-State-Theorie gab den Astrophysikern über 15 Jahre lang viele Anregungen. Wenn der Zustand des Universums im wesentlichen gleichbleibt, sollten ferne Bereiche, obwohl wir sie so sehen, wie sie vor langer Zeit waren, statistisch genauso aussehen wie nahe Bereiche – das ist eine sehr genaue Vorhersage. Wenn ferne Galaxien im Mittel anders aussehen, wäre das Steady-State-Universum widerlegt.

Der aussichtslose Kampf für die Steady-State-Theorie

Selbst wenn sich unser Universum weiterentwickelt, sind die Veränderungen so langsam, daß sie sich nur im Lauf von Jahrmilliarden zeigen. Um eine Entwicklungstendenz aufzuspüren (oder um zu sehen, ob das Universum wirklich immer gleichbleibt), muß man Galaxien untersuchen, die so weit entfernt sind, daß ihr Licht sich vor mehreren Milliarden Jahren auf den Weg zu uns machte. Solche Bemühungen begannen schon in den fünfziger Jahren mit Hilfe des Teleskops auf dem Mount Palomar in Kalifornien, das mit seinem 5-Meter-Spiegel das damals bei weitem größte der Erde war. Die Ergebnisse waren nicht eindeutig. Die Leuchtkraft normaler Galaxien mit hinreichend großer Rotverschiebung reicht nicht aus, selbst wenn sie mit einem so mächtigen Gerät wie dem 5-Meter-Spiegel auf photographischen Platten sichtbar gemacht werden soll. Die besten optischen Teleskope standen in den fünfziger Jahren in den USA, insbesondere in Kalifornien. Diese Verlagerung des Schwergewichts der astronomischen Forschung von Europa nach Amerika hatte sowohl klimatische als auch finanzielle Gründe: Es machte einfach wenig Sinn, riesige Teleskope in Tiefebenen zu bauen, besonders nicht in Gegenden mit englischen Klimaverhältnissen. Der (nach Hubbles Entdeckung der kosmischen Expansion) nächste Durchbruch in der beobachtenden Kosmologie aber kam durch ein ganz anderes Verfahren – die Radioastronomie. Radiowellen aus dem Raum können Wolken durchdringen, deshalb hatte Europa in diesem neuen Forschungsbereich keine klimatisch bedingten Nachteile.

Schon Anfang der fünfziger Jahre, als die Verfahren noch primitiv waren, hatten Radioastronomen in England und Australien bei bestimmten Ausrichtungen ihrer Antennen ein besonders starkes »Rauschen« bemerkt. Einige dieser kosmischen Radioquellen ließen sich leicht identifizieren. So war beispielsweise das Zentrum des Milchstraßensystems eine starke Strahlungsquelle und auch der Krebsnebel, der in Kapitel 1 beschrieben wurde.

Die Deutschen Walter Baade und Rudolf Minkowski, die in Kalifornien arbeiteten, wiesen 1954 nach, daß die zweitstärkste himmlische Radioquelle eine ungewöhnlich ferne Galaxie ist. Während ihr sichtbares Licht zu schwach war, um beobachtbar zu sein, war ihre Radiostrahlung so stark, daß Radioteleskope sie selbst dann hätten bemerken können, wenn sie um ein Mehrfaches weiter entfernt gewesen wäre. Die Entdeckung von Baade und Minkowski bedeutete, daß die neuen Verfahren der Radioastronomie eine Untersuchung des frühen Universums ermöglichten: Radioteleskope konnten die Strahlung einiger ungewöhnlich »aktiver« Galaxien empfangen (man vermutet heute in ihrer Mitte massereiche Schwarze Löcher – siehe Kapitel 5), die wegen ihrer großen Entfernung nicht mit optischen Instrumenten beobachtet werden konnten.

Radioteleskope können erstaunlich schwache Signale empfangen. Der Pionier der Radioastronomen, Martin Ryle, veran-
schaulichte das auf besonders eindrückliche Weise. Als sein Observatorium vor den Toren von Cambridge einen »Tag der offenen
Tür« durchführte, bat er die Besucher, ein winziges Blatt von
einem Stapel Papier zu nehmen. Darauf stand: »Indem Sie dies
hochgenommen haben, haben Sie mehr Energie aufgewandt, als
alle Radioteleskope der Welt empfangen haben, seit sie gebaut
wurden.«

In der Anfangszeit der Radioastronomie war es schwierig, die
Richtungen zu bestimmen, aus der kosmische »Radiogeräusche«
kamen. Ryle erfand ein Verfahren, das diese Schwierigkeit behob
und das erlaubte, den Nordhimmel zu durchmustern und mehrere
hundert Quellen zu lokalisieren. Mit Hilfe dieser Daten schloß er
in geradezu genialer Weise, daß unser Universum sich verändert,
also nicht immer gleichbleibt.

Ryle kannte die Entfernungen seiner Radioquellen nicht (die
meisten hatten keine sichtbare Entsprechung, deshalb konnten die
optischen Astronomen ihre Rotverschiebungen nicht messen),
aber er nahm an, daß die schwächeren Quellen im Mittel weiter
entfernt waren als jene, die stärkere Signale lieferten. Er zählte,
wie viele Quellen jeweils eine bestimmte scheinbare Radiohellig-
keit hatten, und fand im Verhältnis zur Anzahl stärkerer und nä-
herer Quellen überraschend viele schwache Quellen, die also vorwiegend sehr weit entfernt waren. Wir sind, so schien es, in der
Mitte einer riesigen Kugel, die einen Radius von mehreren Milliarden Lichtjahren hat und auf der die Radioquellen in der Nähe
der Kugeloberfläche viel stärker konzentriert sind als in der Mitte.
Das schien mit einem Steady-State-Universum unvereinbar zu
sein, in dem die Radioquellen laut Definition zu allen Zeiten und
deshalb in allen Entfernungen ähnlich häufig sein müssen. Wohl
aber vertrug sich das Ergebnis mit einem sich fortentwickelnden
Universum. Ryle vermutete, daß die rätselhaften Ausbrüche, bei
denen starke Radiostrahlung ausgesandt wird, sich eher in jungen
Galaxien abgespielt haben, also vor mehreren Milliarden Jahren.

Die älteren (und näheren) Galaxien, die sich schon »beruhigt« haben, sollten kaum noch als Radioquellen nachzuweisen sein. Als Ryles Überlegungen in den fünfziger Jahren bekannt wurden, lösten sie eine lautstarke (und oft unsachliche) Auseinandersetzung aus, die sich über mehrere Jahre hinzog. Als ich Anfang der sechziger Jahre auf sie aufmerksam wurde, fand ich Ryles Beweisführung genial und zwingend, und die fortdauernde Opposition der Vertreter der Steady-State-Theorie überraschte mich. Erst später erfuhr ich von der Vorgeschichte, daß nämlich Ryle Anfang der fünfziger Jahre mit ähnlicher Hartnäckigkeit Behauptungen vertreten hatte, die nicht gut begründet gewesen waren.

So hatte Ryle beispielsweise Radioquellen, als sie zum erstenmal entdeckt wurden, für »Radiosterne« in unserer eigenen Galaxis gehalten. Sie waren anscheinend nicht in der Ebene der Milchstraße konzentriert, aber das hätte bedeuten können, daß sie (nach astronomischen Maßstäben) *sehr* nahe waren: Denn gerade wenn die aufspürbaren Quellen alle näher sind als die Dicke der galaktischen Scheibe, also nur wenige 100 Lichtjahre entfernt, sollten sie gleichförmig über den Himmel verteilt sein. Gold und andere behaupteten, die Quellen seien nicht in der Ebene des Milchstraßensystems konzentriert, weil sie nichts mit ihm zu tun hätten und viel weiter entfernt seien. Ryle widersetzte sich diesem Vorschlag anfangs leidenschaftlich (später jedoch spielte gerade die gewaltige Entfernung dieser Objekte für seine kosmologischen Überlegungen eine entscheidende Rolle).

Ein weiterer Grund zum Zweifeln war, daß sich Ryles erste Radiodurchmusterungen als fehlerhaft erwiesen hatten – sie ergaben eine so verschwommene Karte des Radiohimmels, daß zwei oder mehr verschiedene Quellen oft als eine gezählt wurden. Als Ryle jedoch 1958 seine Begründung für ein sich entwickelndes Universum der Royal Society vortrug, waren die gröbsten Fehler behoben und seine Daten zuverlässig; im wesentlichen wurde im Lauf der Zeit alles, was er in diesem Vortrag sagte, bestätigt.

Die Steady-State-Theorie stellte einige liebgewordene Überzeugungen in Frage und machte Vorhersagen, welche die Beobachter anspornte, sie zu widerlegen. Die Urheber der Theorie, ein einfallsreiches Triumvirat, das mit seiner Meinung nicht zurückhielt und sich gern auf Auseinandersetzungen einließ, leisteten gute Öffentlichkeitsarbeit. Insbesondere Hoyle war jemand, der die wissenschaftlichen Erkenntnisse geradezu glänzend einer weiten Öffentlichkeit nahezubringen verstand; viele jüngere Kosmologen (zu denen auch ich gehöre) verdanken seinen Büchern und Radiosendungen den ursprünglichen Ansporn, sich mit Astronomie zu beschäftigen. Die Konfrontation zwischen den Vertretern eines immer gleichbleibenden und eines sich fortentwickelnden Universums traf deshalb jedenfalls in England auf großes Interesse in der Öffentlichkeit. Auf dem europäischen Festland und in den USA dagegen fand die Theorie von Bondi, Gold und Hoyle wenig Verbreitung und wurde nicht sehr ernst genommen. Gerade die Radioastronomen in England und Australien (von denen einige ihr Können bei der Arbeit mit Radarsystemen im Zweiten Weltkrieg erworben hatten) waren zur Durchführung der entscheidenden Durchmusterungen der Radioquellen am besten ausgerüstet.

Ryle wollte mit seinen Radiodurchmusterungen Einfluß auf die Kosmologie gewinnen, und dazu mußte die Theorie des immer gleichbleibenden Universums widerlegt werden. Er steckte deshalb jahrelang viel Mühe in die Planung und den Bau neuer Instrumente und auch in die Sammlung und Verarbeitung der Daten. Heutzutage kann kein einzelner Mensch alle notwendigen Verfahren beherrschen; Ryle war ein Musterbeispiel für die Pioniere der Radioastronomie, die ihre neuartige Ausrüstung selbst erfanden und auch selbst Schlüsse aus den Daten zogen. Niemand könnte je ein so ehrgeiziges Projekt durchführen, wenn er nicht (vielleicht übertrieben viel) Vertrauen in dessen mögliche Bedeutung oder Aussagekraft hätte. Anspruchsvolle und langwierige Forschungsprogramme werden gewöhnlich gerade von solchen Persönlichkeiten vorangetrieben.

Obwohl Ryle schon 1958 die besseren Argumente hatte (jedenfalls scheint es in der Rückschau so zu sein), zog sich die Auseinandersetzung noch über mehrere Jahre hin. Die Radioquellen blieben ein Rätsel. Man hielt sie für eine Art Galaxie, aber nur wenige relativ nahe »Radiogalaxien« waren tatsächlich von optischen Astronomen beobachtet worden. Ryle hatte behauptet, die anderen Quellen seien ihnen ähnlich, lägen aber jenseits der Reichweite optischer Teleskope. Es gab keine Hinweise (etwa aus Messungen der Rotverschiebung oder aus einer Verknüpfung mit optisch sichtbaren fernen Galaxien) darauf, daß die Entfernungen wirklich so ungeheuer groß waren. Und noch hatte niemand eine Idee, wie eine Galaxie so ungeheuer viel Energie in Radiowellen umwandeln konnte.

Stammten diese geheimnisvollen Quellen also doch von einer nahen Population in der Milchstraße, wie Ryle selbst bis 1954 gemeint hatte? Die Zählungen würden dann nur etwas über die »Geographie« unserer eigenen Galaxis aussagen und für die Kosmologie bedeutungslos sein. Der wichtigste Gegner dieser Annahme war Dennis Sciama, der (zu meinem großen Glück) später mein Doktorvater wurde. Er beschrieb sich selbst damals (vermutlich zu Recht) als der einzige, der außer dem Trio, das die Steady-State-Theorie erfunden hatte, an diese Theorie noch glaubte. Aber selbst Sciama kapitulierte angesichts neuer Tatsachen aus der optischen Astronomie. Einige von Ryles Quellen stellten sich als so hell heraus, daß auch optische Astronomen sie sehen konnten. Es waren »Quasare« – Galaxien, deren 100 Milliarden Sterne durch konzentrierte Strahlung aus ihrer Mitte überstrahlt werden (von der man jetzt allgemein annimmt, daß sie ein riesiges Schwarzes Loch enthält). Diese Quasare haben sehr große Rotverschiebungen, und eines meiner ersten Forschungsvorhaben beschäftigte sich damit herauszufinden, was wir aus der Statistik dieser Rotverschiebungen lernen können. Es stellte sich heraus, daß Quasare mit hohen Rotverschiebungen (also weit entfernte) häufiger sind als solche in geringer Entfernung, was Ryles Vermutungen stützte. Dies überzeugte Sciama davon, daß Ryle im Grunde recht hatte.

Die Zählungen der Radioquellen haben inzwischen nur noch historisches Interesse, weil sie seit langem von aufschlußreicheren und eindeutigeren Verfahren abgelöst wurden. Sie waren aber der erste wirkliche »kosmologische Test«. Ich hatte damals als junger Student in Cambridge eine erste Gelegenheit, wissenschaftliche Auseinandersetzungen aus der Nähe zu verfolgen und konnte miterleben, welch gegensätzliche Einstellungen sich bei kosmologischen Debatten herausbilden können. Sciama bekannte sich zur Steady-State-Theorie. Für ihn wie für ihre Erfinder hatte sie einen tiefen philosophischen Reiz – das Universum war von Ewigkeit zu Ewigkeit in einem eindeutigen widerspruchsfreien Zustand. Wenn widersprechende Hinweise auftauchten, suchte Sciama deshalb einen Ausweg (selbst wenn er unwahrscheinlich war) wie ein Verteidiger, der sich an jedes Argument klammert, das die Anklage widerlegen kann.

Wenn ein neues Phänomen entdeckt wird und Beobachtungsdaten noch rar sind, lassen sich oft viele Theorien aufstellen. Ihre Analyse kann dazu führen, einige der Aussagen zu überprüfen oder innere Widersprüche offenzulegen. Das engt den Bereich der tragfähigen Erklärungen ein und läßt »Spitzenreiter« erkennen. Einige Theoretiker sind wie Sciama leidenschaftliche Vertreter einer bestimmten Hypothese – ihr Bekenntnis zu einer Idee ist für sie ein notwendiger Antrieb. Andere sichern sich ab und erforschen sogar zwei oder mehr unterschiedliche (und einander jeweils widersprechende) Hypothesen gleichzeitig – für sie ist die Suche nach einem besseren Verständnis ein ausreichender Beweggrund. Hoyle, der einfallsreichste und originellste Astrophysiker seiner Generation, gehörte sicherlich zur letzten Kategorie. Er befürwortete ein unveränderliches Universum, aber das hinderte ihn nicht daran, entscheidende Gedanken zu rivalisierenden Theorien beizutragen.

Quasare damals und heute

In den Anfangstagen der Radioastronomie war es schwer, die Quellen genau genug zu bestimmen, um sicher sein zu können, welches Objekt die Radiostrahlung erzeugte (wenn nicht in derselben Richtung ein helles und offensichtlich besonderes Objekt lag wie der

Krebsnebel). Ein wesentlicher Fortschritt konnte 1963 gemacht werden, als es Cyril Hazard und seinen Kollegen in Australien gelang, die Position einer bestimmten Radioquelle auf wenige Bogensekunden genau festzulegen. Sie richteten das Parkes-Radioteleskop auf 3C273 (die Quelle heißt so, weil sie in Ryles Katalog der dritten »Cambridge-Durchmusterung« die Nummer 273 hat), als der Mond gerade an diesem Teil des Himmels stand. Während der Rand des Mondes vor ihr vorüberzog, »verschwand« die Quelle. Die Astronomen notierten die genaue Zeit (und die genaue Stellung des Mondes), zu der dies passierte, und fanden in der Nähe der richtigen Position ein ziemlich schwaches sternähnliches Objekt der 13. Größenklasse.

Cyril Hazard hatte selbst keinen Zugang zu einem großen optischen Teleskop, deshalb drängte er den holländischen Astronomen Maarten Schmidt, der am 5-Meter-Spiegel des Mount Palomar arbeitete, das optische Spektrum von 3C273 zu bestimmen. Schmidt fand im Spektrum Merkmale, die er zunächst nicht verstand – jedenfalls war dieser Himmelskörper kein Stern. Schmidt löste das Rätsel erst, als er erkannte, daß dieses Spektrum das von glühendem Wasserstoff war, bei dem alle charakteristischen Linien zu Wellenlängen verschoben waren, die 15 % größer waren als erwartet. Eine solche Verschiebung war zuvor nur in sehr fernen (und lichtschwachen) Galaxien beobachtet worden, aber 3C273, eine punktförmige Quelle und deshalb sicherlich kleiner als eine Galaxie, war viel heller als alle bisher bekannten Galaxien mit einer so großen Rotverschiebung.

Nun ließen sich auch andere mysteriöse Spektren ähnlicher Quellen verstehen. Man hatte eine neue Klasse von Objekten entdeckt, die auf photographischen Platten wie gewöhnliche Sterne aussahen, deren Spektren aber stark rotverschoben waren. Aus den Rotverschiebungen dieser quasistellaren Objekte, die man »Quasare« taufte, lassen sich nach Hubbles Gesetz die Entfernungen berechnen. Sie sind danach sehr weit entfernt, haben aber mehr Leuchtkraft als ganze Galaxien, während ihre Energiequelle kleiner ist als die unseres Sonnensystems.

Quasare und »neue Physik«

Quasare sind Zeugen aus ferner Vergangenheit. Sie sind von grundlegendem Interesse, weil in ihrem Inneren ungeheure Schwarze Löcher lauern – Orte, an denen der Raum kollabiert und quasi »durchbohrt« wird. Ihr Inneres enthält die Geheimnisse über den Anfang unseres Universums und über seine Verbindung zu anderen Universen.

Die Entdeckung der Quasare warf zweifellos viele Fragen auf. Erst nach mehreren Jahren war klar, daß sie in der Mitte von Galaxien liegen und mit den Radiogalaxien verwandt sind, deren erstaunliche Eigenschaften Ryle schon erkannt hatte. Anfangs zweifelten einige Forscher, ob Quasare überhaupt in den Rahmen der herkömmlichen Physik gehören. Vielleicht bot hier eine »neue Physik« eine andere Erklärung der Rotverschiebung, aus der folgen würde, daß die Quasare weniger weit entfernt sind und nicht so außerordentlich energiereich – oder über ein wirksameres Verfahren der Energieerzeugung verfügen. Solche Überlegungen galten damals als völlig realistisch und lösten eine lebhafte Debatte aus.

Es ist im Prinzip denkbar, daß diesen kosmischen Phänomenen neuartige Naturgesetze zugrunde liegen. Schließlich würde ein Physiker, dessen Labor frei im Raum schwebt, wahrscheinlich niemals die Schwerkraft entdecken, weil diese Kraft sehr schwach ist, wenn man sich nicht im Bereich einer so großen Masse wie der Erde befindet. Vielleicht gibt es Wirkungen, die selbst im Maßstab des Sonnensystems unbedeutend sind, aber doch für den Kosmos eine entscheidende Rolle spielen.

Zur Begründung wurde beispielsweise behauptet, Quasare seien am Himmel oft sehr nahe bei Galaxien mit geringer Rotverschiebung zu finden, und diese Nachbarschaft könne kein Zufall sein, es müsse also eine direkte Beziehung zwischen Quasar und Galaxie geben. Aber in Zufallsdaten lassen sich leicht Zusammenhänge auffinden – auch recht unwahrscheinliche –, wenn man sie nur finden will. Entscheidend ist, ob eine Hypothese nicht nur für die Objekte gilt, bei denen die behaupteten Zusammenhänge zuerst bemerkt wurden, sondern auch verallgemeinert werden können. Viele der Besonderheiten erwiesen sich als allgemeingültig, nachdem mehr Daten gesammelt wurden (und gelegentlich lösten sie sich auch in Nichts auf).

Um solche Fragen ging es in einer anregenden Konferenz, die 1970 von der Päpstlichen Akademie der Wissenschaften ausgerechnet im Vatikan abgehalten wurde. Teilnehmer zeigten dort Bilder von Galaxien mit sehr unterschiedlichen Rotverschiebungen und behaupteten, zwischen ihnen bestünde eine Wechselwirkung, und sie seien nicht nur zufällige Überlagerungen von Objekten im Vorder- und Hintergrund; die Rotverschiebungen seien also »anomal«. »Ich finde es unlogisch, Daten zurückzuweisen, weil sie unglaublich sind«, bemerkte Fred Hoyle. »Ich kann mir keinen *besseren* Grund denken«, war die Reaktion von Lyman Spitzer, einem hervorragenden (und eher konventionellen) Theoretiker aus Princeton.

Die Auseinandersetzung darüber, ob Quasare »nah oder fern« sind, erinnerte an eine astronomische Auseinandersetzung, die sich zwei Jahrhunderte früher abspielte und bei der es um die Existenz von Doppelsternen ging. Man kannte schon viele Fälle, in denen zwei Sterne am Himmel eng benachbart sind, und John Michell (dem wir in Kapitel 5 wiederbegegnen werden) hatte 1767 statistisch nachgewiesen, daß es *zu viele* solcher Paare gibt, als daß sie lediglich zufällige Überlagerungen von Sternen im Vorder- und Hintergrund sein könnten. Er behauptete deshalb, diese Sterne müßten »entweder durch die Schwerkraft – oder durch ein anderes Gesetz oder einen Befehl des Schöpfers« in einer unmittelbaren Beziehung stehen.

Wilhelm Herschel widersprach. Er glaubte (zu Unrecht, wie wir jetzt wissen), daß alle Sterne dieselbe Leuchtkraft haben. Da die Sterne in vermeintlichen Doppelsternsystemen gewöhnlich unterschiedlich hell sind, schloß er, daß einer viel weiter entfernt sein müsse als der andere und sie einander deshalb nicht umlaufen könnten. Herschel änderte seine Meinung erst 36 Jahre später. Diese Debatte hat Ähnlichkeit mit der Kontroverse gegen Ende der sechziger Jahre dieses Jahrhunderts, die zwischen jenen bestand, welche die Rotverschiebungen der Quasare für ein gutes Entfernungsmaß hielten, und jenen, die statistische Belege für das Gegenteil anführten.

Die Auseinandersetzung über die Quasare läßt deutlich die unterschiedlichen Einstellungen von Wissenschaftlern erkennen. Die eher konservativen wären wirklich verstört gewesen, wenn es anomale Rotverschiebungen gäbe, weil das bedeutet hätte, daß wir noch sehr weit von einem endgültigen Bild unseres Universums entfernt sind. Die Vertreter radikaler Ansichten dagegen hätten sich gefreut, wenn astronomische Beobachtungen zu einer grundlegend neuen Physik geführt hätten. Wissenschaftstheoretiker wären sicherlich überrascht, wie viele Astronomen sich eher begierig als widerstrebend einem revolutionären Vorstoß anschließen würden.

Meine eigene Einstellung, mit der ich anscheinend ziemlich allein stand, war die eines *widerstrebenden* Konservativen. Ich wünschte mir, die Radikalen hätten recht, zweifelte aber an ihren Überlegungen und daran, ob wirklich eine »neue Physik« nötig sei. Viele Eigenschaften der Quasare waren problematisch, und einige sind es immer noch. Aber dasselbe läßt sich von vielen Dingen sagen, die viel gründlicher und viel länger untersucht worden sind. Es ist beispielsweise immer noch unklar, warum die Anzahl der Sonnenflecken einem etwa elfjährigen Zyklus folgt, und immer noch bringen Phänomene wie die Supraleitfähigkeit Physiker aus der Fassung. Niemand ruft in irgendeinem dieser Fälle ernsthaft nach einer »neuen Physik«. Die Astrophysik ist ein Gebiet, in dem es viel mehr Probleme gibt als Astrophysiker, und es wäre erstaunlich, wenn es nicht auch derart viele ungelöste Rätsel gäbe. Selbst wenn der Fortschritt nur langsam zu sein scheint, so hat er doch niemals in eine so hoffnungslose Sackgasse geführt, daß die »herkömmliche« Physik hätte aufgegeben werden müssen. Allerdings werden wir in den Anfangsstadien des Urknalls und tief im Inneren Schwarzer Löcher mit Physik konfrontiert, die »neu« ist in dem Sinn, daß sie sich weder durch Experimente noch durch Beobachtung »extremer« astronomischer Objekte wie Quasare oder Supernovae überprüfen läßt.

Als die Galaxien noch jung waren

Kosmologen sind auf Beobachtungen angewiesen und nicht auf Experimente. Sie ähneln den Paläontologen oder Geologen, die versuchen herzuleiten, wie unsere Erde und die Geschöpfe auf ihr sich entwickelt haben. Kosmologen untersuchen »Fossilien« aus der Vergangenheit (alte Sterne, chemische Elemente, die sich bildeten, als unsere Galaxis noch jung war, usw.). Aber sie haben gegenüber den Vertretern der anderen »historischen« Wissenschaften einen Vorteil: Indem sie ihre Teleskope auf ferne Objekte richten, können sie die »Fossiliensammlung« ergänzen, weil sie direkt die Vergangenheit beobachten.

Kritiker aus den Reihen der Kreationisten machen den Darwinismus als »reine Theorie« lächerlich. Sie meinen, er beruhe auf indirekten Folgerungen – und das stimmt, obwohl sich diese Folgerungen zu außerordentlich aussagekräftigem Beweismaterial zusammenfügen. Kosmologen können den Prozessen, deren Existenz sie behaupten, wirklich zuschauen – ferne Galaxien, deren Licht seit vielen Milliarden Jahren unterwegs ist, sehen deutlich anders aus als ihre Gegenstücke in unserer Nähe. Dies ist natürlich keine »Zeitmaschine« von der Art, die zu Paradoxien führt (»die Großmutter wird getötet, während sie noch ein Baby ist« und dergleichen) und wie wir sie in Kapitel 13 genauer erörtern. Wir erkunden nicht die Geschichte unserer eigenen Umgebung, aber wir sehen Schnappschüsse von vielen fernen Galaxien, die jedenfalls statistisch so aussehen sollten, wie unser Milchstraßensystem, der Andromedanebel und andere Spiralnebel in geringer Entfernung vor Milliarden Jahren ausgesehen haben.

Von diesen Galaxien kann man mit dem Hubble-Raumteleskop sehr deutliche Bilder erhalten. Der Wettbewerb um den Zugang zu diesem Instrument ist so hart, daß selbst jene, denen dieses Glück zuteil wird, im allgemeinen nur wenige Stunden Beobachtungszeit erhalten. Robert Williams, der Direktor des Projekts, der von Amts wegen eine Quote zu seiner eigenen Verfügung hat, nutzte diese beneidenswerte Gelegenheit und beschloß, das Teleskop 10 Tage lang auf dasselbe kleine Stück Himmel zu richten. Dieser langen Belichtungszeit verdanken wir die schärfsten und genauesten Bilder des fernen Universums, die wir bis jetzt kennen. Enggepackt sehen wir dort schwach leuchtende Galaxien, jede von der Erde aus ein winziger, kaum wahrnehmbarer verschmierter Lichtfleck. Diese Objekte haben viele Formen und sind 10^9mal schwächer als jeder Stern, den wir mit dem bloßen Auge sehen können. Aber jedes Objekt ist eine vollständige Galaxie mit einigen 10000 Lichtjahren Durchmesser. Nur wegen ihrer gewaltigen Entfernung erscheint sie so klein und schwach.

An diesen Bildern ist nicht allein die Entfernung der Objekte so faszinierend, sondern auch die gewaltige Zeitspanne, die uns von diesen fernen Galaxien trennt. Sie sehen anders aus als nahe Galaxien, weil wir sie bei ihrer Entstehung beobachten. Sie sind noch nicht zu den gleichförmig drehenden »Windrädern« geworden, wie die wunderschönen nahen Spiralgalaxien, deren Abbildungen wir in fast allen Astronomiebüchern finden. Einige bestehen vorwiegend aus glühendem Gas, das noch nicht zu einzelnen »Tröpfchen« kondensiert ist, die dazu bestimmt sind, später Sterne zu werden. Ihr Licht ist (natürlich nach der Korrektur der Rotverschiebung) blauer als das heutiger Galaxien. Damals, als das Licht diese fernen Galaxien verließ, leuchteten in ihnen noch massereiche blaue Sterne, die inzwischen längst nicht mehr existieren, und wandelten vom Urknall herstammenden Wasserstoff in die Elemente des periodischen Systems um.

Das Raumteleskop zeigt uns, wie unser Milchstraßensystem ausgesehen haben müßte, als seine ersten Sterne leuchteten. Es gab damals keine komplizierte Chemie, keine Planeten und (vermutlich) kein Leben. Aber diese großartigen Bilder bieten neue Einsichten in die ferne Zeit, in der die Grundbausteine unseres Sonnensystems entstanden.

Kaum eine der vom Raumteleskop abgebildeten Galaxien ist so weit entfernt wie die Quasare.[6] Diese extrem weit entfernten Objekte erscheinen uns nur deshalb so hell, weil sie eine so enorme Leuchtkraft haben. Wann hat dieses Licht die Quasare verlassen?

Wenn unser Universum sich mit gleichmäßiger Geschwindigkeit ausgedehnt hätte – ohne Beschleunigung oder Verlangsamung –, hätte es dann, als es ein Sechstel seiner jetzigen Größe hatte (in dem Sinn, daß alle Entfernungen sechsmal kleiner waren), ein Sechstel seines jetzigen Alters gehabt?[7] Die Expansion des Universums hat sich aber vermutlich verlangsamt, weil alle Materie auf alle andere Materie einen Gravitationssog ausübt. Die früheren Stadien der kosmischen Expansion wären folglich schneller abgelaufen. Wenn wir also ferne Quasare beobachten, schauen wir zurück in die Zeit, zu der das Universum zwar ein Sechstel seiner jetzigen Größe hatte, aber wahrscheinlich weniger als ein Zehntel und nicht schon ein Sechstel seines jetzigen Alters hatte. Astronomen können also die letzten 90 % der kosmischen Geschichte erkunden. Die Existenz der Quasare sagt uns, daß sich zu der Zeit, als das Universum etwa 1 Milliarde Jahre alt war, schon einige Galaxien (oder zumindest ihre inneren Bereiche) gebildet hatten.

Aber wie ist es mit noch früheren Epochen, noch bevor sich Galaxien bilden konnten? Wie haben sich beispielsweise die heute vorherrschenden Strukturen in unserem Universum – Galaxien und Galaxienhaufen – im frühen Weltall aus amorphen Anfängen gebildet? Entstand wirklich alles in einem dichten »Anfang« vor 10 oder 20 Milliarden Jahren?

Georges Lemaître, ein belgischer Priester, später Präsident der Päpstlichen Akademie der Wissenschaften, dachte über diese Frage nach, kurz nachdem die Expansion des Universums entdeckt wurde. Er entwarf ein anschauliches Bild vom »Uratom«:

Am Anfang von allem gab es ein Feuerwerk von unvorstellbarer Schönheit. Dann kam die Explosion, und der Himmel füllte sich mit Rauch. Wir sind zu spät gekommen und können uns den verschwundenen Glanz des Geburtstags der Schöpfung nur noch ausmalen.

Spuren von diesem »Glanz des Geburtstags der Schöpfung« zeigten sich im Jahre 1965.

3 Vorgalaktische Geschichte: Erdrückendes Beweismaterial

Dieses ist unser Universum, unser Museum
voll wunderbarer Schönheit, unsere Kathedrale.

J. A. Wheeler

Das Nachglühen des kosmischen Feuerballs

In dem Lehrbuch, das der kanadische Kosmologe James Peebles in
den siebziger Jahren schrieb, befaßt sich ein Kapitel mit »Sternstun-
den der Kosmologie«. Damals gab es nur zwei. In der ersten erkannte Hubble, daß unser Universum sich (wie im vorangegangenen Kapitel beschrieben) ausdehnt, und in der zweiten beobachteten
Arno Penzias und Robert Wilson das »Nachglühen der Schöpfung«,
das wir prosaischer Mikrowellenstrahlung oder kosmische Hintergrundstrahlung nennen. Diese Entdeckung wurde 1964–65 an den
Forschungslabors von *Bell Telephone* rein zufällig mit einer empfindlichen Antenne gemacht, die für die Verständigung mit den
Echo-Kommunikationssatelliten bestimmt war. Welch großartigen
Fund sie gemacht hatten, nämlich den, daß der intergalaktische
Raum nicht völlig kalt ist, wußten Penzias und Wilson zunächst gar
nicht. Ihre Antenne hatte Mikrowellenstrahlung empfangen – wie
sie in einem Mikrowellenherd Wärme erzeugt, aber viel weniger
stark –, die anscheinend mit gleicher Stärke aus allen Richtungen
kam und weder aus der Atmosphäre noch von bekannten Arten kosmischer Radioquellen zu stammen schien. Diese Strahlung ist ein
Überbleibsel von Lemaîtres »verschwundenem Glanz« – eines dichten »Feuerballs«, einer Phase, als alles heiß, dicht und undurchsichtig war.

Die Arbeit von Penzias und Wilson, in der sie von einer »überschüssigen Antennentemperatur« bei der Wellenlänge 7,35 cm berichteten, erschien 1965 im *Astrophysical Journal*. Die Temperatur lag bei etwa 3 Kelvin, also nur wenig über dem absoluten Nullpunkt. Dies ist natürlich außerordentlich kalt (minus 270°C), aber in einem wohldefinierten Sinn enthält der intergalaktische Raum doch eine Menge »Wärme«, weil jeder Kubikmeter etwa 400 Millionen Strahlungsquanten oder Photonen enthält. Zum Vergleich: Die mittlere Dichte der Atome im Universum beträgt lediglich etwa 0,1 pro Kubikmeter. Diese zweite Zahl ist weniger genau bekannt, weil die meisten Atome möglicherweise in diffusem Gas oder »dunkler« Materie verborgen sind, aber anscheinend gibt es für jedes Atom im Universum mindestens 1 Milliarde Photonen.

Die Hintergrundstrahlung läßt sich nur dann plausibel erklären, wenn man annimmt, daß sie aus einer Epoche stammt, in der unser ganzes Universum heiß, dicht und undurchsichtig war. Diese radikale Vorstellung wurde nach der Entdeckung bald allgemein akzeptiert.[1]

Der Entdeckung von Penzias und Wilson waren eine Reihe von unglücklichen Zufällen und Mißverständnissen vorangegangen. Zusammen mit Georges Lemaître war der in die USA ausgewanderte Russe George Gamow einer der führenden ersten Verfechter der sogenannten Urknalltheorie. Schon in den vierziger Jahren hatte Gamow mit seinen Schülern Ralph Alpher und Robert Hermann behauptet, das Universum sei zu Beginn sehr heiß gewesen – sie berechneten sogar eine heutige Temperatur von etwa 5 Kelvin –, aber sie regten keine experimentelle Suche nach der »Reststrahlung« an, obwohl dies vielleicht damals schon möglich gewesen wäre.[2]

In den fünfziger Jahren hatten Radioastronomen in Frankreich und Rußland ein »Hintergrundrauschen« bemerkt, das sie weder den Instrumenten noch bekannten Quellen zuschreiben konnten. 1961 führte der Radioingenieur Edward Ohm in den USA ein weiteres Experiment durch, von dem Yakov Zeldovich und andere russische Kosmologen lasen. Weil sie aber nicht verstanden, was Ohm mit »Himmelshintergrund« meinte, schlossen sie irrtümlich, das Experiment habe gezeigt, daß die Temperatur nicht über 1 Kelvin liegen könne.

Igor Novikov und Andrei Doroshkevich in Moskau vermuteten 1962, daß die »Reststrahlung« des Urknalls auffindbar sein könnte: Sie gaben sogar an, daß die Antenne in Holmdel, New Jersey, die Penzias und Wilson benutzten, sich gut für dieses Experiment eignen würde. Novikov leitet heute ein eigenes Institut in Kopenhagen und ist weiterhin führend im Bereich kosmologischer Forschung. Er meint, die früheren Theoretiker hätten die Chancen, die Hintergrundstrahlung zu entdecken, zu pessimistisch eingeschätzt, nachdem sie richtig erkannt hatten, daß ihre Energie nicht höher war als die von Sternenlicht oder kosmischen Strahlen (schnell bewegten Teilchen, die vor allem von Supernova-Ausbrüchen erzeugt werden und die ganze Galaxie durchdringen). So schien es auf den ersten Blick undurchführbar, einen »kosmologischen« Hintergrund zu isolieren. Dabei wurde aber übersehen, daß die nach dem Urknall zuerst auftretende Strahlung, anders als alle spätere Hintergrundstrahlung, im Mikrowellenband (also bei Wellenlängen im Zentimeter- oder Millimeterbereich) konzentriert und durchaus erkennbar sein müßte.

Die ersten, die systematisch nach kosmischer Hintergrundstrahlung suchten, waren Robert Dicke und seine Kollegen in Princeton. Dicke fand Gefallen an der Vorstellung eines oszillierenden Universums. Er fürchtete aber, daß sich damit auf kosmischer Skala »Nuklearmüll« ansammeln würde. Sterne gewinnen ihre Energie aus der Umwandlung von Wasserstoff in Helium und verarbeiten dann Helium zu Elementen, die höhere Ordnungszahlen haben. Warum war nicht alles Helium in Eisen umgewandelt, nachdem es doch schon so viele Zyklen gegeben hatte? Dicke versuchte, diesen Einwand zu entkräften, indem er behauptete, beim Übergang von einem Zyklus zum nächsten sei alles so heiß und die Zusammenstöße zwischen den Teilchen seien so heftig, daß Eisenkerne (von denen jedes aus 26 Protonen und 28 bis 32 Neutronen besteht) zerbrächen und jeder Zyklus mit einer Neuverteilung von Wasserstoff und Helium begänne.

Dickes Theorien sind jetzt überholt: Wenn ein neues Universum wie ein Phönix aus der Asche des alten entsteht, ist die Physik dieses Übergangs so exotisch, daß keine einzelnen Teilchen (und womöglich überhaupt keine »Erinnerung«) aus dem früheren Zyklus überleben können. Diese Gedanken bewogen ihn jedoch, nach Resten eines heißen »ursprünglichen Feuerballs« zu suchen. Dicke, ein Experimentalphysiker mit außerordentlichem Interesse an Kosmologie und Gravitation, verfügte über das technische Können, das nötig war, um das »Radiometer« zu bauen.

Penzias und Wilson hatten sich zuvor wenig mit Kosmologie beschäftigt, und es gab keinen Grund, warum sie die Untersuchungen von Alpher, Hermann und Gamow gekannt haben sollten, während die Unkenntnis bei Dicke überrascht. (Novikovs Arbeit, die in einer sowjetischen Fachzeitschrift veröffentlicht wurde, war selbstverständlich leicht zu übersehen, aber die Arbeiten aus der Gruppe um Gamow erschienen in den führenden amerikanischen Fachzeitschriften.)

Ohne Dicke hätten Penzias und Wilson nicht erkannt, was sie gefunden hatten. Als Dicke von den Ergebnissen der Bell-Labors hörte, war seine Reaktion: »Man hat uns die Wurst vom Brot genommen!« Sehr bald darauf führte die Gruppe in Princeton ihre eigenen Messungen durch und bestätigte die Entdeckung. Diese Episode veranschaulicht, wie sprunghaft und unvorhersagbar ein Durchbruch in der Wissenschaft kommen kann. Die Entdeckung freute Lemaître, als er wenige Wochen vor seinem Tod davon erfuhr. Es bleibt zu bedauern, daß Dicke, ein hervorragender Forscher, der in einzigartiger Weise über theoretische Kenntnisse und experimentelles Können verfügte, hier nur an zweiter Stelle genannt werden kann und nicht (wie es passend gewesen wäre) als Hauptentdecker der Hintergrundstrahlung.

In derselben Ausgabe des *Astrophysical Journal*, in der Penzias und Wilson ihre Entdeckung bekanntgaben, erklärten Dicke und seine Kollegen in Princeton, was die Daten bedeuteten. Nach dieser jetzt allgemein anerkannten Interpretation war alles in unserem Universum – all das, woraus Galaxien heute bestehen – einmal ein außerordentlich dicht zusammengepreßtes und heißes Gas (heißer als der Sonnenkern). Die starke Strahlung in diesem Feuerball wurde zwar im Laufe der Expansion kälter und schwächer, aber sie ist noch da und durchdringt das ganze Universum: Die Mikrowellen sind sozusagen ein Echo der »Explosion«, mit der die Expansion des Universums begann.

Arno Penzias sagte später, er selbst habe die Bedeutung seiner Entdeckung erst dann voll erkannt, als er in der *New York Times* eine »allgemeinverständliche« Darstellung las. Diesem Berufsrisiko sind alle Wissenschaftler ausgesetzt. Im allgemeinen gehen Forscher ein großes Ziel nicht direkt an. Wenn sie nicht gerade Genies sind (oder einen Spleen haben), konzentrieren sie sich auf kleinere Probleme, die gerade aktuell oder ihnen zugänglich sind. Für die meisten von uns zahlt sich dieses Verfahren aus. Aber dann vergessen wir vielleicht, daß wir Scheuklappen tragen und unsere stückweisen Bemühungen nur insofern etwas wert sind, als sie Schritte auf dem Weg zur Antwort auf eine Grundfrage sind. Die Reaktion der Nichtspezialisten hilft uns, unsere Arbeit in der richtigen Perspektive zu sehen.

Auf dem Weg zu COBE

In seinem frühen »Feuerball«-Stadium muß unser Universum eine fast strukturlose Gasansammlung gewesen sein, eine Mischung aus atomaren Teilchen und Strahlungsquanten (Photonen). Atome gab es bei den damals herrschenden hohen Temperaturen noch nicht. Für die Photonen stellte sich dann, nachdem sie oft absorbiert und gestreut worden waren, ein Gleichgewicht mit ihrer Umgebung ein, das sich in Form der sogenannten »Schwarzkörperstrahlung« äußert. Es gibt eine Formel, nach der sich berechnen läßt, wie stark diese Strahlung bei jeder *beliebigen* Wellenlänge ist, wenn man ihre Intensität bei einer *bestimmten* Wellenlänge kennt. In den Jahren nach der Entdeckung der Hintergrundstrahlung wurden mindestens 30 Messungen in verschiedenen Wellenlängenbereichen gemacht – meistens von der Erde aus und im Zentimeterbereich. Sie schienen alle mit der angenommenen Wärmestrahlung übereinzustimmen, aber die stärkste Energie der Wärmestrahlung war bei Wellenlängen um 2 Millimeter zu erwarten. Die entscheidenden Messungen müssen also eher im Millimeter- als im Zentimeterbereich gemacht werden, und für diese kürzeren Wellenlängen ist die Erdatmosphäre leider undurchlässig. Direkte Messungen mit Hilfe von Ballons und Raketen, die bis 1990 durchgeführt wurden, waren nicht sehr genau und nicht eindeutig.

Diese Unsicherheit hatte ein Ende, als der Satellit COBE, dessen Name eine Abkürzung für *Cosmic Microwave Background Explorer* ist, seine Arbeit aufnahm, denn er war u. a. dafür ausgerüstet, im Millimeterbereich genaue Messungen durchzuführen. Der wissenschaftliche Leiter des Projekts war John Mather vom *Goddard-Raumflugzentrum* der NASA. Er und seine Kollegen fanden, daß das Spektrum mit einer Genauigkeit von 0,01 % mit der eines Schwarzkörpers übereinstimmt. Die Temperatur beträgt 2,728 Kelvin. Als die ersten COBE-Ergebnisse 1990 vor der Amerikanischen Astronomischen Gesellschaft bekanntgegeben wurden, begrüßten die 1500 Zuhörer diese großartige Leistung mit langem Beifall. Danach konnte es keinen begründeten Zweifel mehr geben, daß diese Strahlung in der Tat ein Überbleibsel des dichten Feuerballs ist, aus dem unser expandierendes Universum entstand.

Stellen Sie sich einen Würfel vor, dessen Seiten die Länge R haben und der sich mit dem Universum ausdehnt. Wenn das Universum homogen ist, stellt der Inhalt dieses Würfels – Materie (Elektronen, Protonen, Neutronen) und Photonen – eine für das Weltall repräsentative Stichprobe dar. Die Wellenlängen der Strahlen in dem Kasten verlängern sich proportional zu R, und die Temperatur verhält sich wie 1/R. Nach etwa 500 000 Jahren hätte sich die ursprüngliche Mischung aufgrund der Expansion auf 3000 Kelvin abgekühlt – wäre also etwa halb so warm wie die Sonnenoberfläche. Die Elektronen hätten sich dann so verlangsamt, daß sie sich Kernen zuordnen und neutrale Atome bilden können, welche die Strahlung nicht so gut streuen wie freie Elektronen während der früheren und heißeren Stadien. Von da ab war die ursprüngliche Materie also durchlässig für Strahlung. Die Mikrowellenphotonen, die COBE und andere Instrumente erreichen, sind direkte Botschafter aus einer Zeit lange vor den Galaxien, einer Zeit, zu der unser Universum mehr als tausendmal stärker zusammengepreßt war und als die Temperatur noch 3000 Kelvin betrug und nicht 2,7 Kelvin. Die Photonen aber gibt es immer noch; obwohl sie jetzt stark verdünnt und zum Mikrowellenteil des Spektrums verschoben sind, füllen sie doch unser Universum.

Das Heliumproblem

Der Mikrowellenhintergrund ist ein »Fossil« aus sehr frühen Stadien der Expansion des Universums. Anscheinend gibt es im heutigen Universum eine weitere wichtige Spur des ursprünglichen Feuerballs, nämlich das Element Helium, das etwa ein Viertel der Masse der meisten Sterne ausmacht, auch der Sonne.

Bis die als B^{2}FH bekannten vier Forscher (siehe Kapitel 1) ihre Theorie aufgestellt hatten, wie Atome im Inneren von Sternen ineinander umgewandelt werden, gab es keine ernstzunehmende Erklärung für die Mengenverhältnisse, in denen die verschiedenen chemischen Elemente in unserem Sonnensystem und in anderen Sternen gewöhnlich vorkommen. Lemaître und Gamow hatten vermutet, die ganze Mischung sei in den ersten Augenblicken der kosmischen Expansion »gekocht« worden. Damals wußte man noch zuwenig von der Kernphysik, um diesen Gedanken zahlenmäßig fassen zu können. Die Vermutungen konnten jedoch nicht bestätigt werden, denn die Expansion erfolgte zu rasch, als daß die notwendigen Reaktionen hätten ablaufen können. Zudem müßten die Häufigkeiten der chemischen Elemente überall gleich sein, wenn sie alle ganz zu Anfang entstanden wären (also früher als Sterne und Galaxien). Es wäre dann nicht zu erklären, warum die älteren Sterne relativ zum Wasserstoff weniger schwere Elemente enthalten – was aber ganz selbstverständlich ist, wenn sich die Elemente im Lauf der galaktischen Geschichte allmählich gebildet haben.

Ausgerechnet Fred Hoyle (das H in B^{2}FH), der ja für das sogenannte Steady-State-Universum plädierte, popularisierte in einer berühmten Reihe von Rundfunkvorträgen die Urknalltheorie (und die heute dafür gebräuchliche englische Bezeichnung), als er verächtlich vom »Big Bang« sprach, um seine Abneigung gegen Lemaîtres und Gamows Gedanken auszudrücken.[3] Der entscheidende Gedanke, wonach die Atome des periodischen Systems das Ergebnis von Umwandlungen in Sternen sind, kam nicht zufällig von einem Vertreter der Steady-State-Theorie, deren zentrales Dogma war, daß jeder Strang der kosmischen Evolution bis heute irgendwie weitergeht. Der Ort, wo die Elemente gebildet werden, mußte danach im heutigen Universum gesucht werden, und die Zeit ihrer Entstehung konnte nicht der Urknall gewesen sein. Die Steady-State-Theorie wurde Ende der sechziger Jahre aus den in Kapitel 2 beschriebenen Gründen widerlegt, aber sie hat entscheidend zur erfolgreichen Klärung des Prozesses der Nukleosynthese in Sternen beigetragen.

In einer anderen Hinsicht jedoch wurden Lemaître und Gamow bestätigt: Nicht alle Elemente lassen sich auf Sternprozesse zurückführen. Insbesondere Helium stellt ein Rätsel dar. Auf den ersten Blick könnte man erwarten, daß Helium besonders leicht zu erklären sei, weil die Sterne den größten Teil ihres Lebens damit verbringen, Wasserstoff in Helium zu verwandeln. Aber das meiste in Sternen erzeugte Helium wird zu Elementen mit höheren Ordnungszahlen weiterverarbeitet, bevor es zurück in den interstellaren Raum gelangt und in neue Sterne eingebaut wird. Sterne verwandeln also während ihres Lebens ähnlich viel von ihrem ursprünglichen Wasserstoff in schwerere Elemente wie in Helium. Aber die »schweren« Elemente machen alle zusammen nur 1 oder 2 % der Materie im Sonnensystem und in ähnlichen Sternen aus.[4] Deshalb ist es rätselhaft, daß selbst die ältesten Objekte (in denen »schwere« Elemente viel weniger als 1 % der Gesamtmasse ausmachen) 23 bis 24 % Helium enthalten. Man hat keinen Stern, keine Galaxie und keinen Nebel gefunden, in denen Helium weniger häufig ist. Anscheinend begann die Galaxis nicht als Gasball aus reinem Wasserstoff, sondern als eine Mischung von Wasserstoff und Helium.

Hoyle und sein jüngerer Kollege Roger Tayler erkannten als erste, was diese überall anzutreffende hohe Heliumhäufigkeit bedeuten könnte. Sie schrieben ihr einen anderen Ursprung zu, nämlich eine Explosion, die viel gewaltiger war als eine Supernova. Hoyle dachte im Jahr 1963 vor allem über solche Phänomene nach, nachdem sein Interesse durch die Entdeckung von Quasaren zu Beginn jenes Jahres (siehe Kapitel 2) geweckt worden war. Er fragte sich, ob es riesige Supersterne geben könne, millionenmal schwerer als die Sonne, und versuchte zu berechnen, wieviel Energie sie erzeugen könnten.

In den Monaten, in denen diese Gedanken Gestalt annahmen, mußte Hoyle in Cambridge regelmäßig Vorlesungen für Studenten höherer Semester halten. Die Wahl des Stoffes war ihm freigestellt. Wer im Jahr 1964 diese Vorlesungen hörte, hatte den Vorzug, von Woche zu Woche die Entstehung von Gedanken zu verfolgen, die inzwischen Allgemeingut geworden sind. Hoyle und Tayler berechneten die Vorgänge in einem *explodierenden Superstern*, der das Millionenfache eines gewöhnlichen Sterns wiegt. In einem Stern, der zunächst eine Temperatur von über 10 Milliarden Kelvin hat, werden, wie sie fanden, in den ersten 100 Sekunden etwa 25 % seiner Materie in Helium umgewandelt; danach ist die explodierende Materie zu stark abgekühlt und verdünnt, um Helium zu schwereren Elementen verarbeiten zu können. Wenn also alle Materie von Supersternen »verarbeitet« worden wäre, könnte man das Geheimnis des Heliums erklären.

Heute meint man, daß Quasare riesige Schwarze Löcher enthalten (siehe Kapitel 5). Darüber wurde erst in den siebziger Jahren Übereinstimmung erzielt. Gleich nach der Entdeckung der Quasare fühlten sich Hoyle und andere Theoretiker durch sie in der Überzeugung bestärkt, daß es wirklich Supersterne geben könnte. Aber könnte es so viele Supersterne gegeben haben, daß die gesamte Ma-

terie im Universum durch sie verarbeitet wurde? Und wie könnten
sie sich überhaupt gebildet haben, wenn sie instabil sind und so
rasch explodieren?

Solche Überlegungen legten ein radikaleres Bild nahe. Danach
könnte Helium sogar in einem Gebilde entstanden sein, das größer
ist als ein Superstern – im kosmischen Urknall, dem Anfang des
Universums. Als Penzias und Wilson ein Jahr später die diffuse Mikrowellenstrahlung entdeckten, die in der Tat das Nachglühen eines
heißen »Anfangs« zu sein schien, verbündete sich Hoyle, wie schon
gesagt, mit seinem guten alten Bekannten, dem Amerikaner Willy
Fowler, und sie bewegten einen jungen Mitarbeiter, Robert Wago-
ner, ihnen bei der Berechnung der unzähligen Ketten von Kernreaktionen zu helfen, die während der heißen frühen Phasen ablaufen
konnten. Es war typisch für Hoyles Vielseitigkeit und seine Tole-
ranz, daß er, der unerschütterlich an der Steady-State-Theorie fest-
hielt, auch die Grundlagen einer der »Säulen« der von ihm damals
verspotteten Urknalltheorie legte.

Aber können wir wirklich in eine Zeit zurückschließen, in der das
Universum einemilliardemal heißer war als heute? Atome (oder
Atomkerne) wären dann 10^{27} (1 Milliarde hoch drei) mal enger gepackt gewesen als jetzt. Aber die Dichte unseres heutigen Universums ist so gering – auf einen Kubikmeter kommt ein Zehntel eines
Atoms –, daß sie selbst dann, wenn sie 27mal mit 10 multipliziert
wird, immer noch geringer ist als die von Luft! Die für die Helium-
bildung wichtigen Kernreaktionen lassen sich direkt im Labor messen. Erst wenn wir noch weiter (bis in die erste Millisekunde) zurück extrapolieren, müssen wir über die Unsicherheiten der Physik
ultrahoher Dichten nachdenken.

Heliumkerne wären dann außer den Elementarteilchen das einzige gewesen, was es nach dem Urknall gegeben hätte. Das wäre
eine befriedigende Lösung, weil die Theorie der Elemententstehung
in Sternen und Supernovae nicht erklären konnte, warum es soviel
Helium gibt und warum das Helium so gleichmäßig verteilt ist,
während sie die Entstehung und Verteilung von Kohlenstoff, Eisen
usw. gut erklärt. Wenn die Entstehung von Helium dem Urknall

zugeschrieben wird, ist ein altes Problem gelöst, und die Kosmologen haben guten Grund, sich ernsthaft an die ersten Sekunden der
kosmischen Geschichte heranzuwagen.

Die Theorie sagt ganz eindeutig voraus, daß selbst die ältesten
Sterne nicht weniger als etwa 23 % Helium enthalten sollten.
Astronomen haben große Fortschritte bei der Messung der Proportionen der Elemente in Sternen und Nebeln erzielt. Die Heliumhäufigkeit in den ältesten Objekten liegt, wie man jetzt recht sicher
weiß, bei etwa 23 bis 24 %. Ein anderes Produkt des Urknalls ist
Deuterium (schwerer Wasserstoff). Ein Deuteriumatom enthält
nicht nur ein Proton, sondern auch ein Neutron, also zusätzliche
Masse, aber keine zusätzliche Ladung. Die Häufigkeit von Deuterium beträgt nur wenige Hunderttausendstel von der des Wasserstoffs, aber seine Herkunft stellt ein Problem dar, weil es in Sternen
eher zerstört als geschaffen wird: Als Kernbrennstoff reagiert es
leichter als gewöhnlicher Wasserstoff, deshalb zerstören neugebildete Sterne ihr Deuterium schon, bevor sie in die Phasen übergehen, in denen sie Wasserstoff verbrennen.

Es ist bemerkenswert, daß die Häufigkeiten von Helium und
Deuterium (und auch Lithium) alle mit den Vorhersagen der »Ur-
knall-Kernsynthese« übereinstimmen. Diese Elemente wurden in
den ersten Sekunden und Minuten geschaffen, als das Universum
über 1 Milliarde Kelvin heiß war. Das Ergebnis (besonders die
Menge des Deuteriums) hängt entscheidend davon ab, wie dicht das
Universum damals war, und das ist unmittelbar damit verknüpft,
wie dicht es heute ist. Wie sich herausstellt, stimmen die gemessenen Häufigkeiten erfreulicherweise mit den Voraussagen für ein
Universum mit 0,1 bis 0,3 Atomen pro Kubikmeter überein. Das ist
aber genau die Dichte, die sich ergibt, wenn man die Materie aller
Galaxien gleichmäßig im Raum verteilen würde.[5]

Gab es einen »heißen« Urknall?

Für die Theorie vom heißen Urknall spricht mehr, als daß sie gerade modern ist. Sie wird auch empirisch bestätigt, und sie bietet eine widerspruchsfreie Darstellung der Geschichte von Materie und Strahlung.

Es gibt also gute Gründe, in das Stadium zurückzugehen, in dem sich unser Universum erst 1 Sekunde lang ausgedehnt hatte und sich Helium zu bilden begann. Es ist wie mit den Folgerungen, die wir aus Gestein und Fossilien über die frühe Erdgeschichte ziehen, die ja auch indirekte (und oft wenig quantitative) Quellen sind. Ich würde 10:1 wetten, daß der Begriff vom heißen Urknall gut beschreibt, wie sich unser Universum entwickelt hat, nachdem es etwa eine Sekunde alt war. Einige Forscher sind noch zuversichtlicher. Bei der Jahresversammlung der Internationalen Astronomischen Union 1982 in Griechenland hielt der sowjetische Kosmologe Yakov Zeldovich, der seit den sechziger Jahren mehr theoretische Gedanken zu dem Thema beigetragen hatte als jeder andere, in einem Amphitheater einen überschwenglichen Vortrag, in dem er behauptete, der Urknall sei »so sicher, wie daß die Erde um die Sonne kreist«. Er muß den Ausspruch seines Landsmanns, des Physikers Lev Landau, gekannt haben, daß Kosmologen »sich oft irren, aber niemals zweifeln«!

Zeldovich starb 1987, nur wenige Monate nachdem ihm die erste Reise in die USA gestattet worden war. (Er war gemeinsam mit Sacharow und Kurchatow im sowjetischen H-Bomben-Programm führend gewesen, und deswegen wurden ihm – obwohl er dreimal als »Held der Sowjetunion« ausgezeichnet wurde und ihm nicht weniger als acht Leninorden verliehen wurden – noch weniger Reisen erlaubt als seinen Kollegen.)

Die Hinweise, die Zeldovich so überzeugend fand, sind heute sogar noch zwingender, denn die mutmaßlichen Überreste des Urknalls – die Hintergrundstrahlung und die sogenannten »leichten Elemente« (Helium, Deuterium und Lithium) – sind viel genauer erforscht. Außerdem kann man sich mehrere Entdeckungen ausdenken, die das Modell widerlegt hätten, die aber nicht gemacht wurden. Beispielsweise:

– Astronomen hätten ein Objekt entdecken können, dessen Heliumhäufigkeit Null ist oder jedenfalls weit unter 23 % liegt, dem absoluten Minimum, das man nach dem Urknall erwarten würde. Zusätzliches in Sternen erzeugtes Helium kann den Heliumgehalt zwar über seine vorgalaktische Häufigkeit ansteigen lassen, aber es gibt keine Möglichkeit, das gesamte Helium in Wasserstoff zurückzuverwandeln.

– Die Hintergrundstrahlung hätte sich als völlig verschieden von der zu erwartenden Schwarzkörperstrahlung erweisen können. Insbesondere hätte die Intensität der kürzesten von COBE gemessenen Wellenlängen (Millimeterwellen) *schwächer* sein können als die aufgrund der Daten im Zentimeterbereich berechneten. Viele Prozesse könnten zu *zusätzlicher* Strahlung im Millimeterbereich geführt haben – beispielsweise die Emission von Staub oder von Sternen mit sehr hoher Rotverschiebung. Aber es wäre schwer, eine Intensität im Millimeterbereich zu deuten, die *niedriger* ist als die im Zentimeterbereich.

– Der »Feuerball« hätte außer Photonen auch *Neutrinos* enthalten. Diese Teilchen haben nur sehr wenig Wechselwirkung mit anderen Teilchen und würden bis heute überleben. Es sollte fast so viele Neutrinos wie Photonen geben – die relativen Anzahlen sind leicht und eindeutig zu berechnen. Es gibt jetzt etwa 400 Millionen Photonen pro Kubikmeter, und es sollte drei Arten von Neutrinos geben, die jede eine Dichte von 110 Millionen pro Kubikmeter haben. Neutrinos sind deshalb, wie auch die Photonen, ungeheuer viel häufiger als Atome – etwa einemilliardemal. Wenn jedes Neutrino auch nur ein Millionstel eines Atoms wiegen würde, trügen sie insgesamt zu sehr viel Masse im heutigen Universum bei – mehr sogar, als in dunkler Materie verborgen sein kann. Experimentalphysiker haben sich sehr darum bemüht, die Neutrinomasse zu messen. Wären die Ergebnisse zu hoch ausgefallen, müßte man die Vorstellung vom Urknall aufgeben, aber das war nicht der Fall.

Die Vorstellung eines Urknalls hat über 25 Jahre lang ein »riskantes Leben« geführt. Hätten die vielen Experimente und Beobachtungen zu anderen Ergebnissen geführt, wäre die Urknalltheorie erledigt gewesen. Weil sie überlebt hat, können wir vertrauensvoll auf die allerersten Sekunden der kosmischen Geschichte zurückschließen und annehmen, daß die Gesetze der Mikrophysik damals dieselben waren wie heute. Dabei sollten wir aber auf mögliche Widersprüche gefaßt bleiben. Unsere heutige Zufriedenheit könnte natürlich auch ein Zeichen für den Mangel an Daten sein und nicht eine Bestätigung dafür, daß die Theorie so hervorragend ist. Möglicherweise erweist sich unser Vertrauen als ungerechtfertigt und unsere Zufriedenheit als so vergänglich wie die eines ptolemäischen Astronomen, der einen neuen Epizyklus eingeführt hat.

Als die Steady-State-Theorie ernsthaft erwogen wurde, *hofften* viele Kosmologen (und nicht nur ihre Erfinder), daß sie durch Beobachtungen bestätigt werden würde. Der Gedanke war verlockend, weil alles, was je passiert ist – die Entstehung aller Galaxien, aller chemischen Elemente usw. –, dann irgendwo auch jetzt ablaufen muß. Andererseits könnten die entscheidenden Eigenschaften eines »Urknall-Universums« auch das Vermächtnis einer früheren Epoche sein, die unserem Blick verborgen und der Beobachtung völlig unzugänglich ist – jedenfalls schien es in jenen frühen Tagen so zu sein, in denen Teleskope nur geringe Rotverschiebungen messen konnten.

Die Verfechter der Steady-State-Theorie haben jedoch nie erwartet, daß wir sehr frühe Epochen »beobachten« könnten, und waren deshalb zu pessimistisch in bezug auf die Aussichten, ein sich entwickelndes Universum wirklich verstehen zu können. Die Hintergrundstrahlung (und Elemente wie Helium) vermitteln quantitative Information über die frühen Phasen. Die entscheidenden Entwicklungsprozesse sind, wie sich erweist, der Beobachtung genauso zugänglich, und ihre Berechnungen und Überprüfungen sind ebenso durchführbar, wie sie es in einer immer gleichbleibenden Welt gewesen wären.

Der Mikrowellenhintergrund stellt wohl die hervorragendste kosmologische Entdeckung der letzten 50 Jahre dar. (Der einzige Rivale für den »ersten Rang« ist die Aufdeckung der Existenz und der außerordentlichen Eigenschaften der Schwarzen Löcher; davon sprechen wir im nächsten Kapitel.) Seit den sechziger Jahren sind fast alle Kosmologen davon überzeugt, daß es wirklich einen Urknall gegeben hat.

Es gibt gute empirische Bestätigungen (und eine feste Verbindung mit der »bekannten« Physik) für Schlußfolgerungen, die bis in die Zeit zurückgehen, zu der unser Universum nur wenige Sekunden alt war – die Folgerungen aus dem Mikrowellenhintergrund und aus dem kosmischen Helium waren das Thema dieses Kapitels. Wenn wir weiter unten im Buch einen Blick in die erste Millisekunde wagen, stehen wir auf wackligerem Boden und sollten das auch nicht verheimlichen. Kosmologen sollten Dinge, die gut bestätigt sind, nicht mit jenen verwechseln, die es noch nicht sind. Wenn diese Unterscheidung verwischt wird, besteht die Gefahr, daß entweder Spekulationen über das ganz frühe Universum allzu leichtgläubig akzeptiert werden oder daß etwas skeptischere Geister auch die gut begründeten Teile der Kosmologie nicht akzeptieren: die Aussagen über spätere Stadien, die durch Beobachtungen belegt sind und deren Physik wir in unseren Laboratorien überprüfen können.

Einige Fragen, die einmal völlig spekulativ waren, können inzwischen ernsthaft und wissenschaftlich erörtert werden. Was bestimmt die »Mischung« von Materie und Strahlung im Universum – die Tatsache, daß es für jedes Atom 1 Milliarde Photonen gibt? Warum ist unser Universum insgesamt so gleichförmig, daß Kosmologie möglich wird, während es doch die Bildung von Galaxien, Haufen und Superhaufen zuließ? Und was hat die Naturgesetze selbst geprägt? Die Antworten hängen sicherlich von der Physik der extrem frühen Ära ab, in der sich die Geheimnisse des Kosmos und der Mikrowelt überlappen. Ich komme darauf in Kapitel 9 zurück.

Vielleicht fragen Sie: Ist es nicht auf absurde Weise anmaßend, zu behaupten, daß wir je etwas über den Beginn unseres Universums wissen werden? Ich antworte: Nicht unbedingt. Denn es ist die Komplexität und nicht die Größe allein, die ein System schwer verständlich machen. Die Sonne ist einfacher zu verstehen als die Erde: Sie ist heißer und dichter, in ihr hätten Mineralien oder Chemikalien keinen Bestand, und alles ist in einzelne Atome aufgebrochen. Entsprechend muß in den noch extremeren Verhältnissen des ersten Feuerballs alles sicherlich auf seine Grundbestandteile reduziert worden sein. Das frühe Universum könnte leichter zu verstehen sein als das kleinste Lebewesen.

Durch diesen Gedanken ermutigt, wage ich mich auf das Gebiet der Spekulation. Wir müssen jedoch zuerst die Neutronensterne erörtern, in denen die Materie so dicht gedrängt ist wie in der ersten Millisekunde der kosmischen Geschichte, und Schwarze Löcher, in denen wir, wie im Urknall, so extreme Bedingungen vorfinden, daß unser heutiges Wissen nicht ausreicht, sie zu verstehen. Diese Objekte werden, wie unser Universum selbst, von der Schwerkraft beherrscht. Das nächste Kapitel faßt zusammen, was wir über diese Kraft wissen und welche Geheimnisse sie immer noch birgt.

4 Die Macht der Schwerkraft

Newton war nicht der erste Aufklärer. Er war der letzte der Magier, der letzte der Babylonier und Sumerer, der letzte der großen Geister, welche die sichtbare und geistige Welt mit denselben Augen sahen wie jene, die vor weniger als 10000 Jahren begannen, unser intellektuelles Erbe zu erschaffen.

John Maynard Keynes

Von Newton zu Einstein

Isaac Newton widmete Jahre seines Lebens der Alchemie und Prophetie – er verwandte auf sie so viel geistige Anstrengung wie auf die Schwerkraft. Seine Versuche führte er am *Trinity College* in Cambridge durch. Sie hatten manchmal mit Physik zu tun – beispielsweise die berühmten Versuche mit Licht, das er mit einem Prisma untersuchte. Aber die Chemie beschäftigte ihn noch mehr. Nach einem zeitgenössischen Bericht »ging das Feuer in seinem Laboratorium etwa sechs Wochen im Frühling und sechs Wochen im Herbst ... kaum jemals aus«. In den Worten von John Maynard Keynes:

Er hat wirklich das Rätsel des Himmels gelöst. Und er glaubte, daß er mit denselben Mitteln seiner introspektiven Phantasie auch das Rätsel der göttlich vorherbestimmten vergangenen und zukünftigen Ereignisse lösen könne, das Rätsel der Elemente und ihrer Zusammensetzung aus einer gleichförmigen ersten Materie, das Rätsel von Gesundheit und Unsterblichkeit. Das alles würde ihm offenbart werden, wenn er nur bis zum Ende durchhalten würde, unaufhörlich ... lesend, abschreibend, prüfend –

alles ganz allein. [Newton verbrachte 25 Jahre] mit all diesen außerordentlichen Untersuchungen, einen Fuß noch im Mittelalter, während er andererseits der modernen Naturwissenschaft den Weg bereitete.

Der »moderne« Anteil an den Ergebnissen von Newtons angestrengtem Nachdenken ist seine Gravitationstheorie. Seine Suche nach einer einheitlichen mathematischen Sicht der irdischen und himmlischen Bewegungen hatte triumphalen Erfolg, weil die regelmäßigen Bewegungen des Mondes, der Planeten und der Gezeiten schon seit Jahrhunderten aufgezeichnet worden waren. Ein ebenso »wissenschaftlicher« Zugang zur Chemie wäre dagegen verfrüht gewesen; im 17. Jahrhundert hätte die Erkenntnis, wie Atome und Moleküle unserer Alltagswelt zugrunde liegen, einen allzu großen Sprung bedeutet.

Newton stellte sich die Gravitation als eine Kraft vor, die ohne zeitliche Verzögerung zwischen Sternen und Planeten wirkt. Einstein jedoch lehrte uns, daß kein Signal oder Einfluß schneller sein kann als das Licht: Wenn die Sonne beispielsweise jetzt explodierte und ihre Form änderte, würde es 8 Minuten dauern (so lange wie das Sonnenlicht braucht, um die Erde zu erreichen), bis wir eine Veränderung der Schwerkraft bemerken würden. Schon daraus folgt, daß Newtons Theorie nicht das »letzte Wort« sein kann. Die Geschwindigkeiten der Planeten sind jedoch viele tausendfach kleiner als die des Lichts, deshalb gelten Newtons Gesetze für fast alle praktischen Anwendungen der Schwerkraft auf der Erde. Sie sind sogar ausreichend, um die Bahn eines Raumschiffs zu programmieren – zum Mond, zum Mars oder sogar auf einer »großen Runde«, die über den Jupiter hinaus und durch die engen Lücken zwischen den Saturnringen führt. Diese Gesetze versagen nur dann ernsthaft, wenn die Schwerkraft viel stärker ist als im Sonnensystem und zu viel schnelleren Bewegungen führt.

Einsteins Theorie der Gravitation hat einen größeren Geltungsbereich. Sie erfaßt auch Situationen, in denen die Schwerkraft sehr stark ist oder die Geschwindigkeiten sehr groß sind; sie gibt an, wie die Schwerkraft selbst Licht beeinflußt, und ermöglicht uns, das Universum insgesamt zu beschreiben. Noch wichtiger ist, daß sie Newtons Gedanken bestätigt (und nicht etwa ersetzt), denn sie ermöglicht ein tieferes Verständnis dafür, *warum* alle Körper, unabhängig davon, woraus sie bestehen, mit derselben Geschwindigkeit fallen und warum die Schwerkraft im Sonnensystem umgekehrt zum Quadrat der Entfernung abnimmt. Die Schwerkraft erscheint dadurch verständlicher und weniger willkürlich; außerdem wird sie so in ein Begriffssystem eingebettet, aus dem sich außerordentliche Folgerungen für die Struktur von Raum und Zeit ergeben.

Einsteins Allgemeine Relativitätstheorie sagt für das Sonnensystem nur sehr geringe Abweichungen von der Newtonschen Theorie vorher, und diese wurden auch durch genaue Messungen bestätigt. Messungen der Ablenkung von Lichtstrahlen durch das Schwerefeld der Sonne konnten durch Messungen an Radiowellen ergänzt werden, und zwar tausendmal genauer. Auch Experimente, bei denen Radarsignale von Planeten wie ein Echo zurückgeworfen werden oder bei denen die Bahnen von Raumsonden verfolgt werden, sind äußerst genau und haben Einsteins Theorie ebenfalls bestätigt und rivalisierende Theorien widerlegt.

Erstaunlicherweise kam der Anstoß zu Einsteins Theorie nicht aus der Beobachtung, denn sie wurde schon 50 Jahre vor der Flut astronomischer Entdeckungen aufgestellt, die seit etwa 1960 Astrophysik und Kosmologie revolutioniert haben. In Neutronensternen und Schwarzen Löchern beispielsweise spielt die Verzerrung des Raums und des Zeitablaufs, welche nach Einstein die Gravitation ausmachen, die beherrschende Rolle; es handelt sich dann nicht mehr um nur kleine Korrekturen an Newtons Gesetzen.

Wie Einstein 1905, als er gerade 26 Jahre alt war, zeigte, müssen wir die Idee des »absoluten Raums« aufgeben und akzeptieren, daß es unendlich viele relativ zueinander gleichförmig bewegte Bezugssysteme gibt, in denen die Naturgesetze alle dieselben sind. Wir müssen auch die Annahme aufgeben, daß die Zeit irgendwie »absolut« gemessen werden kann – Raum und Zeit sind eng verknüpft, Abstände und Zeiten hängen von dem Bezugssystem ab, in dem sie gemessen werden. In demselben Jahr 1905 zeigte Einstein auch, daß Lichtenergie stets in diskreten Einheiten, »Quanten«, vorkommt, und er stellte die Theorie der Brownschen Bewegung auf, des Vorgangs, bei dem zufällige Zusammenstöße mit Molekülen kleine Schwebeteilchen in einer Flüssigkeit erzittern lassen. Allein wegen dieser Beiträge zählt Einstein zu den größten Pionieren der Physik des 20. Jahrhunderts.

Zu einer fast alle anderen Physiker überragenden Gestalt aber wurde Einstein durch die 10 Jahre später aufgestellte Gravitationstheorie, die »Allgemeine« Relativitätstheorie. Einsteins Einsicht, wonach sich die Schwerkraft in der Raumkrümmung ausdrückt (die Materie bestimmt die Krümmung des Raums und der gekrümmte Raum die Bewegung der Materie), erweist ihn als den größten Physiker seit Newton. Diese Theorie, an der Einstein fast 10 Jahre lang arbeitete, war keine Reaktion auf ein durch die Beobachtung aufgeworfenes Problem. Sie erklärte zwar die altbekannten Unregelmäßigkeiten in der Bahn des Merkurs, aber Einstein fand sie durch reines Nachdenken und tiefe Intuition. »Wohl niemand, der die Theorie ganz verstanden hat, kann sich ihrem Zauber entziehen.« Ihre innere Logik schien so zwingend, daß Einstein sich wenig gedrängt fühlte, sie Kritikern gegenüber zu verteidigen. In der Tat wurde Einsteins neue Sicht der Schwerkraft und Trägheit weithin (wenn auch stillschweigend) akzeptiert, noch bevor ihre Hauptfolgerungen experimentell überprüft werden konnten.

Einsteins Vision

Naturwissenschaftliche Einsichten setzen konzentrierte Arbeit und sorgfältige Vorbereitung voraus – das gilt für Routinearbeit ebenso wie für die von Newton und Einstein erklommenen Höhen. Sie erfordern auch Intuition und Phantasie. In dieser Hinsicht gleichen sie der Intuition eines Künstlers – auch sie ist ein Versuch, neue Strukturen und neue Sichtweisen zu finden. Aber diese Ähnlichkeiten sollten nicht verschleiern, daß es einen auffallenden Unterschied zwischen Kunst und Wissenschaft gibt, und dieser Unterschied hat mit den Verflechtungen zwischen den Erkenntnissen, dem Wissenszuwachs und dem stark gemeinschaftsbezogenen Wesen der Naturwissenschaft zu tun. In der Kunst wird die Individualität selbst beim Amateur deutlich. Alle Kunstwerke, auch wenn sie bald wieder vergessen werden, sind persönlich gefärbt und voneinander unterscheidbar. Wie Peter Medawar einmal sagte, brauchte Wagner niemals zu befürchten, daß ihm jemand mit der *Götterdämmerung* zuvorkommen würde, als er die Arbeit am Ring unterbrach und 10 Jahre auf die Komposition von *Tristan und Isolde* und *Meistersinger* verwandte.

Wissenschaftliche Fortschritte verschmelzen auch dann, wenn sie bedeutend und dauerhaft sind, meistens fast anonym mit dem Gesamtgebäude des »Wissens«. Die persönlichen Beiträge der Wissenschaftler mögen verblassen, aber wenn das Werk kritischer Untersuchung standhält, überlebt es, gleichsam zur Entschädigung. Es gibt noch einen weiteren Unterschied: Wer Literatur oder Kunst rezensiert, ist selten selbst ein kreativer Künstler; aber jeder Forscher ist, jedenfalls bis zu einem gewissen Grade, bei der gemeinsamen Suche nach Wissen sowohl Schöpfer als auch Kritiker.

Entdeckungen werden im allgemeinen dann gemacht, wenn die Zeit dafür reif ist. Die Beiträge eines einzelnen beeinflussen den Zeitpunkt, zu dem ein bestimmter Fortschritt gemacht wird, selten um mehr als ein paar Jahre. Es gibt Ausnahmen – Charles Townes, der 1951 den Maser miterfunden hatte, erklärte beispielsweise, diese quantenmechanischen Verstärker für Mikrowellen hätten schon 1916, nachdem Einstein die durch Atome und Moleküle angeregte Emission von Licht entdeckt hatte, hergestellt werden können. Einstein ist unter den Naturwissenschaftlern des 20. Jahrhunderts einmalig, weil sein Werk in hohem Maße seine Individualität behält: Ohne Einstein hätten wir womöglich noch Jahrzehnte auf gleichwertige Einsichten in die Gravitation warten müssen. Dadurch sind Einsteins Persönlichkeit und Arbeitsweise auf einzigartige Weise faszinierend.

Die Dokumentation von Einsteins Leben war in Anbetracht seines Ruhms bis vor kurzem erstaunlich spärlich. Er veröffentlichte eine »autobiographische Skizze«, die aber das, was er das »rein Persönliche« nannte, fast völlig vermied. Nach seinem Tod 1955 waren die Verwalter seines literarischen Nachlasses nur sehr widerwillig bereit, Material freizugeben, das von einem romantisierten Bild hätte ablenken können. Die Veröffentlichung seiner gesammelten Schriften wurde immer wieder verschoben. Der Höhepunkt des erst 1987 erschienenen ersten Bandes war Einsteins Korrespondenz mit Mileva Maric, die seine erste Frau wurde. Sie kam aus Serbien und studierte wie er an der *Eidgenössischen Technischen Hochschule* in Zürich, einer der ersten bedeutenden Hochschulen, die Frauen zum Studium zuließen.

Der junge Einstein hatte bei seiner Suche nach einer Anstellung an einer Universität nicht sofort Erfolg. Er hatte seinen früheren Professor verärgert, und auch Antisemitismus war im Spiel. Nach zwei Jahren, in denen er als Aushilfslehrer angestellt war und Nachhilfestunden gab, erhielt er eine Anstellung als »technischer Experte dritter Klasse« am Patentamt in Bern und damit einige Sicherheit. Einsteins Briefe an Mileva sind durchsetzt mit Bemerkungen zur Physik; gelegentlich bezieht er sich auf »unsere Arbeit«. Die meisten Forscher bestreiten, daß seine Frau an der Entdeckung der Relativitätstheorie beteiligt war (dies wäre, wenn sie irren, nicht der erste Fall, in dem Wissenschaftlerinnen die gebührende Anerkennung versagt wurde, und leider auch nicht der letzte). Der erste »Resonanzboden« für die Gedanken in Einsteins frühen Arbeiten war Michele Besso, mit dem er sein Leben lang befreundet blieb; gemeinsam mit Conrad Habicht bildeten sie eine informelle Diskussionsgruppe, die sie scherzhaft »Akademie Olympia« nannten. (Einstein erinnerte sich an sie als »viel weniger kindisch als jene angesehenen, die ich später kennenlernte«.) Er war jedoch niemals völlig von der akademischen Physik isoliert, und als seine Allgemeine Relativitätstheorie reifte, war er, wenig über dreißig, schon Professor in Zürich.

Selbst die größten Naturwissenschaftler werden selten Berühmtheiten. In den Jahren seiner größten Kreativität war Einstein unter

Nichtwissenschaftlern wenig bekannt. Das änderte sich 1919 schlagartig, als Messungen während einer Sonnenfinsternis bestätigten, daß Lichtstrahlen, wie Einstein vorhergesagt hatte, durch die Schwerkraft der Sonne abgelenkt werden. Der erste, der diese Beobachtungen in die Diskussion einbrachte, war der englische Astrophysiker Arthur Eddington, der vor allem wegen seiner Forschungen über den Aufbau und das Leuchten der Sterne bekannt ist; er war einer der ersten, der die neue Theorie verstand und ihren Wert erkannte.

Das Interesse der Medien an der Naturwissenschaft war schon immer auf Spektakuläres konzentriert, dieses seltsame astronomische Ergebnis aber versetzte die Presse geradezu in einen Rausch: In der Londoner *Times* lautete die Schlagzeile »Newtons Vorstellungen verworfen«, und zwei Tage später schrieb die *New York Times*: »Lichter am Himmel alle schief: Wissenschaftler mehr oder weniger aus dem Häuschen ... Einsteins Theorie triumphiert.«

Das veränderte Einsteins Leben; er stand danach immer im Blickfeld der Öffentlichkeit. In Deutschland, wo er von 1914 bis 1933 lebte, stellte er sich Angriffen gegen die »jüdische Physik«. Im internationalen Bereich förderte er den Zionismus, den Völkerbund und (in seinen letzten Jahren) die nukleare Abrüstung. Anscheinend genoß er seinen Ruhm und ließ sich gern mit Charlie Chaplin und anderen Berühmtheiten der Zeit abbilden. In der Nazizeit, als er Europa für immer verließ und der Zustand seines an Schizophrenie erkrankten Sohns Eduard sehr schlecht war, schrieb Einstein einmal, er dürfe und werde nicht klagen, solange er arbeiten könne, weil Arbeit das einzige sei, das dem Leben Sinn verleihe.

Newton verbrachte seine späteren Jahre im öffentlichen Dienst als »Direktor der Münze« und damit mehr als Würdenträger denn als Forscher (obwohl seine chemischen Experimente sich als nicht völlig unwichtig erwiesen haben). Im Gegensatz dazu ließ Einsteins intellektuelle Motivation niemals nach – er arbeitete und rechnete bis zu seinen letzten Lebenstagen. Einige von Theodor Kaluza angeregte Überlegungen Einsteins fordern eine fünfte Dimension (außer der Zeit und den drei Dimensionen des gewöhnlichen Raums), um elektrische und magnetische Kräfte zu beschreiben. Er suchte nach dem, was wir heute eine »Vereinheitlichte Theorie« nennen würden. Damals hatte man noch nicht einmal die Kräfte entdeckt, die Atomkerne zusammenhalten, deshalb war seine Suche, wie wir im Rückblick sehen, deutlich verfrüht (was sie womöglich auch heute noch ist) und führte in den letzten Jahren seines Lebens zu einer immer größeren Distanz zur aktuellen physikalischen Forschung.

Das uns vertraute Bild, die Ikone auf Plakaten und T-Shirts, zeigt den alten Einstein, einen gütigen Weisen mit ungekämmter Mähne – ein großer Gegensatz zum ungestümen und eigenwilligen jungen Mann, der die Physik revolutionierte. Einstein wird im Pantheon der Naturwissenschaftler wohl nur von Newton überragt, aber seine Persönlichkeit scheint uns viel vertrauter. Seine kürzlich veröffentlichten Briefe und Arbeiten haben nichts von steriler Blässe und beleuchten auch sein Privatleben, den Hintergrund seiner außerordentlichen Leistungen.

Weil die Allgemeine Relativitätstheorie lange vor jeder wirklichen Anwendung aufgestellt wurde, blieb sie noch 40 Jahre nach ihrer Entdeckung ein erhabenes intellektuelles Monument, das wenig mit der aktuellen Physik und Astronomie zu tun hatte. Zur Zeit dagegen ist die Forschung auf diesem Gebiet besonders aufregend und aktuell. Den Ruf, sie sei außerordentlich schwer zu verstehen, hatte sie schon immer zu Unrecht. (Arthur Eddington wurde einmal gefragt, ob er wirklich einer von den nur drei Menschen sei, die Einsteins Allgemeine Relativitätstheorie verstanden hätten. Er soll mit seiner Antwort gezögert haben, nicht aus Bescheidenheit, sondern weil er sich überlegte, wer wohl der dritte sein könne.) Inzwischen gehört die Theorie an den Universitäten wie Quantenmechanik und Elektromagnetismus zu der üblichen »Speisekarte« der Vorlesungen, die Physikstudenten angeboten werden.

Aber wo in unserem Weltall ist die Schwerkraft stark genug, um diejenigen Folgerungen aus Einsteins Theorie zu offenbaren, die neu und für die Theorie charakteristisch sind? Es lohnt sich, über diese Frage nachzudenken, bevor wir uns der Theorie selbst weiter nähern.

Starke Schwerefelder

Im Sonneninneren wird der Sog der Schwerkraft durch den Druck ihres heißen Kerns ausgeglichen. Wenn der innere Druck plötzlich wegfiele, müßte die Sonne im freien Fall in weniger als einer Stunde auf die Hälfte ihrer Größe zusammenschrumpfen. Wenn andererseits die Schwerkraft wunderbarerweise verschwinden würde, würde das heiße Innere genauso plötzlich explodieren und auseinanderstieben. Die Sonne ist (wie die meisten anderen Sterne) im fast vollkommenen Gleichgewicht von Druck und Gravitation. Der Druck gleicht die Schwerkraft aus, und die Kernfusion in ihrer Mitte erzeugt gerade genug Energie, um die Hitze zu ersetzen, die von ihrer Oberfläche abgestrahlt wird.

Schwerere Sterne geben ihre Energie rascher ab und beenden ihr Leben als Supernovae. Noch bevor die Rolle der Supernovae in der »Ökologie« der Galaxien erkannt war (wir beschrieben sie in Kapitel 1), hatte man darüber spekuliert, wie Sterne explodieren und welche Reste sie hinterlassen. Die erste richtige Vermutung über Supernovae ist schon über 60 Jahre alt. In einer kurzen, 1934 veröffentlichten Arbeit schrieben Walter Baade vom *Mount Wilson Observatorium* und sein aus der Schweiz stammender Kollege Fritz Zwicky: »Mit aller Vorsicht vertreten wir die Ansicht, daß eine Supernova den Übergang eines gewöhnlichen Sterns in einen Neutronenstern darstellt, also einen Stern, der im wesentlichen aus Neutronen besteht.« Sie vermuteten, daß ein Supernova-Ausbruch durch die Gravitationsenergie ausgelöst wird, die frei wird, wenn der Sternkern zusammenfällt, und daß dabei nur ein winziges Aschehäufchen übrigbleibt. Man wußte schon, daß die schweren Atomkerne im Vergleich zu den Atomen winzig sind, denn die Ausmaße von Atomen (und ihre Abstände in gewöhnlichen Festkörpern) werden durch die diffusen »Wolken« von Elektronen bestimmt, die den Kern umgeben. In einem »Neutronenstern«, so behaupteten Baade und Zwicky, sind die Atomkerne eng gepackt. Die Masse eines gewöhnlichen Sterns paßt dann in eine Kugel mit einem Radius von etwa 10 Kilometern – die Materie wäre dann mil-

lionenmal dichter als selbst die Weißer Zwerge. Ein Volumen von
der Größe eines Zuckerwürfels aus der Materie der Neutronensterne würde 100 Millionen Tonnen wiegen. Warum Neutronen?
Die Kerne gewöhnlicher Atome bestehen aus Protonen und Neutronen. Ein isoliertes Neutron ist instabil und zerfällt spontan in ein
Proton, ein Elektron und ein Antineutrino. Andererseits vereinigen
sich bei extremen Dichten Elektronen und Protonen unter Aussen-
dung von Neutrinos zu Neutronen.

Zwicky war der erste Astronom, der systematisch in anderen
Galaxien nach Supernovae suchte und sie klassifizierte. Er dachte
weiter über Neutronensterne nach, aber obwohl er so erstaunliche
Einsichten hatte, verstand er nicht genug von Physik, um die Einzelheiten ausarbeiten zu können. Ein Physiker, der davon genug verstand, war zweifellos Robert Oppenheimer. Bevor er der berühmte
Direktor des »Manhattan-Projekts« wurde, das die Atombombe entwickelte, leitete er eine Forschungsgruppe an der Universität von
Kalifornien. Mit seinem Schüler George Volkoff berechnete er 1939
aufgrund des besten damals zur Verfügung stehenden Wissens über
Atomkerne, wie ein Neutronenstern beschaffen sein müßte. Trotz
dieses theoretischen Interesses Ende der dreißiger Jahre blieb die
Vermutung von Baade und Zwicky unbestätigt, bis 1968 mitten
im Krebsnebel ein ganz gewöhnlich aussehender kleiner Stern gefunden wurde, der in jeder Sekunde dreißigmal blinkte. Was für ein
seltsames astronomisches Objekt konnte das sein?

Pulsare

Das »Fossil« im Krebsnebel war nicht der erste Neutronenstern, der
entdeckt wurde. Die Priorität gebührt Jocelyn Bell und Anthony
Hewish, Radioastronomen in Cambridge. Ihre Entdeckung der
»Pulsare« ist einer der bemerkenswertesten Glücksfälle der modernen Naturwissenschaft.

Hewish hatte ein Instrument gebaut, das eine wichtige Eigenschaft hatte: Es war so empfindlich, daß es *rasche Veränderungen* in

der Intensität der Strahlung von fernen Quellen aufzeichnen konnte.[1] Und er fand, was er suchte: Genau wie Sterne funkeln, weil ihr Licht durch turbulente Luft geht, so »funkeln« Radioquellen, weil die von ihnen ausgesandten Wellen auf dem Weg zu uns durch ein unruhiges Medium laufen. Seiner Studentin Jocelyn Bell fiel jedoch eine ganz besondere Art von Veränderungen auf, nämlich sporadische Folgen von regelmäßigen Pulsen, die je einen Bruchteil einer Sekunde dauerten und von bestimmten Punkten am Himmel ausgingen. In einigen Monaten hektischer Arbeit prüften die Radioastronomen in Cambridge, ob die Signale von der Erde stammten (vielleicht war es ein geheimes Raumprogramm?). Bald schon wurden drei weitere dieser geheimnisvollen Quellen gefunden, die jede in einer genau definierten Zeitfolge blinkten. Vielleicht waren es Signale von intelligenten Außerirdischen? Dieser Gedanke wurde zwar niemals sehr ernst genommen, aber die Quellen wurden spaßhaft als »grüne Männchen« (LGM = *Little Green Men*) 1, 2, 3 und 4 bezeichnet.

Als diese Entdeckung in der Zeitschrift *Nature* veröffentlicht wurde, waren selbst in Cambridge alle Astronomen überrascht. Hewish und seine Mitarbeiter hatten niemandem außerhalb ihrer kleinen Gruppe davon erzählt. Diese Heimlichtuerei hat einige von uns damals verdrossen, aber im Rückblick glaube ich, daß die Zurückhaltung, die Hewish sich auferlegte, klug gewesen war. Es lagen nur wenige Monate zwischen Bells ersten Ahnungen und der Veröffentlichung der Daten, deshalb wurde niemand, der die Sache weiterverfolgen wollte, ernsthaft behindert. Mehrere Wochen lang waren Hewish und Bell zudem keineswegs sicher gewesen, daß die Signale »echt« waren. Wenn sich die sporadischen Radiopulse als etwas erwiesen hätten, was sich ganz einfach erklären ließ oder von einem Fehler in ihren Instrumenten herrührte, wäre eine vorzeitige Ankündigung nicht nur sehr peinlich gewesen, sondern hätte auch die Arbeitskraft vieler anderer Astronomen vergeudet, die zweifellos jedem Gerücht dieser Art nachgegangen wären.[2]

Was konnten diese Objekte sein? Ein gewöhnlicher Stern wie die Sonne fliegt auseinander, wenn er sich schneller um seine Achse dreht als einmal in der Stunde. Bei einer Pulsfolge von Bruchteilen einer Sekunde mußte der Körper offensichtlich viel kompakter sein. Waren die Objekte Weiße Zwerge oder vielleicht Neutronensterne? Pulsierten sie oder drehten sie sich? All diese Möglichkeiten (und noch viele andere) hatten ihre Befürworter. Die Gruppe in Cambridge meinte zunächst, es seien pulsierende Weiße Zwerge. (Ein naiver Frager bei einer Pressekonferenz war verblüfft, daß sich aus solch großer Entfernung Weiße Zwerge von grünen Männchen unterscheiden lassen sollten!)

Der erste, der sich eindeutig für rotierende Neutronensterne aussprach, war Thomas Gold (wir erwähnten ihn in Kapitel 2 als Miterfinder der Steady-State-Kosmologie; er arbeitete zu dieser Zeit an der *Cornell-Universität* in den USA). Es gibt gute Gründe, warum sich derartige Neutronensterne dann bilden sollten, wenn die Kerne schwerer Sterne kollabieren und Supernova-Explosionen auslösen. Dann nämlich sind die Sterne so klein und ihre Schwerkraft ist so groß, daß sie in einer Sekunde 1000 Umdrehungen machen können, ohne zu zerreißen. Die regelmäßige Drehung stellt eine natürliche stabile Uhr dar; ein solcher Stern ist wie ein Leuchtturm, dessen Scheinwerfer uns bei jeder Umdrehung ein deutliches Signal schickt.

Schon ein Jahr später wurde die Auseinandersetzung zugunsten von Gold entschieden. In der Mitte des Krebsnebels fand man einen sehr schnellen Pulsar, der in jeder Sekunde 30 Pulse aussendet: So schnell konnte ein Weißer Zwerg weder rotieren noch pulsieren, aber für einen Neutronenstern war eine solche Drehgeschwindigkeit kein Problem. Außerdem zeigten sorgfältige Zeitmessungen, daß die Pulsrate sich allmählich verlangsamt: Das war zu erwarten, wenn die im Drehimpuls des Sterns gespeicherte Energie allmählich in Strahlung und in den Teilchenwind umgewandelt wird, der den Krebsnebel so bläulich schimmern läßt. Die frühen Vermutungen von Baade und Zwicky wurden voll bestätigt. Besonders Zwicky freute sich, daß er nach über 30 Jahren zu Recht sagen konnte: »Ich hab's doch gewußt.«

Neutronensterne

Selbst Naturwissenschaftler, die sich nicht berufen fühlen, den Kosmos um seiner selbst willen zu erkunden, sind an den Bereichen unserer Umwelt interessiert, in denen die Bedingungen besonders extrem sind. Supernova-Ausbrüche und die Neutronensterne, die Zeugen derart extremer Bedingungen, sind dafür gute Beispiele. Neutronensterne bieten ein faszinierendes »kosmisches Labor« zur Untersuchung solcher Bedingungen. Ein Schnitt durch einen Neutronenstern hätte Ähnlichkeit mit einem Schnitt durch die Erde: Es gibt eine Kruste, das flüssige Innere und möglicherweise auch einen festen Kern. Die Kruste besteht größtenteils aus Eisen; darunter ist der Druck so groß, daß Kerne zu einer »Neutronenflüssigkeit« verschmelzen, die ähnlich ungewöhnliche Eigenschaften hat wie Helium bei Temperaturen von wenigen Milligrad über dem absoluten Nullpunkt: Diese »Superflüssigkeit« kann ohne jeden Widerstand fließen.

Auf den ersten Blick scheint es hoffnungslos zu sein, unsere Annahmen über das Innere von Neutronensternen zu überprüfen, wenn wir so weit von ihnen entfernt sind. Aber erstaunlicherweise ist das doch möglich. Die Zeitabstände zwischen den Pulsen können mit einer Genauigkeit von weniger als 1 Mikrosekunde gemessen werden. Im Mittel werden sie allmählich langsamer, aber es kommt manchmal vor, daß ihre Drehgeschwindigkeit sich plötzlich um einen winzigen Betrag vergrößert. Eine Ursache solcher ruckartigen Änderungen liegt nahe. Genau wie die Erde nicht ganz kugelförmig ist, sondern am Äquator eine Wölbung hat, ist auch ein sich drehender Neutronenstern nicht kugelrund. Wenn seine Rotationsgeschwindigkeit abnimmt, wird die äquatoriale Wölbung kleiner. Wäre der Stern insgesamt flüssig, würde sich die Kugelform immer wieder anpassen. Weil aber die Kruste starr ist, baut sich Druck auf, bis es einen plötzlichen Ruck gibt – ein Sternbeben. Die Größe und Häufigkeit dieser Beben verrät uns, wie dick und starr die Kruste ist. Schon eine Bewegung in der Kruste von wenigen tausendstel Millimetern wirkt sich auf die Rotationsgeschwindigkeit des Sterns aus und macht sich in den Messungen deutlich bemerkbar. Es ist höchst erstaunlich, daß wir solche mikroskopischen Effekte bei einem Stern messen können, der Tausende von Lichtjahren von uns entfernt ist.

Diese »Beben« sind im einzelnen untersucht worden; heute führt man die meisten davon auf eine andere Ursache zurück, nämlich auf Verschiebungen zwischen der festen Kruste und dem flüssigen Kern. Der Mechanismus, der die Rotation eines Pulsars verlangsamt, wirkt auf die Kruste, verlangsamt aber den flüssigen Kern nicht unmittelbar, sondern erst durch die Reibung des Kerns an der langsamer rotierenden Kruste. Diese Reibung wirkt jedoch nicht gleichmäßig, sondern eher ruckweise, wie eine abgenutzte Kupplung, und immer wenn die Reibung plötzlich zunimmt, wird die Kruste beschleunigt.

Die genaue Untersuchung der Veränderungen der Drehrate ist nur eine der Möglichkeiten, wie wir über das Innere von Neutronensternen etwas erfahren können – die Astrogeologie ist, anders als die Astrologie, ein ernstzunehmendes und durchführbares Unterfangen.

Auch heute noch verblüfft an den Neutronensternen am meisten die starke *Radiostrahlung,* die es Hewish und Bell überhaupt erst ermöglichte, sie zu entdecken. Mit großer Sicherheit kann man aus ihr auf ein Magnetfeld schließen – ähnlich dem der Erde, aber viele milliardenmal stärker. Wie bei der Erde (wo der magnetische Nordpol nicht genau mit dem geographischen Nordpol übereinstimmt) ist die Magnetachse auch bei Neutronensternen gegenüber der Drehachse geneigt. Die Magnetfeldachse umläuft deshalb auf einem Kegel die feststehende Drehachse, und wenn die in Richtung der Magnetachse ausgesandte Strahlung »uns« überstreicht, »sehen« wir einen Puls.

Wir kennen jetzt etwa 1000 Pulsare. Jeder ist ein Leuchtturm, der den Tod eines massereichen Sterns anzeigt, der (in den meisten Fällen) vor vielen Millionen Jahren eintrat. Die meisten Pulsare rotieren mit viel geringerer Frequenz als der Pulsar im Krebsnebel, weil sie im Alter langsamer geworden sind.[3] Die bei den Supernova-

Ausbrüchen herausgeschleuderten Trümmer – der »nukleare Abfall« ihrer Vorläufersterne – hat sich seit langem im interstellaren Medium verteilt.

Auch die *Schwerkraft* der Neutronensterne ist extrem; sie ist 10^{12}mal so stark wie die auf der Erde. Die Oberflächen dieser Sterne sind glatt, keine Erhebung ist höher als ein Millimeter. Die Schwerkraft ist so stark, daß mehr Energie nötig ist, um auf einem Neutronenstern einen »Berg« von 1 mm Höhe zu ersteigen, als der Erde vollständig zu entkommen. Wenn hier auf der Erde ein Bleistift vom Tisch fällt, macht er höchstens ein Geräusch; fiele er aus derselben Höhe auf einen Neutronenstern, setzte er soviel Energie frei wie eine Tonne Sprengstoff. Um einem Neutronenstern zu entkommen, wäre eine Rakete nötig, die sich mit etwa der halben Lichtgeschwindigkeit bewegt (150 000 km/s, während die Fluchtgeschwindigkeit von der Erde nur 11 km/s beträgt).[4]

In unserem Sonnensystem wird das Licht von der Schwerkraft nur sehr wenig abgelenkt – der Effekt läßt sich nur mit sehr genauen Messungen nachweisen. Aber in der Nähe eines Neutronensterns würde die »Lichtablenkung« 10 bis 20 Grad betragen – genug, um die Sicht ernsthaft zu verzerren. Auf der Oberfläche eines Neutronensterns würde alles vollkommen platt gedrückt, deshalb könnten solche Effekte höchstens von einem umlaufenden Raumschiff aus beobachtet werden. Aber selbst dort würden Beobachtungen ziemlich unangenehm verzerrt werden: Es gäbe so etwas wie »Gezeiten« im Raumschiff. Die Schwerkraft nimmt mit der Höhe ab, und der Unterschied zwischen dem Gravitationssog am Boden und an der Decke des Raumschiffs wäre groß.

Bevor wir die Pulsare verlassen, wage ich zwei Vermutungen der Art »Was wäre gewesen, wenn?«. Der Pulsar im Krebsnebel läßt sich durch jedes große Teleskop beobachten. Er sendet sowohl sichtbare Lichtpulse als auch Radiowellen aus, aber die Pulsrate ist mit 30 Pulsen in der Sekunde so groß, daß der Stern dem Auge als eine stetige Quelle erscheint. Wenn er sich langsamer drehte – etwa zehnmal in der Sekunde –, hätten die bemerkenswerten Eigenschaften des kleinen Sterns im Krebsnebel schon vor 70 Jahren entdeckt werden können. Wie anders wäre die Physik des 20. Jahrhunderts verlaufen, wenn schon in den zwanziger Jahren superdichte Materie bekannt gewesen wäre, also noch bevor man auf der Erde Neutronen fand? Wir wissen es nicht, aber sicherlich wäre die Bedeutung der Astronomie für die Grundlagenphysik viel früher erkannt worden.

Einen anderen Beinaheerfolg gab es 1964, als Hewish und sein nigerianischer Student Sam Okoye unwissentlich den Pulsar im Krebsnebel entdeckten. Sie zeichneten nicht wirklich Pulse auf, aber sie bewiesen, daß die Radiostrahlung aus der Mitte des Krebsnebels von einer neuartigen Quelle stammt, die kleiner war als alle, die man damals kannte. Wären sie diesem Hinweis nachgegangen, hätten sie die Pulse finden können, und der Krebspulsar wäre als erster Neutronenstern entdeckt worden.

Röntgenstrahlung von Neutronensternen

Die Entdeckung der Neutronensterne war ein glücklicher Zufall. Niemand hätte gedacht, daß sie Pulsare mit starker und deutlicher Radiostrahlung sein könnten, deshalb hatte man nicht systematisch im Radiowellenbereich gesucht. Wenn Theoretiker Anfang der sechziger Jahre gefragt worden wären, wie man nach einem Neutronenstern suchen sollte, hätten die meisten keine Antwort gewußt, und die anderen hätten vorgeschlagen, nach Röntgenstrahlung zu suchen. Der Grund liegt nahe. Wenn Neutronensterne soviel Energie aussenden wie gewöhnliche Sterne, aber eine sehr viel kleinere Oberfläche haben, müssen sie viel heißer sein – heiß genug, um nicht im blauen und nicht im ultravioletten Bereich zu strahlen, sondern im Röntgenbereich. Für Physiker sind Röntgenstrahlen (wie Radiowellen, Licht und Ultraviolettstrahlung) elektromagnetische Wellen mit kürzeren Wellenlängen und schnelleren, energiereicheren Schwingungen. Man hätte also erwartet, daß *Röntgenastronomen* und nicht Radioastronomen die Neutronensterne als erste bemerkt hätten.

Röntgenstrahlen von kosmischen Körpern werden von der Erdatmosphäre absorbiert und lassen sich nur außerhalb der Atmosphäre beobachten. Ähnlich wie die Radioastronomie profitierte die Röntgenastronomie von Verfahren und Techniken, die im Krieg entwickelt worden waren; in diesem Fall hatten amerikanische Wissenschaftler die Führung übernommen, insbesondere Herbert Friedmann und seine Kollegen am *Naval Research Laboratory* der USA. Die ersten Röntgendetektoren, die auf Raketen montiert waren, konnten jedoch jeweils nur wenige Minuten lang nützliche Daten messen, bevor sie wieder auf die Erde zurückfielen.

Friedmanns Gruppe führte 1964 ein berühmtes Experiment durch, als sie eine Rakete mit einem Röntgendetektor unmittelbar vor der Zeit abfeuerte, als der Krebsnebel vom Mond verfinstert wurde. Wenn die Röntgenstrahlung aus dem *gesamten* Bereich des Nebels stammte, sollte sie während des Vorübergangs des Mondes allmählich nachlassen; wenn sie aber von einer *Punktquelle* in seiner Mitte stammte (einem Neutronenstern?), müßte sie plötzlich erlöschen. Friedmann beobachtete ein *allmähliches* Nachlassen; er schloß daraus, daß die Röntgenstrahlung hauptsächlich von derselben glühenden Materie stammt, die auch bläulich schimmert. Wir wissen jetzt, daß ein Teil der Röntgenstrahlung tatsächlich vom Pulsar kommt, aber dieser Teil beträgt nur 10 % der Gesamtstrahlung. Friedmanns Instrumente waren bedauerlicherweise nicht empfindlich genug, um das entdecken zu können.

Die Röntgenastronomie erhielt Auftrieb durch die Rivalität der Supermächte in der Technologie der Raumfahrt und der Kernwaffen. Es bedeutete einen großen Fortschritt, als die NASA 1970 den ersten Röntgensatelliten startete, der jahre- und nicht nur minutenlang Daten sammeln konnte. Der Bau und der Betrieb dieses kleinen Satelliten wurde von einer Forschergruppe um den italienischen Physiker Riccardo Giacconi geleitet. Diese Pioniere eines neuen Gebiets der Astronomie arbeiteten eigentlich für die Firma *American Science and Engineering*, deren »Hauptkunde« das Verteidigungsministerium der USA war, und bauten die ersten Instrumente, um die bei thermonuklearen Tests entstehende Röntgenstrahlung aufzuspüren. Giacconis Gruppe siedelte später an die Harvard-Universität und das *Smithsonian Obervatorium* um, wo sie größere Röntgenteleskope entwickelten. Seine alte Firma kehrte zu irdischeren Produkten wie Anlagen zum Durchleuchten des Gepäcks bei den Sicherheitskontrollen auf Flughäfen zurück.

Giacconis Satellit wurde in Kenia gestartet und *Uhuru* getauft (das Wort bedeutet in Suaheli »Freiheit«). *Uhuru* sollte Röntgenstrahlquellen außerhalb unserer eigenen Galaxis entdecken. In dieser Hinsicht (und nur in dieser) erfüllte das Projekt die Erwartungen nicht: Man fand weniger Galaxienhaufen und Quasare als vorhergesagt. Seine Hauptleistung aber war die völlig unerwartete Entdeckung von Röntgenstrahlung innerhalb unserer Galaxis: Er spürte Pulse mit Perioden von wenigen Sekunden auf, die von nahen Himmelskörpern stammten, die in äußerst engen, fast streifenden Bahnen um relativ gewöhnliche Begleitsterne kreisen. Diese Quellen sind, ähnlich den Radiopulsaren, rotierende Neutronensterne, die jedoch ganz andersartige Strahlung erzeugen. Vom Begleitstern eingefangenes Gas wird aufgrund der starken Schwerkraft des Neutronensterns zu diesem hingezogen und prallt mit mehr als halber Lichtgeschwindigkeit auf. Die beim Aufprall freigesetzte Energie wird als Röntgenstrahlung abgestrahlt. Der Aufprall wird durch die Magnetfelder gesteuert, so daß das Gas vor allem in der Nähe der Magnetpole ankommt. Die beobachteten Röntgenstrahlen stammen von »heißen Flecken« in der Nähe der Magnetpole und schwanken deshalb im Takt der Rotationsperiode der Sterne.

Die zeitliche Reihenfolge, in der Neutronensterne entdeckt wurden, erscheint im Rückblick sehr willkürlich: Sie hätte auch leicht anders sein können. Wären die Instrumente, die Friedmann 1964 benutzte, etwas empfindlicher gewesen, hätte er gefunden, daß 10 % der Röntgenstrahlen des Krebsnebels wirklich von einer zentralen Punktquelle kommen, und der Neutronenstern im Krebsnebel wäre als erster entdeckt worden. (Dies hätte sogar noch vor dem »Beinaheerfolg« von Hewish und Okoye passieren können.) Wenn andererseits Jocelyn Bell weniger aufmerksam gewesen wäre, wären Neutronensterne vielleicht bis zum Start von *Uhuru* der Aufmerksamkeit entgangen – und die pulsierenden Objekte in Doppelsternsystemen wären vorschnell als Neutronensterne gedeutet worden.

Die Überprüfung der Einsteinschen Theorie

Einsteins Allgemeine Relativitätstheorie ist inzwischen durch Beobachtungen weitgehend bestätigt worden. Bis in die sechziger Jahre kannte man keine Himmelskörper mit »starker« Gravitation, und die Experimente, die kleine Abweichungen von Newtons Theorie im Sonnensystem nachwiesen, waren so ungenau, daß mehrere alternative Theorien erwogen wurden. Jetzt aber sind die Planetenbahnen dank der Radarverfahren genauer bekannt; wir können die Bahnen künstlicher Raumschiffe mit äußerster Präzision vermessen, und Radioastronomen haben die optischen Messungen der Lichtablenkung aufgrund der Schwerkraft der Sonne noch weiter verbessert. Diese Verfahren haben die Allgemeine Relativitätstheorie mit einer relativen Genauigkeit von 1 : 1000 bestätigt und die meisten ihrer Konkurrenten aus dem Rennen geworfen.

Mit dem »Binärpulsar« entdeckten Richard Hulse und Joseph Taylor 1974 einen noch besseren »Prüfstand«. In diesem System umläuft ein Pulsar einmal in knapp 8 Stunden einen anderen Neutronenstern. Weil diese Bahn viel enger ist als die der Planeten unseres Sonnensystems, fallen die Abweichungen von der Newtonschen Schwerkraft stärker ins Gewicht. Nach der Einsteinschen Theorie sollte die Bahn des Merkurs um einen winzigen (aber gerade noch meßbaren) Betrag präzedieren. Die entsprechende Präzession der Bahn des Binärpulsars hat eine zehntausendmal größere Frequenz. Taylor hat seine Messungen an diesem System über 20 Jahre lang immer weiter verbessert. Er hat nicht nur die Präzession aufgespürt, sondern auch eine allmähliche Schrumpfung der Bahn nachgewiesen. Dies bestätigt das Phänomen der »Gravitationswellen«, das auch aus der Einsteinschen Theorie folgt. Jedes bewegte System, dessen Schwerkraft veränderlich ist, erzeugt winzige Schwingungen im Raum selbst, die Energie abführen. Dieser Effekt ist viel zu klein, um in unserem Sonnensystem aufgespürt zu werden, zeigt sich aber deutlich im Binärpulsar.

Einsteins Theorie läßt sich noch auf andere Arten überprüfen. So haben beispielsweise Wissenschaftler an der Universität Stanford einen außerordentlich genauen Kreisel gebaut, den sie in eine Umlaufbahn um die Erde bringen möchten, um seine winzige, aber meßbare, von der Relativitätstheorie vorhergesagte Präzession nachzuweisen. Dieses Experiment wurde zuerst in den sechziger Jahren vorgeschlagen, und damals sprachen gute Gründe für seine Durchführung. Paradoxerweise sind diese Gründe jetzt, seitdem die Allgemeine Relativitätstheorie besser bestätigt ist, weniger zwingend. Wenn das Experiment ein Ergebnis bringt, das mit Einsteins Theorie übereinstimmt, wird kaum jemand überrascht sein. Aber auch ein abweichendes Ergebnis kann das Vertrauen in die Theorie wohl nur wenig erschüttern; die meisten Forscher würden mit ihrem Urteil abwarten, bis dieses neuartige und technisch schwierige Experiment bestätigt würde. Das aufregendste Ergebnis wäre also die Suche nach Geldern, um das Ganze wiederholen zu können!

Die genauen Bestätigungen der kleinen Abweichungen von der Newtonschen Theorie, die sogenannten Post-Newtonschen Wirkungen, verstärken unser Vertrauen in Einsteins Theorie. Man wartet aber natürlich immer noch auf eine direkte astronomische Diagnose des genauen Verhaltens der Schwerkraft in den Fällen, wo ihre Wirkungen sehr stark sind.

Pulsare mit Planeten

Taylor konnte Einsteins Theorie überprüfen, weil die regelmäßigen Pulse so außerordentlich genau gemessen werden konnten. Diese große Genauigkeit ermöglichte es auch dem Radioastronomen Alex Wolczczan, Planeten zu entdecken, die einen Pulsar umlaufen.

Wie in Kapitel 1 erwähnt, haben Astronomen bis 1995 keinerlei Anzeichen für Planeten gefunden, die sonnenähnliche Sterne umlaufen. Schon drei Jahre früher aber wurde ein Planetensystem um einen Pulsar gefunden. Wolzczyan hatte mit dem riesigen Radioteleskop von Arecibo in Puerto Rico mehrere Jahre lang einen bestimmten Pulsar beobachtet und Unregelmäßigkeiten in der Ankunftszeit der Pulse gefunden, was darauf hinwies, daß der Ort des Pulsars etwas schwankte. Wolzczyans bemerkenswerte Leistung war die Erkenntnis, daß diese Unregelmäßigkeiten die kombinierten Wirkungen von zwei (oder auch drei) Planeten sind, die den Pulsar umlaufen. Diese Planeten sind kleiner als unsere Erde und werden vom Pulsar mit starker Radiostrahlung und Strömen schneller Teilchen beschossen, erhalten also kein gewöhnliches Sternenlicht und sind für Leben ungeeignet. Trotzdem gibt dieses ungewöhnliche Planetensystem neue Hinweise darauf, wie sich Planeten bilden. Wolzczyan hatte Erfolg, weil die Verfahren, mit denen Radioastronomen winzige Veränderungen in der Bewegung eines Pulsars aufspüren – sie messen die Ankunftszeit von Pulsen bis auf 1 Mikrosekunde genau –, viel empfindlicher sind als jene, die optische Astronomen bisher bei normalen Sternen verwenden.[5] Optisch wurden bis jetzt nur Planeten von der Größe des Jupiters entdeckt, die hundertmal schwerer sind als unsere Erde.

Der Anstoß für die Technik

Das Wesen der Schwerkraft ist eine der »Grundfragen« der Naturwissenschaft – die tiefsten Einsichten stammen von einem Mann, Einstein, der in der Öffentlichkeit als ein »typischer« Theoretiker gilt. Aber auch bei der Erforschung des Universums gehört der größte Teil des Erfolgs den Beobachtern und Experimentatoren – der Fortschritt hängt von ihrem Einfallsreichtum und ihrer Ausdauer ab. Martin Ryles Leistungen in der Radioastronomie beispielsweise verdanken wir seinem Erfindungsreichtum als Elektroingenieur. Auch die anderen Hauptpersonen dieses Kapitels verdanken ihre

Erfolge ihrem glänzenden technischen Können – Herbert Friedmann seiner Erfahrung in der Raketentechnik, Riccardo Giacconi seiner Entwicklung der Röntgendetektoren und Joseph Taylor seiner Beherrschung der (bis auf 15 Dezimalstellen) genauen Zeitmessung. Die Theoretiker konzentrieren sich, so scheint es, mehr als ihre Kollegen auf das Ziel der Wissenschaft – darauf, das Entdeckte zu deuten und zu verstehen. Aber oft treiben die Einsichten, die zu technischen Neuerungen führen, den Fortschritt wirklich voran. (Die intellektuelle Leistung, die nötig ist, um den Reißverschluß zu erfinden, übertrifft bei weitem alles, was viele Theoretiker je erreichen!)

Wie wir sahen, war es reiner Zufall, daß der Ruhm für die Entdeckung der Neutronensterne vom Schicksal begünstigten Radioastronomen zukommt und nicht den Röntgenastronomen, die in den sechziger Jahren gezielt nach ihnen suchten und sie auf ganz anderem Wege drei Jahre später auch wirklich entdeckten. Die Röntgenastronomen sind aber zweifellos dort führend, wo es um die Bestätigung der bemerkenswertesten Vorhersage der Einsteinschen Theorie geht – bei den Schwarzen Löchern.

5 Schwarze Löcher: Tore zu einer neuen Physik

Ich fühlte den Wunsch in mir, die Tiefen [des
Malstroms] zu erforschen, auch wenn ich
mich opfern mußte, und mein größter Kum-
mer war, daß ich meinen alten Gefährten
am Lande nichts von den Geheimnissen, die
ich sehen sollte, würde erzählen können.

Edgar Allan Poe (1841)

Einige Gedanken vorweg

Die Schwerkraft ist in Neutronensternen stark, aber sie ist noch
stärker in Schwarzen Löchern – Körpern, die so weit zusammengefallen sind, daß ihnen weder Licht noch irgendein anderes Signal
entkommen kann. Sie werden von vielen Gravitationstheorien vorhergesagt, nicht nur von Einstein, und wurden im wesentlichen sogar schon vor über 200 Jahren vermutet. Schon 1783 nämlich
machte sich John Michell in einer Arbeit, die er der Londoner Royal
Society vorlegte, Gedanken darüber, welchen Einfluß die Schwerkraft auf Licht hat. Michell, ein verkannter Universalgelehrter, war
ein Geistlicher, der sich auch mit Experimentalphysik und Doppelsternen beschäftigte (siehe Kapitel 2).

Michell hatte berechnet, daß ein Geschoß etwa ein Fünfhundert-
stel der Lichtgeschwindigkeit haben muß, um der Sonnenoberfläche entkommen zu können. Er erkannte auch, daß diese »Fluchtgeschwindigkeit« (wie wir heute sagen) viel größer sein müßte, wenn
ein Körper schwerer ist als die Sonne, denn sie ist, wie aus Newtons
Gravitationstheorie durch eine einfache Rechnung hervorgeht, proportional zum Radius. Michell sagte deshalb:

Wenn der Radius einer Kugel mit derselben Dichte wie die Sonne den Radius der Sonne um das Fünfhundertfache übertrifft, und wenn Licht mit dieser Kraft von anderen Körpern im Verhältnis zu seiner *vis inertiae* angezogen wird, kehrt alles von einem solchen Körper ausgestrahlte Licht aufgrund seiner eigenen Schwerkraft wieder zu ihm zurück.

Man könnte nach Michell also sehr massereiche Körper nicht aufgrund ihrer direkten Strahlung entdecken, sondern nur aufgrund der Anziehung, die sie auf benachbarte Körper ausüben.

Pierre Laplace vertrat in seinem Buch *Exposition du Système du Monde* 1796 dieselben Gedanken, ließ den entsprechenden Abschnitt in späteren Auflagen jedoch weg. Wir kennen den Grund dafür leider nicht – wahrscheinlich hatte er in der Zwischenzeit das Vertrauen in die Überlegung verloren, die Licht als »ballistische« Teilchen erklärte.

Newtons Theorie reicht nicht aus, wenn die von der Schwerkraft bewirkten Bewegungen Lichtgeschwindigkeit erreichen. Die Allgemeine Relativitätstheorie aber kann widerspruchsfrei mit Situationen umgehen, in denen die Schwerkraft so überwältigend ist wie in Schwarzen Löchern – und wirklich haben Einsteins Gleichungen dort ihre bemerkenswertesten Auswirkungen.

Schwarze Löcher aus Sicht der Einsteinschen Theorie

1916, weniger als ein Jahr nach der Veröffentlichung von Einsteins Theorie, berechnete der Astrophysiker Karl Schwarzschild mit ihrer Hilfe das Verhalten der Schwerkraft in der Umgebung einer kugelförmigen Masse. Einstein hatte schon berechnet, wie stark die Sonne Licht ablenkt, das in ihre Nähe kommt, aber dazu genügte eine Näherungsrechnung, weil die Schwerkraft im Sonnensystem klein ist und die Ablenkung nur gering. Einstein wußte, wie schwer seine Gleichungen exakt zu lösen sind, und freute sich deswegen sehr über dieses Ergebnis. Schwarzschild, der aus Frankfurt stammte und in Göttingen und Potsdam lehrte und forschte, starb kurz darauf an einer Krankheit, die er sich als Artillerieleutnant der deutschen Wehrmacht zugezogen hatte.

Schwarzschild hatte seine Berechnungen über 50 Jahre vor der Entdeckung des ersten Neutronensterns angestellt. Neutronensterne waren die ersten Objekte, deren Schwerkraft so stark war, daß sich an ihnen die Gültigkeit der Relativitätstheorie bestätigen ließ. Der Verlauf der Zeit ist auf ihnen verzerrt: Eine Uhr auf der Oberfläche eines Sterns scheint einem fernen Beobachter langsamer zu ticken. Damit verknüpft ist die »gravitative Rotverschiebung«: Strahlung von der Oberfläche erreicht ferne Beobachter mit niedrigerer Frequenz (und größerer Wellenlänge), als sie ausgeschickt wurde. Diese Wirkungen können auf der Oberfläche eines Neutronensterns bis zu 30 % ausmachen.

Was würde passieren, wenn sich ein Neutronenstern bei gleichbleibender Masse weiter zusammenzieht oder noch mehr Masse in ein gleich großes Volumen gepreßt wird? Dann könnte wegen der starken Schwerkraft nicht einmal Licht dem Sog entkommen. Der kleinste Radius eines Sterns, bei dem noch Licht entkommen könnte, ist zufällig – aber das ist wirklich reiner Zufall – genau gleich dem von Michell berechneten. Bei diesem »Schwarzschild-Radius« ist die durch die Schwerkraft bedingte Rotverschiebung unendlich groß. Die zugehörige Kugeloberfläche ist wie ein »Horizont« (auch »Ereignishorizont« genannt), der das Dahinterliegende dem Blick verbirgt, eine halbdurchlässige Membran, die nur in eine Richtung durchquert werden kann.

Lichtstrahlen werden in der Nähe eines Schwarzen Lochs noch stärker gekrümmt als in der Nähe eines Neutronensterns. Ein Experimentator, der gerade noch außerhalb des »Horizonts« ist, müßte einen Lichtstrahl fast genau radial nach außen abstrahlen, damit dieser nicht abgelenkt und schließlich vom Schwarzen Loch verschluckt wird.

Wer immer sich ins Innere wagt, kann keinerlei Lichtsignale mehr nach außen senden – der Raum selbst wird gleichsam schneller nach innen gesogen, als sich das Licht ausbreitet, das der Stern nach außen schickt. Ein frei fallender Astronaut könnte ins Innere gelangen, ohne beim Durchqueren des Horizonts irgend etwas Ungewöhnliches zu bemerken. Aber er könnte nie wieder hinaus, und von außen könnte kein Beobachter das Schicksal des Astronauten verfolgen: Eine Uhr würde für einen Beobachter von außerhalb immer langsamer gehen, wenn sie nach innen fällt, so daß der Astronaut am Horizont festgenagelt zu sein schiene, »festgefroren« in der Zeit.

Die weniger gebräuchliche Bezeichnung »gefrorene Sterne« stammt von den russischen Theoretikern Zeldovich und Novikov, welche die Verzerrung der Zeit in der Nähe kollabierter Körper untersuchten. Der Ausdruck »Schwarzes Loch« wurde 1968 von John Wheeler geprägt, der beschrieb, wie ein fallendes Objekt »mit jeder Millisekunde lichtschwächer wird ... Licht und von außen einfallende Teilchen ... geraten immer tiefer in das Schwarze Loch, wo sie letztlich zu seiner Masse beitragen und seine Gravitationsanziehung verstärken«.

Fast alles in unserem Universum dreht sich und ist wegen der daraus folgenden Abplattung nicht kugelrund. Deshalb ist die Schwarzschild-Lösung zu »speziell«, als daß sie für wirkliche Objekte gelten könnte. Der Mathematiker Roy Kerr aus Neuseeland fand 1963 an dem von Alfred Schild gegründeten Relativitätszentrum in Austin (Texas) eine allgemeinere Lösung der Einsteinschen Gleichungen, die ein kollabiertes rotierendes Objekt beschreibt. Wie bei der Schwarzschild-Lösung verbirgt ein Horizont das exotische Innere vor jedem Einblick. Der Raum aber hat Wirbelstruktur: Alles ist gezwungen, herumzuwirbeln und (wenn es dem Inneren nahe kommt) quasi in einen Trichter zu fallen.

Das Innere des Lochs läßt sich nicht aus sicherer Entfernung beobachten. Wer sich aber in seine Nähe wagt, muß von einem starken Erkenntnisdrang besessen sein. Was würde dort passieren? Fallende Astronauten würden die Gezeitenwirkungen immer stärker spüren (der Unterschied zwischen der Gravitationsanziehung auf Hände und Füße wäre groß), und die Schwerkraft würde in einem Zeitraum, der für eine fallende Uhr endlich ist, gegen unendlich anwachsen. In einem Schwarzschildschen Schwarzen Loch würden die zunehmenden Gezeitenkräfte einen Astronauten immer stärker dehnen und stauchen. In einem sich drehenden Loch wird der Druck nicht in einem Punkt, sondern innerhalb eines Rings unendlich groß. Kerr erkannte sofort, welche bemerkenswerten Aussichten das eröffnete. Begeistert erzählte er damals einem Kollegen: »Du gehst durch diesen Zauberring und bist – Simsalabim! – in einer Welt, in der Radius und Masse negativ sind!«

Am Rande eines Schwarzen Lochs

In den sechziger Jahren war nicht bekannt, ob die Lösungen von Schwarzschild und Kerr »typische« Schwarze Löcher beschreiben oder idealisierte und atypische Löcher, die den Theoretikern einfach deshalb aufgefallen waren, weil sie die einfachsten Lösungen der Einsteinschen Feldgleichungen darstellten. Wir wissen jetzt, daß es *keine* anderen Schwarzen Löcher geben kann, und das ist eine entscheidende Erkenntnis, wenn wir das »wirkliche« Universum verstehen wollen. Von außen gesehen verrät keinerlei Spur, wie sich die Schwarzen Löcher bildeten oder was sie verschlungen haben. Der Beweis dafür wurde Anfang der siebziger Jahre von mehreren Theoretikern gemeinsam erarbeitet. Kerrs Lösung schien zunächst eine sehr spezielle und eher seltene symmetrische Situation zu beschreiben, wurde aber ungeheuer wichtig, als die Theoretiker erkannten, daß sie die Raum-Zeit-Umgebung eines *jeden* Schwarzen Lochs darstellt. Ein kollabierendes Objekt gelangt rasch in einen relativ unkomplizierten stationären Zustand, zu dessen Beschreibung zwei Zahlen ausreichen: eine für seine Masse und eine für seinen Spin, seinen Drehimpuls. (Im Prinzip ist die elektrische Ladung eine dritte solche Zahl, aber die elektrische Ladung von Sternen spielt bei einem wirklichen Kollaps keine Rolle, weil sie zu klein ist.)

Schwarze Löcher sind die »Gespenster« toter massereicher Sterne, die sich bei ihrem Kollaps vom übrigen Universum abge-

trennt haben, deren Schwerkraft sich dem früher von ihnen be-
wohnten Raum aufgeprägt hat und dort eingefroren wurde. In der
Umgebung Schwarzer Löcher verhalten sich Raum und Zeit beide
in höchst »unanschaulicher« Weise. So steht die Zeit beispielsweise
am Rand des Loches still; ein dort verharrender Beobachter würde
die gesamte Zukunft des äußeren Universums in einer subjektiv als
sehr kurz empfundenen Zeit erleben.

Für Physiker ist der Gravitationskollaps wichtig, weil (wie später
ausgeführt wird) zum Verständnis dieser Abläufe (genau wie zum
Verständnis der ersten Momente des Urknalls) völlig neue Begriffe
nötig sind. Die Rätsel, vor die uns die Schwarzen Löcher stellen,
sind so grundlegend und in ihren Folgerungen so weitreichend wie
die Rätsel, die Einstein und seine Zeitgenossen zu Beginn des 20.
Jahrhunderts zu lösen versuchten und die zur Relativitätstheorie
und zur Quantentheorie führten. Weil es Schwarze Löcher gibt,
sind Raum und Zeit kein nahtloses Kontinuum. Schwarze Löcher
könnten sogar Tore zu anderen Raumzeiten sein, die aus der unseren hervorgehen. Die Existenz Schwarzer Löcher läßt eine Erweite-
rung der kosmischen Perspektive nicht nur zu, sondern zwingt uns
möglicherweise zu der Auffassung, daß unser Universum – alles,
was Astronomen tatsächlich sehen können – nur eines von vielen
Universen ist.

Sind Schwarze Löcher tote Sterne?

Aber gibt es Schwarze Löcher wirklich? Über 60 Jahre lang hatten
wir guten Grund, die Frage zu bejahen. Als sich der hochbegabte
junge Inder Subrahmanyan Chandrasekhar 1930 in Cambridge
einschreiben wollte, um bei Eddington zu studieren, dachte er
während der langen Seereise nach England über Weiße Zwerge
nach – die dichten Überreste von Sternen, die nicht mehr von ihrer Kernenergie zehren können – und kam dabei zu dem überraschenden Schluß, daß es keine Weißen Zwerge geben kann, die
mehr als 1,4mal schwerer sind als die Sonne: Der Druck in ihrem

Inneren könnte ihrer großen Gravitation nicht mehr die Waage halten. Diese Überlegung führte zu der Frage, was passiert, wenn schwerere Sterne ihren Brennstoff verbraucht haben. Sie können natürlich im Lauf ihrer Entwicklung so viel Materie wegschleudern, daß ihre Masse unter dem von Chandrasekhar gefundenen Grenzwert für Weiße Zwerge liegt. Die äußeren Schichten könnten bei einem Supernova-Ausbruch abgestoßen werden und einen Neutronenstern übriglassen, wie es anscheinend im Krebsnebel passiert ist. Aber es gibt auch eine Grenze dafür, wie schwer ein Neutronenstern sein kann. Dieser Grenzwert ist weniger genau bekannt als der Grenzwert für einen Weißen Zwerg, denn er hängt davon ab, wie sich Materie verhält, wenn sie auf das Mehrfache der Dichte eines Atomkerns zusammengepreßt ist, aber er liegt ziemlich sicher unter 3 Sonnenmassen.

Nicht alle Sterne sind »vorsichtig« genug, Gas zu verschleudern, um sicher unter diesen Grenzwert zu gelangen, und jeder Sternenrest mit einer Masse von mehr als 2 bis 3 Sonnenmassen würde vollständig kollabieren, wenn seine Kernenergie verbraucht ist. Die Supernovae, die aus den schwersten Sternen (solchen mit mehr als 20 Sonnenmassen) entstehen, hinterlassen vermutlich eher Schwarze Löcher als Neutronensterne; möglicherweise fallen einige massereiche Sterne sogar zu Schwarzen Löchern zusammen, ohne zuvor einen auffallenden Supernova-Ausbruch auszulösen. Unser Milchstraßensystem sollte also viele Objekte enthalten, die unter dem Einfluß der Schwerkraft zusammengefallen sind. Wie können wir sie finden?

Die Entdeckung Schwarzer Löcher durch ihre Röntgenstrahlung

Wenn sich ein Schwarzes Loch einmal gebildet hat, ist es im wesentlichen »passiv«. Man kann höchstens hoffen, daß es sich durch seine Gravitationswirkung auf benachbarte Sterne oder Gase verrät.

Über diese Fragen hat als einer der ersten Yakov Zeldovich nachgedacht. Er nimmt in der modernen Kosmologie nicht nur aufgrund seiner eigenen Beiträge einen hervorragenden Platz ein, sondern auch, weil seine Forschergruppe in Moskau seit den sechziger Jahren bei vielen wichtigen Entdeckungen führend war, obwohl Kosmologie und Relativitätstheorie in der früheren Sowjetunion stark ideologisch gefärbt waren.

Zeldovich war einer der letzten Universalgelehrten der Physik. Er hat sich viele Jahre vorrangig mit der Entwicklung der Wasserstoffbombe befaßt, davor aber unter anderem über Teilchenphysik und Gasdynamik gearbeitet. Zunächst war Zeldovich unter Umgehung der üblichen akademischen Laufbahn zum Techniker ausgebildet worden und hatte sich auf Chemie spezialisiert. Er selbst führte sein anfängliches mangelndes Interesse an der Physik auf die höchst traditionsverhaftete russische Schulbildung zurück. Sein Lehrer hatte Newtons Gesetze zunächst auf lateinisch vorgelesen und erst dann auf russisch.

Zeldovich erkannte, daß ein Schwarzes Loch, das als Teil eines Doppelsystems einen Stern auf einer engen Bahn umläuft, seinem Begleiter Gas entzieht. Das eingefangene Gas wirbelt dann zum Schwarzen Loch hin und rotiert um so rascher, je näher es dem Loch kommt. Druck und Reibung erhitzen es so stark, daß es im Röntgenbereich strahlt. Wenn das Gas turbulent und ungleichmäßig strömt, sollte auch die Intensität der Röntgenstrahlung unregelmäßig schwanken.

Die Beobachtungen im Röntgenbereich lenken das Interesse auf die energiereichsten Phänomene des Universums – die heißesten Gase, die stärkste Schwerkraft, die energiereichsten Explosionen. Wie schon erwähnt, waren die ersten Röntgenquellen kreisende Neutronensterne, die dem Stern, den sie umkreisen, Masse entziehen. Eine solche Röntgenquelle ist Cygnus X-1; dieser Stern hat einen Begleiter, unterscheidet sich aber von anderen Neutronensternen, die ihren Begleitern Masse entziehen, denn seine Röntgenstrahlung schwankt unregelmäßig. Außerdem hat er mindestens 6 Sonnenmassen, kann also weder ein Neutronenstern noch ein

Weißer Zwerg sein. Es gibt inzwischen mehrere andere Kandidaten in unserer Galaxis, die mit derselben Wahrscheinlichkeit wie Cygnus X-1 ein Schwarzes Loch sein könnten. Sie alle haben Begleiter – gewöhnliche Sterne, auf deren Gas sie einen Sog ausüben. Sie sind für Neutronensterne zu schwer, und die rasche und unregelmäßige Schwankung ihrer Röntgenstrahlung paßt gut zu einem Schwarzen Loch.[1]

Der Fall »Cygnus X-1« ist noch nicht überzeugend geklärt. Ob man Cygnus X-1 für ein Schwarzes Loch hält oder nicht, hängt wohl auch davon ab, ob man Schwarze Löcher im Grunde als absurd empfindet oder ob man sie für ein plausibles Endstadium der Sternentwicklung hält. Andere Erklärungsversuche sind im allgemeinen zu weit hergeholt, um überzeugend zu sein. Ein Schwarzes Loch in Cygnus X-1 ist, wie der Physiker Edwin Salpeter einmal sagte: »die *konservativste* Hypothese«.

Die größten Schwarzen Löcher

Die bis jetzt besprochenen Schwarzen Löcher stellen das letzte Entwicklungsstadium von Sternen dar und haben einen Radius von nur 10 bis 50 km. Jenseits unserer eigenen Galaxis gibt es jedoch wesentlich größere Schwarze Löcher. Die Hinweise darauf sind noch nicht lange bekannt, sind aber überzeugender als jene, die für Schwarze Löcher in unserem eigenen Milchstraßensystem sprechen.

In den Zentren einiger Galaxien wirbeln Gas und Sterne in ein Schwarzes Loch mit einer Masse von Millionen oder sogar Milliarden Sonnen. Diese Löcher erweisen sich als Quasare, also starke Quellen für kosmische Radiostrahlung, mit Ausmaßen wie unser gesamtes Sonnensystem. Sie haben schon das Schicksal durchgemacht, das aller Materie bestimmt ist, auch unserem Universum, wenn es schließlich einmal zusammenfällt.[2]

Wenn die Brennstoffzufuhr von außen aufhört, schaltet ein Quasar ab. Die sichersten Vermutungen über die Demographie der Quasare – wie viele es gibt, wie lange sie leben und wie viele Gene-

rationen schon gelebt haben und gestorben sind – laufen darauf hinaus, daß die meisten Galaxien ein »Quasarstadium« durchgemacht
haben; in ihrer Mitte könnten also als »Reste« Schwarze Löcher
lauern.

Selbst ein ruhiges Schwarzes Loch, ein toter Quasar, übt auf
seine Umgebung einen Gravitationssog aus, der sich durch zwei
Kennzeichen verraten sollte, nämlich erstens durch ein scharfes
Helligkeitsmaximum im Zentrum der Galaxie, das von Sternen
herrührt, die nahe ans Loch gezogen werden, und zweitens durch
eine ungewöhnlich rasche Bewegung von Sternen oder Gaswolken
in der Nähe des Lochs.

Die Bemühungen, solche Effekte zu entdecken, sind natürlich in
nahen Galaxien am aussichtsreichsten. Die riesige Galaxie M 87 im
Virgo-Galaxienhaufen birgt eine dunkle Masse, die 3 Milliarden
Sonnen entspricht. Dieses ungeheure Schwarze Loch wäre größer
als das ganze Sonnensystem, einschließlich Neptun und Pluto. Ein
anderes überzeugendes Beispiel findet sich in unserer unmittelbaren Nachbarschaft, im Andromedanebel. Das Schwarze Loch in
der Mitte dieser Galaxie umfaßt etwa 30 Millionen Sonnenmassen.
Diese Hinweise wurden vom Hubble-Raumteleskop bestätigt, das
schärfere Bilder liefert als Teleskope auf der Erde. Schwarze Löcher,
die mehr als 1 Milliarde Sonnenmassen haben, sind so groß, daß sie
einen Stern als Ganzes verschlingen könnten. Ein Stern, der in ein
etwas kleineres Loch fällt, würde zunächst in Stücke zerrissen werden und ein auffälliges Feuerwerk verursachen.[3]

Die überzeugendsten Hinweise auf besonders massereiche
Schwarze Löcher verdanken wir den Radioastronomen, die dazu
spezielle Verfahren entwickelten (sie verknüpften Radioteleskope
über ganze Kontinente hinweg), mit denen sie das Zentrum der nahen Galaxie NGC 4258 hundertfach genauer abbilden konnten, als
es selbst dem Raumteleskop möglich wäre. Sie entdeckten eine Gasscheibe, die sich genauso verhält, als gäbe es dort ein Schwarzes
Loch mit 36 Millionen Sonnenmassen.

Wenn es wirklich in den meisten nahen Galaxien Schwarze Löcher gibt, scheint unsere eigene Galaxis unterversorgt, wenn sie

nicht wenigstens auch eines hat. In der Tat habe ich schon 1971 gemeinsam mit meinem Kollegen Donald Lynden-Bell (unserer Meinung nach) sehr gute Gründe für die Existenz dieses vermuteten Lochs gefunden.

Die Ebene der Milchstraße, in der die Sonne liegt, ist voller Staub, der die Sicht behindert. Es war deshalb bis vor kurzem viel schwerer, Gewißheit über die Abläufe und Vorgänge in der Mitte unserer eigenen Galaxis zu erhalten als über diejenigen in der Mitte der Andromedagalaxie. Es gelang Reinhard Genzel und seinen Kollegen am *Max-Planck-Institut für extraterrestrische Physik* in Garching bei München, außerordentlich scharfe Infrarotbilder der Sterne im Zentrum unserer Galaxis zu erhalten. Diese Sterne bewegen sich ungewöhnlich schnell und umlaufen anscheinend ein zentrales dunkles Objekt mit 2,5 Millionen Sonnenmassen. Diese Masse beträgt nur etwa ein Zehntel der Masse im Zentrum der Andromedagalaxie, woraus man schließen kann, daß unsere Galaxis niemals einen starken Quasar beherbergt hat.

Gelegentlich stoßen zwei Galaxien zusammen und verschmelzen. Wenn sie beide ein Schwarzes Loch enthalten, sollten diese Löcher im Zentrum der verschmolzenen Galaxis in Spiralbahnen aufeinander zulaufen und ebenfalls verschmelzen. Die Vereinigung von zwei Schwarzen Löchern ergibt sich aus der bloßen Dynamik von Raum und Zeit, die Lösung der Einsteinschen Gleichungen für diesen außerordentlich heftigen Vorgang ist aber so schwierig, daß ihr selbst unsere Supercomputer noch nicht gewachsen sind. Während der Vereinigung könnte das resultierende gemeinsame Schwarze Loch einen so starken Impuls erhalten, daß es möglicherweise sogar aus seiner Galaxie hinausgeschleudert würde. Vielleicht treiben einige in Galaxien entstandene massereiche Schwarze Löcher jetzt im interstellaren Raum.

Das mathematische Bild: Singuläre Geheimnisse im Inneren Schwarzer Löcher

Einsteins Gleichungen lassen sich nur für besonders einfache Fälle ohne besondere Schwierigkeiten lösen – beispielsweise für den Kollaps eines genau kugelförmigen Körpers oder die Expansion einer völlig gleichförmigen Welt. Sind diese Lösungen ein zuverlässiger Leitfaden für das, was in Wirklichkeit passiert?

Bevor die Physiker kollabierende Sterne oder expandierende Universen analysieren konnten, die einigermaßen realistisch und nicht allzu idealisiert sind, mußten neue mathematische Begriffe entwickelt werden. Hier verdanken wir Roger Penrose, der ursprünglich Mathematiker war, große Anregungen. Er führte neue mathematische Verfahren ein, die zeigten, daß »Singularitäten« – Stellen, an denen Teilchen oder Felder aufhören zu existieren – unvermeidliche Folgerungen der Einsteinschen Feldgleichungen sind. Wenn die Lösungen solche Eigenschaften aufweisen, wenn sozusagen der Computer zu rauchen beginnt, bedeutet das gewöhnlich, daß die Theorie versagt hat oder irgendwie unangemessen ist.

Alles, was genau symmetrisch kollabiert, trifft naheliegenderweise in der Mitte zusammen: In diesem Fall wird die Schwerkraft auch nach Newtons Theorie unendlich. Das folgt einfach aus der Symmetrie. Wenn das Zusammenstürzen nicht genau radial ist, würden die Teile einander verfehlen. In Einsteins Theorie jedoch führt schon ein nicht streng symmetrischer Kollaps zu einer Singularität – die zusätzliche kinetische Energie der transversalen Bewegungen entspricht einer zusätzlichen Masse und verstärkt deshalb die Gravitationsanziehung, die alles zusammenzieht.

Wenn sich ein Schwarzes Loch bildet, muß sich in ihm eine Singularität entwickeln. Als Penrose 1965 eine erste Vorlesung über diesen Gedanken hielt, hatte ich zwar schon einige Semester studiert, konnte jedoch nicht genug Mathematik, um alles zu verstehen, was er sagte. Aber die Folgerungen waren klar. Penrose hatte gezeigt, daß Einsteins Theorie ihre eigene Unvollständigkeit vorhersagt. Wenn in einer Theorie Singularitäten auftreten, ist das ein

Signal, daß neue Physik im Spiel ist. Was passiert, ist ein Geheimnis – vielleicht verändert sich der Raum selbst im ganz Kleinen, vielleicht erhält er weitere Dimensionen, oder es trennen sich Bereiche ab oder wachsen sich zu neuen Universen aus. (Diese Gedanken werden in Kapitel 14 weiterverfolgt.) Aus den von Penrose bewiesenen Sätzen folgt auch, daß es am Anfang unseres Universums selbst dann eine Singularität gegeben haben muß, wenn der Urknall unsymmetrisch und unregelmäßig war.[4]

In der Anfangszeit der Einsteinschen Theorie setzte sich Eddington in Cambridge für sie ein und bemühte sich darum, sie verständlich zu machen. 40 Jahre später, als die Relativitätstheorie eine Renaissance erlebte, war ihr einflußreichster Vertreter in Cambridge Dennis Sciama (dessen kosmologische Gedanken schon in Kapitel 2 vorgestellt wurden). Sciama wiederum begeisterte Penrose, der ja eigentlich ein reiner Mathematiker war, für die Relativitätstheorie. In den sechziger Jahren zog Sciama einen stetigen Strom von Studenten an und regte dadurch viele der entscheidenden Entwicklungen in der Relativitätstheorie und Kosmologie an. Einer dieser Studenten war Stephen Hawking. Sciama ermutigte ihn zum Besuch der Vorlesungen, in denen Penrose damals die Mathematik entwickelte, die er später mit Hawking zusammen für die Untersuchungen des Gravitationskollapses benützte.

Das Ergebnis dieser Arbeit wurde in dem sehr anspruchsvollen Buch *The Large-Scale Structure of Spacetime* niedergelegt, das Hawking gemeinsam mit George Ellis, einem anderen früheren Schüler von Sciama, schrieb. Durch dieses Buch und seine Arbeit über Schwarze Löcher war Hawking zu Beginn der siebziger Jahre unbestritten eine der führenden Gestalten der Relativitätstheorie. Seine Gesundheit war schon damals sehr angegriffen, und wohl niemand hätte die erstaunlichen späteren Phasen seiner Laufbahn vorhergesagt. Seine bemerkenswerteste Entdeckung, wonach Schwarze Löcher verdampfen können, machte er 1974 (sie wird in Kapitel 11 beschrieben). Sie war jedoch nur der Auftakt zu einer Fülle von Arbeiten, die sich bis heute fortsetzen. Seit Einstein hat wohl niemand mehr zu unserem Verständnis der Gravitation beigetragen als er – Penrose vielleicht ausgenommen. Und seit Einstein hat kein Physiker mehr Weltruhm geerntet.

Als Hawking von der Universität Cambridge mit einem Ehrendoktor ausgezeichnet wurde, zitierte der Festredner das Loblied, das Lukrez auf Epikur sang: »Die lebendige Kraft seines Verstandes überwand die flammenden Festungen der Welt, ging weit über sie hinaus und durchquerte in Sinn und Geist das grenzenlose Ganze.« Die Bewunderung für die vielen Leistungen, die er seit Jahrzehnten unermüdlich erbringt, ist um so größer, weil seine körperliche Hilflosigkeit einen so krassen Gegensatz zu seinem den Kosmos durchstreifenden Geist bildet. Die Begeisterung der Öffentlichkeit wäre vermutlich weniger groß, wenn er eine ähnliche bedeutende Arbeit beispielsweise in der Zellbiologie oder der Chemie geleistet hätte.[5]

Im allgemeinen beschränken Naturwissenschaftler ihre schriftstellerische Tätigkeit auf das Schreiben von Facharbeiten, die in wissenschaftlichen Zeitschriften erscheinen, nachdem (gewöhnlich anonyme) Kollegen sie für wert befanden, veröffentlicht zu werden. Aber diese Fachzeitschriften – das, was Wissenschaftler »Literatur« nennen – sind für Laien gewöhnlich unverständlich. Diese Fachliteratur wird heutzutage zum größten Teil nicht einmal mehr von den Forschern gelesen, die sich lieber auf Konferenzen, »Preprints« (informelle Vorabdrucke) und Mitteilungen im Internet verlassen.[6]

Die wesentlichen Inhalte dieser Arbeiten – oder wenigstens der besten dieser Arbeiten – dringen schließlich doch an eine weitere Öffentlichkeit. Die meisten von uns wären unbefriedigt, wenn unsere Forschung niemals über die Fachwelt hinausgelänge. Der Einfluß und die Wirkung, die Stephen Hawking mit *Eine kurze Geschichte der Zeit* hatte, ist beispiellos. Leider hatte dieser Erfolg auch einen Nachteil: Das Buch erregte die Aufmerksamkeit von Philosophen und Theologen und regte zu Spekulationen an, für die es gar keine Basis bot.

Hatte Einstein recht mit seiner Gravitationstheorie?

Die Wiederbelebung der Gravitationsforschung, die in den sechziger Jahren begann, läßt sich zum Teil auf die leistungsfähigen neuen mathematischen Methoden zurückführen, aber auch auf neue Beobachtungen. Erstmals erkannten Astronomen, daß es selbst in unserer Galaxis Orte gibt, an denen sich relativistische Effekte bemerkbar machen. Thomas Gold brachte diese allgemeine Aufbruchsstimmung zum Ausdruck, als er bei der ersten großen Konferenz über das neue Gebiet der »relativistischen Astrophysik« 1963 in Dallas in seiner Tischrede sagte:

> Jetzt sind die Relativisten mit ihrer hochentwickelten und raffinierten Arbeit nicht nur eine wunderschöne kulturelle Zierde, sondern sogar nützlich für die Naturwissenschaft! Jeder ist zufrieden: Die Relativisten, die das Gefühl der Anerkennung genießen und plötzlich Experten auf einem Gebiet sind, von dem sie kaum wußten, daß es überhaupt existiert, die Astrophysiker, die ihren Fachbereich vergrößern können ... das alles ist sehr angenehm, hoffen wir also, daß es auch richtig ist.

Die Allgemeine Relativitätstheorie hat den Vorzug, sehr spezielle Aussagen zu machen. Eine einzige Beobachtung oder ein einziges Experiment mit abweichendem Ergebnis könnte sie widerlegen – die Theorie ließe sich nicht (wie andere Theorien) durch einen kleinen Dreh oder winzige Anpassungen wieder »hinbiegen«. Deshalb suchen die Theoretiker unablässig nach neuen Möglichkeiten der Überprüfung. Die Entdeckung der Schwarzen Löcher bot eine Möglichkeit, die bemerkenswertesten Folgerungen aus Einsteins Theorie zu überprüfen.

Objekte wie Cygnus X-1 und die Mitten von Galaxien sind Orte, in denen unser Universum durch die Ansammlung und den Kollaps großer Massen durchlöchert wird. Die Massen kollabieren zu Gebilden, die sich durch relativ einfache Formeln (die »Kerr-Lösung« der Einsteinschen Gleichungen) genau beschreiben lassen. Roger Penrose bemerkte dazu einmal:

Es ist seltsam, daß ausgerechnet das theoretische Bild für das Schwarze Loch sehr vollständig ist, also für das astrophysikalische Objekt, das am fremdartigsten und uns am wenigsten vertraut ist.

Beobachtung und Theorie lassen sich wohl am besten an sehr massereichen Löchern in Beziehung setzen, wie sie sich in der Mitte von Galaxien gebildet haben. Die Strahlung dieser Objekte stammt von heißem Gas, das in eine tiefe »Gravitationsmulde« hineinwirbelt: Die Dopplereffekte sind gewaltig, und die starke Schwerkraft bewirkt eine zusätzliche Rotverschiebung. Messungen dieser Strahlung, besonders im Röntgenbereich, können den Fluß sehr nahe am Loch erkunden und feststellen, ob die »Form des Raums« in seiner Nähe mit der von Schwarzschild und Kerr vorhergesagten übereinstimmt.[7]

Noch tiefere Geheimnisse liegen im Inneren eines Schwarzen Lochs. Die Bedingungen an der »Oberfläche« riesiger Schwarzer Löcher wie dem in der Galaxie M 87 sind gar nicht so unwirtlich. Einem Astronauten blieben, wenn er in die Richtung des Schwarzen Lochs fiele, noch mehrere Stunden oder sogar Tage Zeit für geruhsame Beobachtungen, bevor es bei der Annäherung an die zentrale Singularität ungemütlich wird. Was aber passiert dann? Wenn das Loch nicht rotiert und lange ungestört war, würden die Gezeitenkräfte einen einfallenden Astronauten radial dehnen. In einem realistischeren unregelmäßigeren Loch würden die Gezeitenkräfte ihn jedoch immer stärker zerren und erschüttern – man spricht von »Spaghettisierung«. Er könnte sogar, wenn wir weiter spekulieren, in einen neuen Raum gelangen, vielleicht sogar in ein neues, gerade expandierendes Universum (siehe Kapitel 14). Damit werden die Schwarzen Löcher – diese Strudel in den Zentren von Galaxien und ihre kleinformatigen Gegenstücke, die in unserer eigenen Galaxis Begleitersterne umlaufen – für die größere kosmologische Sicht bedeutungsvoll.

Kohärenter und inkohärenter Fortschritt

Für Historiker der Naturwissenschaften stellt die Allgemeine Relativitätstheorie oder »Gravitationsphysik« eine interessante Fallstudie dar. Die entscheidenden begrifflichen Fortschritte, die seit etwa 1960 gemacht wurden, lassen sich auf die Zusammenarbeit einiger weniger Forscher zurückführen. Sie stammen fast alle aus einer der drei »Schulen«, die von Zeldovich in Moskau, von Sciama in Cambridge und von Wheeler in Princeton geleitet wurden und fast immer gut und konstruktiv zusammenarbeiteten. In dieser Hinsicht ist das Gebiet untypisch, denn wissenschaftlicher Fortschritt geht normalerweise sprunghafter und weniger harmonisch vonstatten.

Astronomen sind Entdecker: In ihrer Arbeit spielt der Zufall auch heute noch eine große Rolle. Sie haben nur wenige Phänomene erfolgreich vorhersagen können, obwohl theoretische Physiker oft denken (und manchmal auch sagen): »Im Rückblick hätte ich das auch vorher wissen können.« Die meisten Entdeckungen haben die Theoretiker überrascht und zunächst verblüfft. Gelegentlich klärt sich das Bild rasch auf, wenn ein plausibler Deutungsvorschlag gemacht wird, der mit den Beobachtungen übereinstimmt. Gelegentlich versuchen wir vergeblich, bruchstückhafte Daten zu deuten, und schon ein oder zwei Jahre später stellt sich heraus, daß alle früheren Ideen oder (wenn wir Glück haben) alle bis auf eine Fehlversuche waren. Die Hintergrundstrahlung beispielsweise wurde bald nach ihrer Entdeckung als Überbleibsel des frühen Universums erkannt (Kapitel 3), und es dauerte auch nicht lange, bis Pulsare (Kapitel 4) allgemein für kreiselnde Neutronensterne gehalten wurden.

Nicht alle Phänomene lassen sich rasch erklären: Gelegentlich dauert es Jahrzehnte, bis ein Rätsel gelöst ist. Wenn man beispielsweise die Quasarforschung in den 30 Jahren seit der Entdeckung dieser überaus leuchtkräftigen Objekte betrachtet (siehe Kapitel 2), wurden anscheinend nur sehr kleine Fortschritte gemacht. Manchmal hatten wir das Gefühl, es ginge schnell, aber wir sind nur sehr langsam vorangekommen, weil wir uns im Zickzack bewegt und uns nach dem gerichtet haben, was gerade in Mode war.

In gewissem Sinn wurden Quasare zu früh entdeckt. Wenn sie gefunden worden wären, als es schon eine Theorie der Schwarzen Löcher gab und nachdem Pulsare und kompakte Röntgenquellen und damit die vorher nur vermutete Effizienz der gravitativen Kraftquellen bekannt war, hätte man sich sehr viel schneller darauf geeinigt, was ihr »eigentlicher« Antrieb ist.

Mittlerweile hat man viele der bizarren Gedanken aufgegeben, die in der Anfangszeit der Quasarforschung vertreten wurden. Aber in der Astrophysik gibt es nur selten eine ganz klare Widerlegung: Die rivalisierenden Deutungen haben gelegentlich ein langes Leben. Ein Spötter könnte behaupten, sie überlebten oft nur deshalb, weil ihre Verfechter die fehlerhaften Teile so geschickt ersetzen oder reparieren, daß die alten Schrottkisten fahrtüchtig bleiben. Um zu erläutern, warum diese Behauptung nicht ungerechtfertigt ist, muß ich einen Exkurs in die Methodologie machen.

Man sagt gewöhnlich, Wissenschaft würde folgendermaßen betrieben: Die Daten legen eine Hypothese nahe, die wiederum zu weiterer Überprüfung einlädt, wodurch die ursprüngliche Hypothese entweder widerlegt oder verbessert wird. Dieses einfache Verfahren ist beispielsweise in der Teilchenphysik realistisch, denn dort müssen die fundamentalen Größen auf einige wenige Naturkonstanten und Gleichungen reduzierbar sein. Aber andere Wissenschaften haben es mit Größen zu tun, die außerordentlich komplex sind, und man kann nicht erwarten, daß ein theoretisches Schema jede Einzelheit erklärt. In der Geophysik beispielsweise haben die Begriffe Kontinentalverschiebung und Plattentektonik zweifellos zu entscheidenden Fortschritten geführt, aber wir können nicht erwarten, den Küstenverlauf in Amerika und Afrika haargenau erklären zu können. Versuche, kosmische Phänomene zu verstehen, sollten sich auf jene Daten stützen, die wirklich entscheidende Grundlagen betreffen und nicht nur reinen Zufall oder unwichtige Begleiterscheinungen. Nur zu oft gleicht unser Bild einer groben Karikatur; wir können jedoch hoffen, daß die Karikatur gut ist und das Wesen des Phänomens eher erhellt als verdunkelt.

Epilog: Chandrasekhar

Nachdem Chandrasekhar (weltweit bekannt als »Chandra«) seine bahnbrechenden Einsichten darüber gewonnen hatte, wie Sterne ihr Leben beenden, wandte er sich anderen Fragen zu. Sein Forschungsstil war ungewöhnlich. Er wählte sich ein Thema, beschäftigte sich einige Jahre lang gründlich damit, ordnete dann seine Gedanken zu einem Buch und wandte sich einem anderen Thema zu. Er schrieb klassische Texte über den Aufbau der Sterne, die Dynamik von Sternsystemen, die Hydrodynamik und andere Spezialthemen. Nach vielen Jahren kam er zu den Schwarzen Löchern zurück.

Die Jahre nach 1970 waren eine »große Zeit« für die Erforschung Schwarzer Löcher. Die Theoretiker entdeckten, daß Schwarze Löcher, falls Einstein recht hatte, nicht unendlich vielfältig sind, sondern relativ einheitliche Objekte, die genau wie jedes Elementarteilchen allein durch Masse und Spin gekennzeichnet sind. Und Astronomen begannen zu ahnen, daß Schwarze Löcher nicht nur theoretische Konstruktionen sind, sondern daß es sie in unserem Universum wirklich geben könnte.

Dieser Gedanke machte sowohl wegen seiner Schönheit als auch wegen seines wissenschaftlichen Gehalts großen Eindruck auf Chandra. In einer Vorlesung sagte er 1975:

In meinem ganzen wissenschaftlichen Leben ... hat mich keine Erfahrung stärker erschüttert als die Erkenntnis, daß eine exakte Lösung der Einsteinschen Gleichungen der Allgemeinen Relativitätstheorie, wie sie der neuseeländische Mathematiker Roy Kerr machte, die absolut genaue Darstellung unzählig vieler massereicher Schwarzer Löcher liefert, die das Weltall bevölkern. Dieses »Erschauern vor dem Schönen«, diese unglaubliche Tatsache, daß eine von der Suche nach dem Schönen in der Mathematik motivierte Entdeckung eine genaue Entsprechung in der Natur hat, veranlaßt mich zu sagen, Schönheit sei das, worauf der menschliche Geist am tiefsten reagiert.

Chandra war schon über 60, als er mit der Erforschung Schwarzer Löcher begann. Er zitierte gern die Erwiderung des großen Physikers Lord Rayleigh auf die Behauptung von T.H. Huxley, daß »Wissenschaftler über 60 mehr Schaden anrichten als Gutes tun«. Rayleigh (damals 67 Jahre alt) hatte geantwortet: »Das kann sein, wenn er es unternimmt, die Arbeit jüngerer Menschen zu kritisieren, aber ich sehe nicht, warum es so sein sollte, wenn er bei dem bleibt, wovon er etwas versteht.« Chandra blieb bei dem, wovon er etwas verstand. Er hat die von Roger Penrose entwickelten mathematischen Verfahren niemals voll übernommen, denen die Forschung soviel Anregung verdankt, sondern einen eigenen großen Beitrag geleistet, indem er die »klassischen« Methoden, die er in anderem Zusammenhang schon verwendet hatte, anpaßte.

Chandra untersuchte, wie Schwarze Löcher reagieren, wenn ihr Gleichgewicht gestört wird, und verallgemeinerte Verfahren, mit denen man traditionell die Schwingungsmuster von Trommeln, der Erdoberfläche oder von Meeren erforscht. Diese Verfahren ergänzen in gewisser Weise die von Penrose entwickelten Methoden. Sie können keinen »allgemeinen«, unsymmetrischen Kollaps berechnen, sondern geben ein eher quantitatives Bild davon, was passieren würde, wenn ein Schwarzes Loch (beispielsweise durch einen kleinen Körper, der hineinfällt oder es nahe umläuft) gestört würde. Ein solcher Körper würde eine »Sonde« für Schwarze Löcher darstellen, ähnlich wie Seismologen etwas über die Struktur der Erde herausfinden können, wenn sie die verschiedenen Schwingungsformen untersuchen, welche die Erdkruste nach einem Erdbeben zum »Klingen« bringen.

Chandra zeichnete sich unter seinen Zeitgenossen durch seine intellektuelle Hartnäckigkeit aus, die es ihm in Verbindung mit seiner Selbstdisziplin und seiner Klarheit des Denkens ermöglichte, die schwierigsten mathematischen Vorgänge fehlerfrei durchzuführen. Ich erinnere mich an den ersten Seminarvortrag, den ich in Cambridge von ihm hörte. Er hatte seine Rechnungen auf Folien geschrieben, die er mit erstaunlicher Geschwindigkeit wechselte, weil eine einzelne Gleichung nicht auf eine einzige Folie paßte, sondern mehrere füllte. Er schloß seinen Vortrag mit einem typischen Dementi: »Sie denken vielleicht, ich hätte Eier mit einem Hammer zerschlagen, aber immerhin habe ich sie zerschlagen.«

Chandras mathematische Virtuosität zeigt sich eindrucksvoll in seinem 650seitigen Werk *The Mathematical Theory of Black Holes.* In einem Kapitel von 100 Seiten sind die Rechnungen so schwierig und die Überlegungen so knapp formuliert, daß er die folgende Fußnote anfügte:

> Die Reduktionen, die notwendig sind, um in diesem Kapitel von einem Schritt zu einem anderen zu kommen, sind oft sehr ausführlich und umfassen gelegentlich 10, 20 oder auch 50 Seiten. Sie wurden für Leser, welche die gesamte Herleitung des Verfassers (auf etwa 600 DIN-A4-Seiten und in 6 zusätzlichen Notizbüchern) kritisch überprüfen möchten, in der *Joseph-Regenstein-Bibliothek* der Universität Chicago deponiert.

Chandra und sein Thema sind von einer solchen Aura umgeben, daß sein eindrucksvolles und tiefgründiges Buch als Taschenbuch etliche tausendmal verkauft wurde. Die Verkaufsziffern liegen natürlich nicht in derselben Größenordnung wie Hawkings *Eine kurze Geschichte der Zeit*, aber das Verhältnis von gekauften zu gelesenen Büchern ist vermutlich in Chandras Fall größer. Wohl jeder Leser, der durchhält, stimmt William Whewell zu, jenem Gelehrten des 19. Jahrhunderts, der über Newtons *Philosophiae Naturalis Principia Mathematica* sagte: »Wir haben das Gefühl, in einem alten Zeughaus zu sein, mit gewaltig großen Waffen, ... und fragen uns verwundert, was für Männer es wohl waren, die als Waffe benutzen konnten, was wir kaum als Last heben können.«

Chandra war 72, als sein Buch über Schwarze Löcher erschien. Die meisten von uns dachten, es würde seine letzte Monographie sein – seine Laufbahn wäre damit schön und symmetrisch abgerundet gewesen, denn dieses Werk faßte das Wissen über Dinge zusammen, denen er durch seine Arbeit als Student in Cambridge Jahrzehnte zuvor den Weg bereitet hatte. (Seine Erkenntnisse von damals hatten ihm soviel Anerkennung gebracht wie die folgenden 50 Jahre intellektueller Mühe.) Aber er verfaßte weiter unermüdlich seine hochspezialisierten Facharbeiten.

Und er begeisterte sich für Neues. Sein Leben lang war er von Menschen fasziniert gewesen, die in der Wissenschaft oder in der Kunst die höchsten Gipfel der Kreativität erreicht hatten; das führte ihn zu einem genauen Studium von Newtons Werk, das seinen Höhepunkt in einer Arbeit von 600 Seiten fand und 1995 unter dem Titel *Newton's Principia for the Common Reader* veröffentlicht wurde.

Chandra hatte beschlossen, daß sein Buch über die *Principia* sein letztes Werk sein werde, und beendete seine ungewöhnlich viele Jahre umspannenden Bemühungen im Alter von 84 Jahren. Er hatte immer ältere Wissenschaftler kritisiert, die von ihrem Ruhm zehrten; deshalb war ihm ein klarer Bruch lieber als das Risiko, seine Maßstäbe herabsetzen zu müssen. Er sagte seinen Kollegen:»Alles hat seine Zeit, auch das Aufhören.« Chandra starb im August 1995, dem Monat, in dem seine letzte Arbeit erschien.

Wenn Wissenschaftler älter werden, hören sie gelegentlich auf zu forschen. Andere fühlen sich weiter getrieben, die Welt zu verstehen, finden aber keine Befriedigung mehr bei der Lösung von »Routineproblemen« und überschätzen sich selbst gelegentlich in geradezu peinlicher Weise, wenn sie Grundfragen, die über ihr Fachwissen hinausgehen, bearbeiten und sogar behaupten, sie beantworten zu können. Chandra widerstand diesen Versuchungen.[8]

6 Sichtbares und Unsichtbares: Galaxien und dunkle Materie

So wie man meint, die sichtbare Schöpfung
sei voller Sternsysteme und Planetenwelten,
besteht die endlose ungeheure Weite aus
einer unbegrenzten Vielfalt von Schöpfun-
gen, die dem bekannten Universum ähnlich
sind.

Thomas Wright of Durham (1752)

Eine der erstaunlichsten Aufnahmen, die von Satelliten aus gemacht wurden, zeigt die nächtliche Erde. Auf den ersten Blick erkennt man nur wenig. Aber dann bemerkt man einige auffällige
Formen – das Licht der großen Städte, brennende Ölquellen im
Mittleren Osten und das Leuchten von Millionen Öfen, die in den
Ballungsräumen Indiens Holz verbrennen – und findet mit ihrer
Hilfe die vertrauten Umrisse der Kontinente und ihrer Küstenlinien. Aber auf der Erde gibt es nicht vieles, das leuchtet, und wenn
wir nur dieses Bild von der Erde hätten, könnten wir daraus nur
fehlerhafte und höchst unvollständige Folgerungen ziehen.

Ähnlich ist es, wenn wir nach außen in den Kosmos blicken. Unser wesentliches Hilfsmittel sind die optischen Teleskope, denen wir
immer noch mehr Information verdanken als jedem anderen Verfahren: Sterne strahlen den größten Teil ihrer Energie als sichtbares
Licht aus, und für diese Strahlung ist die Erdatmosphäre durchlässig. Die Radioastronomie jedoch öffnet ein anderes Fenster zum
Universum. Am Radiohimmel strahlen noch ganz andere Objekte
als jene, die wir mit optischen Geräten sehen.

Es ist kein Zufall, wenn unsere Augen sich so entwickelt haben,
daß sie für die Strahlung empfindlich sind, die von der Sonne
kommt. Aber es gibt andere Strahlung (beispielsweise Ultraviolett-

strahlung und Röntgenstrahlung), auf die unsere Augen nicht reagieren und für welche die Erdatmosphäre undurchlässig ist. Exotische kosmische Objekte strahlen auch in diesen Bereichen des Spektrums. So hat beispielsweise die Beobachtung der Röntgenstrahlung von Raumsonden aus (siehe Kapitel 5) entscheidend bei der Suche nach Schwarzen Löchern mitgeholfen.

Wir sehen auch die uns vertrautesten Galaxien heute ganz anders als früher. Sie sind zehnmal größer und schwerer, als wir meinten. Die Gebilde, die Astronomen mit optischen Geräten beobachten und »Galaxien« nennen, sind lediglich die Spuren von Sedimenten, die sich inmitten riesiger Massen unsichtbarer Materie einer ganz unbekannten Art abgelagert haben. Die Schwerkraft dieser dunklen Materie hält Galaxien zusammen und bestimmt ihre Form.

Zu dieser neuen Sichtweise sind wir gekommen, weil eine Vielzahl neuer Verfahren entwickelt wurde, welche die Bemühungen der traditionellen Astronomie ergänzen. Unsere neue Auffassung davon, was Galaxien wirklich sind, beruht sowohl auf Beobachtungen, die von Raumfahrzeugen aus gemacht wurden, als auch auf hochempfindlichen Experimenten in der Tiefe von Bergwerken.

Unsere Galaxis und andere Galaxien

Es ist über 400 Jahre her, seit Kopernikus die Erde entthronte. Damals beraubte er sie der privilegierten Stellung, die ihr in der Kosmologie des Ptolemäus zukam, und beschrieb das Sonnensystem so, wie wir es heute sehen. Nur sehr allmählich setzte sich die Erkenntnis durch, daß auch die Stellung der Sonne durch nichts ausgezeichnet ist. Auch heute noch verändert sich unser Bild vom Kosmos, denn wir beobachten ihn in immer größerem Maßstab. Im 18. Jahrhundert deutete Wilhelm Herschel die Milchstraße als eine flache Scheibe von Sternen, in die unsere Sonne eingebettet ist. Der Philosoph Immanuel Kant behauptete damals, einige »Nebel« seien eigene »Welteninseln« und gehörten nicht zu unserem Milchstraßensystem. Erst nach 1920 erkannte man, daß unsere Galaxis (die flache Scheibe, die wir als das leuchtende Band der Milchstraße wahrnehmen) eine ganz gewöhnliche Galaxie unter vielen ist und große Ähnlichkeit mit den 100 Millionen anderen Galaxien hat, die ein großes Teleskop wahrnehmen kann und die als Grundbausteine unseres Universums im großen gelten.

Wenn wir die tatsächliche Größe der Sterne (anderer »Sonnen«) unseres Nachthimmels bedenken, verrät uns ihr schwaches Leuchten, wie außerordentlich weit sie von uns entfernt sind. (Wenn die Sonne so groß wäre wie ein Zuckerwürfel, wären die nächsten Sterne über 1000 Kilometer entfernt.) Es besteht also wenig Gefahr, daß ein anderer Stern je mit der Sonne zusammenstößt oder ihr auch nur nahe genug kommt, um einen Planeten unseres Sonnensystems aus seiner Bahn zu bringen.

Unsere Sonne wird durch den nach innen gerichteten Sog der Schwerkraft in ihrer Bahn um das galaktische Zentrum gehalten. Sie legt in jeder Sekunde 250 km zurück und beschreibt in 200 Millionen Jahren (einem »galaktischen Jahr«) einen Kreis. Wenn ein Beobachter unsere Milchstraße von außen sehen könnte, fände er die Sonne in einer Entfernung vom Zentrum, die etwa zwei Drittel des Radius der sichtbaren Scheibe ausmacht.

Der Zoo der Galaxien

Die Galaxien der Astronomie entsprechen den Ökosystemen der Biologie. Jede Galaxie durchlebt eine komplizierte Entwicklung. Wir können den Lebenszyklus einzelner Sterne, der Organismen dieses galaktischen Ökosystems, von ihrer Geburt in Gaswolken bis zu ihrem (gelegentlich explosiven) Tod verfolgen. Die Atome, aus denen wir bestehen, stammen aus allen Teilen unserer Milchstraße, und einige wenige sogar aus anderen Galaxien.

Wolken von interstellarem Gas kondensieren auch heute noch zu neuen Sternen. Das Raumteleskop hat uns spektakuläre Bilder des Adlernebels und anderer Gas- und Staubwolken zur Erde zurückgesandt, in denen solche Prozesse ablaufen. Leuchtende blaue Sterne (wie beispielsweise die berühmten »Trapez«-Sterne im Orion) verbrennen ihren Kernbrennstoff so rasch, daß sie nur relativ kurze Zeit leben, und bezeugen so, daß die Sternbildung andauert. Wenn diese Sterne sterben, wird ein großer Teil ihrer Materie wieder zu interstellarem Gas. Die Vorgänge in unserer Galaxis sind Teil eines grundlegenden »Kreislaufs«: Gas kondensiert zu Sternen, ein Teil davon wird später durch Sternenwind und Supernova-Explosionen wieder zu diffuser interstellarer Materie und kann in neue Sterngenerationen eingebaut werden.

Jedes Kohlenstoff-, Stickstoff- und Sauerstoffatom im Sonnensystem wurde in Sternen gebildet, die noch vor der Entstehung der Sonne zerbarsten. Der größte Teil der Materie, die zu Sternen wird, ist jedoch auf immer gefangen, weil sie in langlebigen Sternen mit geringer Masse steckt oder in die kompakten Überbleibsel eines Sterns eingebaut ist, der als Supernova explodierte.

Genau wie wir uns in unserer Galaxis an einem ganz gewöhnlichen Ort befinden, so ist unsere Galaxis eine ganze gewöhnliche Galaxie.[1] Die meisten Galaxien sind entweder »Scheibengalaxien« oder »elliptische« Galaxien. In den elliptischen Galaxien sind die Sterne nicht auf eine Scheibe beschränkt, sondern laufen auf chaotischen Bahnen.[2]

Der »Stoffwechsel« (um bei dem Vergleich mit den Ökosystemen zu bleiben) ist nicht in allen Galaxien gleich. Die auffallenden Spiralarme einiger Scheibengalaxien sind Bereiche, in denen sich ungewöhnlich rasch junge helle Sterne bilden. Diese Spiralarme verursachen in der Scheibe ein dauerhaftes Wellenmuster, aber es gibt noch keine vollständig zufriedenstellende Erklärung dafür, was solche Wellen anregt und aufrechterhält. Die elliptischen Galaxien haben den größten Teil ihres Gases schon vor langer Zeit verbraucht, deshalb bilden sich in ihnen nur wenige neue Sterne. Scheibengalaxien sind dem Endstadium, in dem im wesentlichen alles Gas in massearmen Sternen oder toten Überresten gebunden ist, noch nicht so nahe.

Einige Galaxien wurden vom Gravitationssog eines sehr nahen Nachbarn verzerrt. Manche stoßen mit einem Nachbarn zusammen und verschmelzen mit ihm. Wenn wir eine Galaxie im Labor erforschen könnten, würden wir versuchen, sie zu verändern und zu stören, um zu beobachten, wie sie reagiert: Genau solche »Experimente« führt die Natur durch. Mit unseren Computern können wir das Zusammentreffen von Galaxien immer wirklichkeitsnäher simulieren; diese Simulationen miteinander wechselwirkender Galaxien können wir dann mit der Wirklichkeit vergleichen.

Wir haben herausfinden können, wie Sterne entstehen, warum sie leuchten und wie sie sich entwickeln. Die Antwort auf die Frage, warum es Galaxien gibt, ist weniger leicht zu finden. Galaxien bildeten sich in einer sehr frühen kosmischen Epoche (siehe Kapitel 7). Wir wissen nicht, welche Eigenschaften sich durch gewöhnliche, unserer Forschung jetzt zugängliche Prozesse erklären lassen und welche auf Prozesse in der Frühzeit des Universums zurückgeführt werden müssen – wie Lebewesen werden Galaxien sowohl durch ihre »Anlagen« als auch durch ihre Umwelt beeinflußt.

Aber zuerst müssen wir uns mit einem noch tieferen Geheimnis beschäftigen. Mit großem Unbehagen stellen wir fest, daß wir über 90 % der Materie einer Galaxie nichts wissen. Wir sehen von ihr nicht mehr als 10 %. Alles übrige ist geheimnisvolle »dunkle« Materie. Offensichtlich kommen wir nicht weiter, solange wir nicht mehr über diesen überwiegenden Bestandteil der Welt wissen.

Die Suche nach der dunklen Materie

Im 19. Jahrhundert bemerkten Astronomen, daß der Planet Uranus von seiner vorhergesagten Bahn abwich. John Couch Adams in Cambridge und Urbain Leverrier in Paris vermuteten, daß diese Abweichungen vom Gravitationssog eines anderen Planeten verursacht wurden und berechneten mit Hilfe von Newtons Gesetzen und der sogenannten Bodeschen Regel, wo dieser Planet am Himmel zu finden sein müßte. An genau dieser Stelle fand Johann Galle 1846 am Berliner Observatorium den Planeten Neptun.[3]

Mit sehr ähnlichen Verfahren schließt man auch heute auf die

Gegenwart unsichtbarer Planeten in anderen Sonnensystemen (siehe Kapitel 1) und auf die Masse Schwarzer Löcher, wenn die Bewegung von Sternen beobachtet wird, die sie auf einer engen Umlaufbahn umrunden (siehe Kapitel 5). Ähnliche Methoden haben auch in noch größerem Maßstab unsere Vorstellungen darüber verändert, woraus unsere Welt besteht. Alles, was Astronomen beobachten, stellt sich als ein kleiner und wenig repräsentativer Bruchteil dessen heraus, was es gibt.

Die Scheiben unserer Galaxis und des Andromedanebels enthalten nicht nur Sterne, sondern auch Wolken, die aus Gas, und zwar größtenteils aus Wasserstoff, bestehen. Wasserstoffatome strahlen mit einer deutlich erkennbaren Wellenlänge im Radiobereich, deshalb können Radioastronomen diese Wolken entdecken und (aus dem Dopplereffekt) berechnen, wie rasch sie sich bewegen. Einige Wolken sind sehr weit vom Zentrum der Galaxis entfernt – ihre Umlaufbahnen liegen weit außerhalb der äußeren Grenze der optisch sichtbaren Scheibe. Wenn dieses äußere Gas nur dem Gravitationssog der für uns sichtbaren Materie ausgesetzt wäre, sollte es sich langsamer bewegen – wie ja auch Neptun und Pluto die Sonne langsamer umlaufen als die Erde. Aber es bewegt sich genauso rasch wie das Gas im Inneren. Unsere Galaxis ist folglich von einer schweren unsichtbaren, »Halo« genannten, Schale umgeben – genau wie wir folgern würden, daß es außerhalb der Bahn der Erde, aber innerhalb der des Pluto eine schwere unsichtbare Schale gäbe, wenn Pluto sich so schnell bewegte wie die Erde.

In noch größerem Maßstab – in der Größenordnung der Galaxienhaufen, die jeweils einen Durchmesser von mehreren Millionen Lichtjahren haben – bietet sich dasselbe Bild. Diese Überlegungen gehen 60 Jahre bis auf Fritz Zwicky zurück, den Astronomen, von dessen Gedanken über Supernovae und Neutronensterne wir in Kapitel 4 berichteten.

Die Zufallsbewegung der Galaxien, aus denen ein Haufen besteht, führt dazu, daß er auseinanderstrebt, was aber durch die Wirkung der Schwerkraft ausgeglichen wird. Wenn jene Eigenbewegung fehlte, würde die Schwerkraft die Galaxien zur Mitte des

Haufens hinziehen. Die Geschwindigkeiten der Galaxien (jedenfalls bei Bewegungen, die entlang unserer Sichtlinie liegen) lassen sich aus der Dopplerverschiebung berechnen. Zwicky war verblüfft, als er fand, daß die Haufen auseinanderfliegen müßten, weil sich die Galaxien so schnell bewegen – wenn sie doch zusammenhalten, muß ein Gravitationssog wirken, der von etwas ausgeht, das viel schwerer ist als die Galaxien selbst.[4]

Zwicky hatte die Idee, die Masse der Haufen durch Messung der Lichtablenkung zu bestimmen und sie so zu »wiegen«, was aber erst in den neunziger Jahren ernsthaft in die Praxis umgesetzt wurde. (Die Ablenkung des Lichts ferner Sterne durch die Schwerkraft der Sonne, wie sie bei einer totalen Sonnenfinsternis zu beobachten ist, lieferte eine berühmte frühe Bestätigung der Einsteinschen Allgemeinen Relativitätstheorie.) Bilder von Haufen, insbesondere solche, die mit dem Raumteleskop gemacht wurden, sind scharf genug, um sehr viele sehr lichtschwache Galaxien zu zeigen, die weit hinter den Haufen liegen. Einige von ihnen scheinen zu langen Streifen oder Bögen verzerrt zu sein, weil die Schwerkraft der Haufen wie eine große Linse wirkt. Aus der Art und Weise, wie die Bilder der Objekte im Hintergrund verzerrt und vergrößert werden, können wir berechnen, wieviel dunkle Materie die Haufen enthalten und wie sie im Haufen verteilt ist. Diese riesigen »Gravitationslinsen« sind für die Astronomen, die sich für die Galaxienentwicklung interessieren, außerordentlich nützlich, weil sie sehr ferne Galaxien sichtbar machen, die wegen ihrer Lichtschwäche sonst nicht beobachtbar wären.

Ohne dunkle Materie würden Galaxienhaufen auseinanderfliegen, ja, sie hätten sich überhaupt nicht bilden können. Die Schwerkraft der dunklen Materie beherrscht den Kosmos überall – alle großräumigen Bewegungen von Galaxien sind durch ihren Gravitationssog (oder Reaktionen darauf) bestimmt. Diese Erkenntnis verändert unsere Sicht von der Welt. Die dunkle Materie könnte unzählig viele Formen annehmen, und es muß das Ziel von Beobachtern und Theoretikern sein, den Bereich der Möglichkeiten einzuengen.

Was könnte die dunkle Materie sein?

Später befürwortete Zwicky eine »morphologische Methode«, eine systematische Zusammenstellung aller vorstellbaren Möglichkeiten. Ohne eine solche Hilfe für das schöpferische Denken neigen wir aufgrund unserer begrenzten Phantasie dazu, viele Optionen zu übersehen, und angesichts des verblüffenden Problems der dunklen Materie ist deshalb ein solcher »morphologischer« Ansatz sicherlich angebracht, denn die »offensichtlichen« Kandidaten zeigen uns nur eine kleine Auswahl der Möglichkeiten.

Gewöhnlich meint man, die Urheber der dunklen Materie seien kleine leuchtschwache Sterne in Galaxien. Sterne, die weniger als 8 % der Sonnenmasse haben, werden einfach nicht dicht und heiß genug, um Kernreaktionen in Gang zu setzen. Diese Sterne heißen – einem Vorschlag des amerikanischen Astronomen Jill Tarter folgend, der sie als einer der ersten theoretisch untersuchte – Braune Zwerge. Wie viele könnte es geben? Die Theorie kann bis jetzt noch wenig dazu sagen. In welchen Anteilen sich große und kleine Sterne bilden, hängt von Vorgängen in interstellaren Wolken ab, die so kompliziert sind wie jene, die das Klima auf der Erde bestimmen. Auch die leistungsfähigsten Computer können diese Prozesse nicht berechnen, und das aus denselben Gründen, die eine Wettervorhersage so erschweren. Möglicherweise haben sich sehr viele Braune Zwerge gebildet, als die Galaxis durch Kondensation entstand. Vielleicht gibt es auch viele Körper mit noch geringerer Masse, die mehr Ähnlichkeit mit Planeten haben als mit Sternen.

Könnte die dunkle Materie aus Schwarzen Löchern oder Neutronensternen bestehen – Überbleibsel früherer Generationen schwerer Sterne, die alle vor langer Zeit gestorben sind? Diese Möglichkeit läßt sich mit gutem Grund ausschließen – und auch eine Verkürzung der Kandidatenliste bedeutet schon einen Fortschritt. Der Vorläuferstern eines jeden solchen Überrestes hätte zu seinen Lebzeiten, als er hell leuchtete, Kohlenstoff, Sauerstoff und andere Elemente mit höheren Ordnungszahlen erzeugt. Diese »verarbeitete« Materie wäre von Sternwinden oder in einer Supernova-

Explosion hinausgeschleudert worden. Wenn nun die Masse dieser Überreste die dunkle Materie unserer Galaxis bildete, hätten ihre Vorläufer viel mehr Kohlenstoff, Sauerstoff und Eisen erzeugt, als wir heute vorfinden.

Es gibt eine Möglichkeit, zu einem anderen Schluß zu kommen – wenn nämlich alle diese schweren Atome in Schwarze Löcher *hineinfallen*, statt in den Weltraum hinausgeschleudert zu werden. Das könnte jedoch nur passieren, wenn die Herkunftssterne hundertmal mehr Masse haben als die Sonne. Solche überaus massereichen Sterne würden niemals explodieren, denn bei ihnen fällt der Druck in ihrem Inneren dann, wenn sie ihren Kernbrennstoff erschöpft haben, plötzlich ab, und sie fallen zu einem Schwarzen Loch zusammen, das alle zu Atomen verarbeitete Materie verschluckt. Wir können zur Zeit nirgendwo die Bildung so schwerer Sterne beobachten, aber die Galaxis könnte in ferner Vergangenheit von einer Generation ultraschwerer Sterne erleuchtet worden sein, deren Reste jetzt dunkle Materie sind.

Die dunkle Materie könnte also in schweren Schwarzen Löchern oder in Braunen Zwergen stecken. Dies sind die wahrscheinlichsten Möglichkeiten, wenn sich die daran beteiligten Massen nur relativ wenig (nach oben oder unten) von jenen der uns vertrauten Sterne unterscheiden. Falls wir aber diesen Bereich verlassen, gibt es noch andere Möglichkeiten – beispielsweise kleine felsartige Himmelskörper oder Klumpen von gefrorenem Wasserstoff. Zwicky selbst zog (im Rahmen seiner »morphologischen Methode«) »nukleare Zwerge« in Betracht – kleine Materieklumpen, die so dicht sind wie ein Neutronenstern. Edward Witten, der große mathematische Physiker aus Princeton, stellte ähnliche Vermutungen an, als er Körner aus Quarks in Betracht zog – Teilchen von Materie, die in einem außerordentlich dichten Zustand »eingefroren« sind, der aus dem frühen Universum überlebte.

Die Suche nach Gravitationslinsen

Schwere Objekte lenken Licht ab, das nahe an ihnen vorbeistreicht.
Sie können, auch wenn sie selbst dunkel sind, wie Linsen wirken
und das Bild weiter entfernter Sterne vergrößern, indem sie deren
Licht fokussieren. Wenn ein dunkler Körper (beispielsweise ein
Brauner Zwerg oder ein Schwarzes Loch) die Sichtlinie zu einem
Hintergrundstern durchquert, nimmt die Vergrößerung zu; sie erreicht ein Maximum, wenn die Ausrichtung am besten ist, und
nimmt dann wieder ab. Der Hintergrundstern wird also in vorher-
sagbarer Weise stärker und schwächer. »Linse« und Stern müssen
allerdings genau auf einer Linie angeordnet sein, deshalb wird sich
dieser Effekt nicht sehr oft einstellen. Selbst wenn die Braunen
Zwerge die gesamte dunkle Materie unserer Galaxis ausmachen
würden (es müßten dann mehrere Quadrillionen sein!), beträgt die
Wahrscheinlichkeit, daß ein bestimmter Hintergrundstern vergrößert wird, weniger als ein Millionstel.

Wenn man das vergrößerte Bild eines Sterns entdecken möchte,
muß man sich entweder auf eine wirklich sehr lange Wartezeit einstellen oder (realistischer) nicht nur einen, sondern Millionen Hin-
tergrundsterne beobachten. Bis vor kurzem hielt man diese Aufgabe für allzu schwierig. Aber 1993 renovierte eine Gruppe von
Wissenschaftlern in den USA und Australien ein unbenutztes 100
Jahre altes Teleskop und rüstete es mit den neuesten Lichtdetektoren und Computerkontrollen aus; französische Wissenschaftler
setzten ein kleines Teleskop in Chile zu einem ähnlichen Vorhaben
ein. Beide Gruppen beobachteten in jeder klaren Nacht mehrere
Millionen Sterne in der sogenannten Großen Magellanschen
Wolke, einer uns benachbarten (etwa 150 000 Lichtjahre entfernten) Galaxie. Auch polnische Astronomen haben mit Hilfe eines
kleinen Teleskops in Chile in der Richtung, in der das Zentrum unserer Galaxis liegt und wo die Sterndichte hoch ist, nach Linseneffekten gesucht.

Viele Astronomen verdienen sich ihren Lebensunterhalt, indem
sie pulsierende Sterne, aufflackernde Sterne und Doppelsterne er-

forschen; die Suche nach solchen Sternen hat reiche Früchte getragen. Aber für Forscher, die Hinweise auf Gravitationslinsen suchen, sind Sterne, die sich aus innerem Antrieb heraus verändern, eher lästig. Sie würden lieber die seltenen Fälle scheinbarer Veränderungen beobachten, die Kennzeichen eines Linseneffekts sind – ein symmetrisches Zu- und Abnehmen ohne Farbveränderung.

Man hat schon über 100 überzeugende Linseneffekte entdeckt, die genau von der Art sind, wie sie durch kleine schwache Sterne im Halo unserer Galaxis verursacht werden sollten. Wenn sie die ganze Halomasse ausmachten, müßte man jedoch mindestens doppelt so viele Linsen entdeckt haben, als beobachtet wurden. Wir suchen also immer noch nach anderen Kandidaten für die dunkle Materie. (Es wird besonders schwierig sein, massereichere Schwarze Löcher mit Linseneffekt zu entdecken oder sie als Ursache auszuschließen, denn sie verursachen zwar ähnliche Effekte, sind aber seltener, und Ab- und Zunahme verläuft viel langsamer.)

Die Wissenschaftler, die diese Suche nach Linseneffekten anregten, waren entweder Teilchenphysiker oder theoretische Astrophysiker. Sie hatten wenig Beobachtungserfahrung, aber die Suche erfordert auch keine besonderen Instrumente und Teleskope. »Traditionelle« Astronomen ließen sich durch die reine Menge der Daten abschrecken, aber die Physiker waren, vertraut mit Experimenten an Teilchenbeschleunigern, bei denen Millionen von Zusammenstößen aufgezeichnet werden, von denen nur wenige interessant sind, nicht so leicht zu entmutigen. Das galt auch für die Theoretiker, welche die praktischen Schwierigkeiten wohl gar nicht einzuschätzen wußten. Die Optimisten sind, unabhängig davon, wie die weitere Suche ausgehen wird, schon jetzt bestätigt worden. Es ist in der Tat möglich, Millionen von Sternen zu beobachten und mit Hilfe von Computern die wenigen herauszusuchen, die sich gelegentlich auf ganz bestimmte Weise verändern.

Sind Überbleibsel des Feuerballs heute dunkle Materie?

Es wäre in gewisser Weise enttäuschend, wenn sich herausstellte, daß die gesamte dunkle Materie in Sternen von geringer Masse oder in Schwarzen Löchern steckt. Für Physiker wäre es sicherlich aufregender, wenn exotische Teilchen im Spiel wären. Dafür kämen beispielsweise Neutrinos in Frage. Diese Teilchen entstanden im frühen Universum und auch im Inneren sehr heißer Sterne. Neutrinos, die beim »kosmischen Feuerball« übrigblieben, sollten etwa so häufig sein wie Photonen: Auf jedes Atom im Weltall sollten Milliarden Neutrinos kommen. Weil es so sehr viel mehr Neutrinos gibt als Atome, könnten sie die vorherrschende Materie darstellen, selbst wenn sie hundertmillionenmal weniger wiegen würden als ein Atom. Bis zum Ende der siebziger Jahre nahm jedoch praktisch jeder Physiker an, daß Neutrinos Teilchen mit der »Ruhemasse Null« sind; sie würden sich dann mit Lichtgeschwindigkeit bewegen und Energie tragen, aber keine merkliche Gravitationswirkung ausüben. (Das ist ähnlich wie bei den Photonen, die vom frühen Universum übrigblieben und die wir in der Hintergrundstrahlung aufgespürt haben; auch sie üben keine wesentliche Gravitationswirkung aus.)

Dann behauptete 1979 Valentin Lyubimov in Moskau, die Masse eines Neutrinos gemessen zu haben. Sein Experiment wurde niemals wiederholt und wird heute von den meisten Physikern nicht ernst genommen. Aber es regte die Kosmologen an, ernsthaft über die Möglichkeit nachzudenken, daß Neutrinos eine Masse haben. Eine Forschungsgruppe in Los Alamos (die mit anderen Verfahren arbeitete) behauptete 1995, die Neutrinomasse gemessen zu haben, aber auch dieses Ergebnis war umstritten. Es wurde in einer von 39 Verfassern unterzeichneten Arbeit in derselben Ausgabe der Zeitschrift veröffentlicht, in der ein Gruppenmitglied eine andere Analyse der Daten gab, die zu dem entgegengesetzten Schluß kam!

Auch die Supernova von 1987 (siehe Kapitel 1) gab einige Hinweise auf die Masse der Neutrinos. Der plötzliche Zusammenbruch eines Sterns, eine Supernova (bei dem ein Neutronenstern oder möglicherweise auch ein Schwarzes Loch hinterlassen wird), setzt einen kolossalen Energiestrom frei, überwiegend in Form von Neutrinos. Es gibt in dem kollabierenden Kern des Sterns etwa 10^{57} Atome, und für jedes Atom werden mehrere Neutrinos geschaffen, deshalb erzeugt die Supernova insgesamt etwa 10^{58} Neutrinos. Gewöhnliche Atome sind für Neutrinos fast »durchsichtig«: Fast alle Neutrinos, die auf die Erde treffen, durchdringen sie, ohne jegliche Spur zu hinterlassen. Einige wenige jedoch wurden von sehr empfindlichen Instrumenten aufgefangen. Ein japanisches Experiment (Kamiokande), das tief unter der Erde in einem Salzbergwerk durchgeführt wird, verzeichnete elf »Ereignisse«, ein amerikanisches Experiment (in einem Zinkbergwerk in Ohio) acht. Diese Zahlen befriedigten die Astrophysiker, weil sie gut zu dem paßten, was die Supernova-Theorien vorhergesagt hatten.

Diese Experimente sagen auch etwas über die Neutrinomasse aus. Wenn diese Masse nicht Null wäre, würde sich ein Neutrino, das von einer Supernova kommt, fast (aber nicht ganz) mit Lichtgeschwindigkeit bewegen. Die Neutrinos, die 1987 gefangen wurden, hatten einen Weg von rund 160 000 Lichtjahren von der Supernova zu uns zurückgelegt und kamen alle innerhalb weniger Sekunden an. Damit war ausgeschlossen, daß ihre Masse so hoch ist, wie Lyubimov behauptet hatte. Aber Neutrinos bleiben trotzdem mögliche Kandidaten für dunkle Materie: Eine spezielle Art, die sogenannten »Tau«-Neutrinos, sollten schwerer sein als die von Supernovae ausgehenden. So könnte die dunkle Materie sehr wohl aus Tau-Neutrinos bestehen, die aus dem frühen Universum stammen.

Neutrinos existieren. Aber Teilchentheoretiker haben auch eine lange Liste von Teilchen aufgestellt, die es geben könnte und die (falls es sie gibt) aus den ersten Stadien des Urknalls stammen. Diese hypothetischen Teilchen, die eine Masse haben, aber elektrisch neutral sind, würden meist wie die Neutrinos die Erde durchqueren, ohne Spuren zu hinterlassen. Bei einem winzigen Prozentsatz jedoch kommt es zu Wechselwirkungen mit der Materie, durch welche die Teilchen hindurchgehen, und dabei wird eine winzige

Menge an Energie freigesetzt, die von empfindlichen Geräten gemessen werden kann. Zur Messung dieser seltenen Ereignisse – von denen in einem Kilogramm Materie jeden Tag vielleicht eines eintreten könnte – müssen die Experimentatoren tief unter die Erde gehen, um Fehler durch den »Hintergrund« zu vermindern, die das gesuchte Signal zudecken könnten. Dieser schwierigen Aufgabe haben sich mehrere Forschungsgruppen gestellt.[5]

Nur ein wirklicher Optimist würde mehr als 50:50 wetten, daß diese Experimente in Bergwerkgruben zu Ergebnissen führen. Aber das Ziel ist dennoch die Suche wert. Ein positives Ergebnis würde uns nicht nur eine neue Teilchenart offenbaren, die man niemals in irdischen Beschleunigern finden könnte, sondern auch mitteilen, woraus 90 % unserer Welt bestehen – der Erfolg würde mindestens so eindrucksvoll sein wie die Entdeckung des Mikrowellenhintergrunds durch Penzias und Wilson in den sechziger Jahren.

Die Anzahl der Theorien über dunkle Materie ist kleiner geworden. Es gibt ernsthafte Kandidaten, für die in Experimenten Beweise gesucht werden. Mit Hilfe der Gravitationslinseneffekte könnte man genug leuchtschwache Sterne oder Schwarze Löcher entdecken; unterirdische Experimente könnten zur Entdeckung einer neuen Teilchenart führen, die unseren galaktischen Halo füllt oder auch unseren Vermutungen Schranken setzt. Wir sollten nicht allzuviel Hoffnung auf rasche Fortschritte setzen, wenn wir bedenken, daß unser Universum aus Gebilden besteht, von denen jedes eine Masse zwischen 10^{-33} g (exotische Teilchen) bis zu 10^{39} g (schwere Schwarze Löcher) haben kann – ein Bereich, der über 70 Zehnerpotenzen umfaßt! Die Astrophysik ist nicht immer eine exakte Wissenschaft, aber selten ist der Unsicherheitsfaktor so groß wie hier.

Es ist jedoch kein Wunschdenken, wenn man mehr als eine wichtige Art dunkler Materie erwartet – vielleicht sind große Haufen und Superhaufen voller exotischer Teilchen, auch wenn die einzelnen Galaxien im wesentlichen durch Braune Zwerge oder Schwarze Löcher zusammengehalten werden.

Oder werden wir an der Nase herumgeführt?

Die wesentlichen Hinweise auf dunkle Materie ergeben sich daraus, daß das Gas und die Sterne in der Umgebung von Galaxien sich überraschend schnell bewegen. Diese Materie würde von der Galaxie wegfliegen, wenn es nur die Schwerkraft der für uns sichtbaren Galaxie gäbe. Wenn wir solche Folgerungen ziehen, berufen wir uns auf unsere herkömmliche Gravitationstheorie, die sich in diesem Zusammenhang auf Newtons Gravitationsgesetz reduzieren läßt. Dieses Gesetz wurde nur in unserem Sonnensystem direkt überprüft; es ist offensichtlich eine Glaubensfrage, wenn es in einem Maßstab angewendet wird, der hundertmillionenmal größer ist. (Man hat übrigens vor kurzem Versuche unternommen, dieses Gesetz im Labor zu überprüfen, weil man meinte, bei Größenordnungen von wenigen Metern könnte eine zusätzliche »fünfte Kraft« eine Rolle spielen. Wieder war die direkte experimentelle Ausbeute mager, weil die Schwerkraft zwischen Objekten, mit denen man im Labor umgehen kann, sehr klein ist.)

Könnte ein anderes Gravitationsgesetz »mit großer Reichweite« die Notwendigkeit für zusätzliche »dunkle« Materie überflüssig machen? Der israelische Physiker Mordehai Milgrom vermutet, daß Newtons Gravitationsgesetz – wonach die Kraft proportional zu Masse/r^2 ist – dann falsch wird (und die Stärke der Schwerkraft unterschätzt), wenn die Kraft unter einen bestimmten Wert fällt. Diese sogenannte MOND-Theorie (ein Kürzel für *MOdified Newtonian Dynamics*) verletzt kein bekanntes Experiment und widerspricht keinen Beobachtungen, Milgrom aber kann damit viele der Daten neu interpretieren, ohne sich auf dunkle Materie beziehen zu müssen.

Milgroms Arbeit war sehr nützlich, weil sie ernsthaft untersucht hat, was nötig wäre, damit der Begriff der dunklen Materie überflüssig wird. Er hat auch einige Überprüfungen vorgeschlagen: So könnte beispielsweise die MOND-Theorie zu bestimmten Mustern der Sternbewegungen in einer Galaxie führen, die sich nach den herkömmlichen Gesetzen niemals ergeben könnten, weil sie in einigen Bereichen eine *negative* Dichte der »dunklen Materie« voraussetzen. Andere Experimente beschäftigen sich mit der Auswirkung der Schwerkraft auf Lichtstrahlen. »Herkömmliche« Theorien sagen vorher, wie Lichtstrahlen von einem massereichen Objekt abgelenkt werden; sowohl »dunkle« als auch leuchtende Materie tragen zu dieser Ablenkung bei. MOND macht darüber weniger genaue Aussagen, weil die von dieser Theorie angenommene Schwerkraft die Lichtablenkung nicht um denselben Faktor verstärkt, wie sie die Kraft verstärkt, die auf Sterne und Gase wirkt.

Warum gibt man sich so viel Mühe auszuschließen, daß es dunkle Materie gibt? Warum sollte alle (oder auch nur der größte Teil der) Materie, die andere Materie im Universum anzieht, auch leuchten? Die dunkle Materie könnte viele Formen annehmen, und keine scheint allzuweit hergeholt zu sein. Es ist sicherlich eine Herausforderung, zwischen den vielen Möglichkeiten zu unterscheiden und die Liste der Kandidaten einzugrenzen. Wenn die Suche nach dunkler Materie sich in Zukunft einmal als Fehlschlag erweist und alle anderen Hypothesen ausgeschlossen wurden, könnte das für MOND sprechen.

Milgroms Vorschlag ist aus einem anderen Grund wenig verlockend (in der Sprache der Verbraucherzeitschriften würde man »vom Kauf abraten«). Er wirft einen der triumphalsten Erfolge der Physik über Bord – Einsteins Gravitationstheorie, die Newtons Theorie als Spezialfall enthält und die erstaunlich präzisen Überprüfungen standgehalten hat. MOND ist, wie Milgrom erkannte, mit der Einsteinschen Theorie unverträglich; sie kann nicht an MOND angepaßt werden, sondern müßte ganz aufgegeben werden. Wir wären also in die Zeit vor Newton zurückversetzt. Das wäre ein hoher Preis.

Die Kandidatenliste wird kürzer

Besonders interessant wäre es, wenn einige noch unbekannte Überbleibsel des ganz frühen Universums die Erklärung für die dunkle Materie liefern könnten. Dann würden Galaxien, Sterne und wir selbst noch mehr aus dem (vermeintlichen) Mittelpunkt der Welt rücken. Kopernikus entthronte die Erde aus dieser Stellung. Zu Beginn dieses Jahrhunderts degradierten uns Shapley und Hubble aus einer privilegierten Stellung im Raum. Aber eventuell muß sogar der Teilchenchauvinismus aufgegeben werden. Die Protonen, Neutronen und Elektronen, aus denen wir und die gesamte astronomische Welt bestehen, könnten bloß ein kleiner nachträglicher Einfall in einem Weltall sein, in dem Neutrinos oder hypothetische Photinos die Dynamik bestimmen. Große Galaxien wären dann lediglich ein »Sammelsurium« von Atomen, das durch zehnmal größere gravitierende Massen von unbekannter Form zusammengehalten wird.

Wir wissen noch nicht, welche Teilchenarten in den allerersten Phasen des Universums existierten und wie viele überlebt haben könnten. Die Antwort hängt von noch ganz unbekannten Gesetzen ab, die eine Physik extrem hoher Energien beschreiben. Wenn diese Gesetze einmal gefunden sein werden, sollten wir vorhersagen können, welche »fossilen« Teilchen aus den ersten Millisekunden überlebt haben, genau wie wir jetzt vorhersagen können, wieviel Helium aus den ersten 3 Minuten (Kapitel 3) übrigblieb. Je mehr dunkle Materie es gibt, um so langsamer verläuft die kosmische Expansion. Wenn es genug Materie gibt, könnte die Expansion schließlich zum Stillstand kommen. Die dunkle Materie bestimmt nicht nur die gegenwärtige Struktur unseres Universums, sondern auch sein Schicksal.

Dunkle Materie beherrscht die Galaxien. Wie sich Galaxien bilden, wie sie aussehen und wie sie sich zu Haufen zusammenfinden, hängt davon ab, wie sich die dunkle Materie verhielt, als unser Universum begann, sich auszudehnen. Wir können Vermutungen über die dunkle Materie anstellen, ihre Eigenschaften berechnen und sehen, welche Theorie am besten zu den Beobachtungen paßt. Solche Berechnungen, mit denen wir uns im nächsten Kapitel weiter beschäftigen werden, können indirekte Hinweise darauf geben, was die dunkle Materie ist.

Gewöhnliche Atome machen vielleicht nur 10 % der Masse des Universums aus: Die großräumigen Bewegungen im Kosmos würden sich nur wenig ändern, wenn Atome gar nicht existierten. Aber sie sind ganz offensichtlich eine Vorbedingung für unsere Existenz. Ohne sie könnte ein Universum keine Sterne enthalten, ohne sie gäbe es keine Chemie und keine (oder nur sehr wenig) Komplexität irgendeiner Art. Atome mögen nur ein später Einfall der kosmischen Geschichte sein, aber eine Welt ohne sie wäre steril.

7 Von ersten kleinen »Störungen« zu kosmischen Strukturen

> Eine Flucht aus dem engen kleinen Käfig un-
> seres Universums – eng, trotz all der unge-
> heuren und unvorstellbaren Ausdehnung
> des Raums, von dem die Astronomen berich-
> ten; eng, weil es sich völlig gleichförmig in
> die Weite erstreckt, ein trübseliges »weiter
> und weiter«, ohne jeden Sinn.
>
> D. H. Lawrence

Die Hardware

Die Astronomie war (vielleicht abgesehen von der Medizin) die erste »professionelle« Wissenschaft, obwohl sie auch immer von
Liebhabern betrieben wurde. Sie war sicherlich die erste Wissenschaft, die eine große und teure Ausstattung erforderte. Die Teleskope des 18. Jahrhunderts, mit denen Wilhelm Herschel beobachtete – schwere und komplizierte Konstruktionen –, bilden einen
deutlichen Gegensatz zu den bescheidenen Geräten, mit denen
seine Zeitgenossen Levoisier und Cavendish ihre Versuche durch-
führten, in »Laboratorien«, die auf einem großen Tisch Platz gehabt
hätten. Die Astronomie war sicherlich die erste »große Wissenschaft«. Im 16. Jahrhundert wurde Tycho Brahes Vorhaben, Stern-
karten zu erstellen, vom dänischen König so üppig finanziert, daß er
auf der Insel Hven eine Sternwarte von der Größe einer Kathedrale
bauen konnte (von der bedauerlicherweise nur wenige Reste erhalten blieben). Die Expeditionen, die im 18. Jahrhundert in den Pazi-
fik führten, um die Vorübergänge der Venus zu beobachten (und
damit die Größe des Sonnensystems zu bestimmen), waren nach
den Maßstäben der damaligen Zeit kostspielige Unterfangen.

Die Astronomen des 18. Jahrhunderts konnten allein auf der theoretischen Grundlage der Newtonschen Gesetze Tafeln mit den genauen Bahnen der Planeten am Himmel anfertigen. Das Firmament wurde damals als fester Hintergrund des Sonnensystems gesehen. Der Gedanke, die sogenannten Fixsterne könnten sich bewegen, kam erst gegen Ende des Jahrhunderts auf, als kleine Relativbewegungen der Sterne entdeckt wurden. Man erkannte, daß einige Sterne in Doppelsternsystemen um Partner kreisen, und fand damit Newtons Gesetze auch im himmlischen Bereich bestätigt. Aber die Sonne und die Sterne waren immer noch Gegenstand phantasievoller Vermutungen. (Wilhelm Herschel beispielsweise hielt es trotz seiner genauen Kenntnis der Sternbewegung und -verteilung für möglich, daß die Sonne bewohnt sei.)

Die Astronomie erhielt neuen Auftrieb, als sie sich im 19. Jahrhundert die Photographie zunutze machte: Lichtschwache Objekte, die auch durch das Teleskop nicht beobachtet werden konnten, waren auf lange belichteten Photographien deutlich zu erkennen. Die hellen und schönen Bilder des Himmels, die wir aus Büchern und von Postern kennen, geben einen irreführenden Eindruck. Das Licht der Galaxien setzt sich aus dem Licht sehr vieler Sterne zusammen, die nicht einzeln zu erkennen sind. Die Galaxien heben sich so wenig vom leuchtenden Nachthimmel ab, daß sie nur bei langen Belichtungszeiten einigermaßen deutliche Spuren hinterlassen. Wenn Licht durch ein Spektrometer in seine Farbbestandteile aufgefächert wird, zeigt es, woraus die Himmelskörper bestehen – diese Erkenntnis, die wesentlich auf den Arbeiten von Fraunhofer (1814) und von Kirchhoff und Bunsen (1860) beruht, ist eine der Grundlagen der Astrophysik.

Im 20. Jahrhundert wurden die Beobachtungsverfahren verbessert und Fernrohre mit immer größeren Linsen und Spiegeln gebaut. Um 1990 gab es mehr als ein Dutzend Spiegelteleskope mit mehr als 3 Metern Durchmesser. Mit dem Fortschritt der Technik wurde das Instrumentarium verfeinert und damit immer empfindlicher und leistungsfähiger.[1]

Noch schwächere Objekte lassen sich nur entdecken, wenn man

noch größere Spiegel verwendet, die mehr Licht sammeln. Das erste dieser Instrumente der neuen Generation ist das 1994 fertiggestellte Keck-Teleskop auf Mauna Kea in Hawaii. Der Spiegel hat einen Durchmesser von 10 Metern (er ist genaugenommen ein Facettenspiegel, der sich aus 36 Sechsecken zusammensetzt) und sammelt viermal mehr Licht als frühere Teleskope: Schwache Objekte sind deshalb viel deutlicher zu erkennen.[2] Das größte Teleskop ist derzeit das Hobby-Eberly-Teleskop auf dem Mt. Fowlkes in Texas mit einem 11-Meter-Spiegel. Zur Zeit werden mehrere andere Teleskope mit Spiegeln von 8 bis 10 Meter Durchmesser gebaut, und es gibt außer dem ersten noch ein zweites Keck-Instrument. Aber »Keck Eins« hat einige Jahre Vorsprung vor allen Konkurrenten.

Das Hubble-Raumteleskop, das die Erde hoch über der unruhigen und verzerrenden Atmosphäre umläuft, ist in gewisser Weise immer noch ein einzigartiges Instrument – besonders wegen der Schärfe seiner Bilder. Aber seine Leistung wäre noch eindrucksvoller gewesen, wenn es wie geplant Anfang der achtziger Jahre mit der Arbeit begonnen hätte, bevor die erdgebundenen Teleskope verbessert wurden. Wegen der Verzögerungen im Raumfahrtprogramm der NASA (die zum Teil mit der Challenger-Katastrophe 1986 zusammenhingen) waren seine Lichtdetektoren schon beim Start um 10 Jahre veraltet. Nach dem Start waren die Aufnahmen zunächst sehr unscharf, weil der Hauptspiegel nicht richtig eingesetzt worden war. Aus all dem, was bei diesem Projekt falsch gelaufen ist, könnten Fachleute für »Management« viel lernen: Arbeit und Verantwortung waren auf zu viele Köpfe verteilt, es gab zu viele personelle Veränderungen, weil das Projekt so lange dauerte, und niemand, der über das nötige Wissen und die nötige Autorität verfügte, fühlte sich verpflichtet, den Überblick über alle Aspekte der Arbeit zu behalten.

Die Raumfähre Endeavour brachte 1993 eine Gruppe von Astronauten zum Raumteleskop, als es schon mehr als 3 Jahre auf seiner Umlaufbahn war, um die fehlerhaften Teile zu ersetzen und die Optik zu korrigieren. Dieses »Aufpolieren« wurde als ein Triumph des bemannten Raumflugs gefeiert: Die Astronauten führten ihren komplizierten Auftrag tadellos durch. Wenn das vorrangige Kriterium jedoch eine wissenschaftliche Kosten-Nutzen-Rechnung gewesen wäre, hätte man womöglich auf das mißratene Teleskop verzichten und eine moderne Version in den Raum schicken sollen. Das Raumteleskop wäre dann nicht nur billiger gewesen, es hätte seine Arbeit auch viel früher aufnehmen können, wenn es nicht mit dem bemannten Raumfahrtprogramm (und der NASA-Raumfähre) gekoppelt gewesen wäre. Nach Meinung von Riccardo Giacconi (der die in Kapitel 4 beschriebene Röntgenastronomie aufgab, um der erste Direktor des für den Betrieb des Raumteleskops zuständigen Instituts zu werden) hätte das Geld, das auf dieses eine Raumteleskop verwendet wurde, zum Bau und Start von sieben ähnlichen Raumteleskopen mit eigenen Raketen ausgereicht. Aber selbst dann hätte jedes Raumteleskop noch ein Mehrfaches der größten irdischen Teleskope gekostet.

Mit den Verbesserungen der Instrumente ging die Steigerung der Leistungsfähigkeit der Computer einher. In weniger als 1 Sekunde kann ein Computer mehr berechnen als ein Mensch in tausend Menschenleben. Diese Simulationen oder »numerischen Experimente« eröffnen eine neue Dimension. Wir können die Folgerungen der Theorien genau berechnen und überprüfen, welche Annahmen am besten zu den immer genaueren Beobachtungen passen, die uns die Teleskope ermöglichen. Die Diskrepanz zwischen Wirklichkeit und Vorstellung zeigt uns, wo unsere Annahmen falsch sind, und verhilft uns (mit etwas Glück) zu einem besseren Verständnis.

Drei Probleme mit Galaxien

In bezug auf die Galaxien stellen sich drei Grundfragen. Erstens muß man fragen, warum es sie überhaupt gibt. Warum sind diese Ansammlungen von Sternen und Gas die auffälligsten großen Objekte im Kosmos? Galaxien haben eine charakteristische Größe, auch wenn (wie bei Sternen) starke Schwankungen um diesen Mittelwert auftreten. Gibt es eine Physik, welche die Vorgänge in galaktischen Dimensionen ähnlich gut erklärt wie die Arbeiten von Eddington und Chandrasekhar die Physik der Sterne? In gewissem Maß müssen die Galaxien durch die kosmologischen Vorgänge bestimmt sein – es könnte sie nicht geben, wenn nicht die »Anfangsbedingungen« des expandierenden Universums die Kondensation hinreichend großer Gaswolken erlaubt hätten.

– Es muß etwas geben, das bestimmt, an welchem Punkt in der Hierarchie der Objekte einzelne Galaxien aufhören und Galaxienhaufen anfangen. So besteht beispielsweise der Comahaufen aus etwa 1000 Galaxien, die je etwa 10^{11} Sterne enthalten. Aber warum ist er nicht statt dessen eine riesige ungegliederte Galaxie aus 10^{14} Sternen?

– Zweitens ist es außerordentlich störend, daß wir, wie im vorigen Kapitel erörtert, den größten Teil der Masse der Galaxien, möglicherweise bis zu 90 %, nicht kennen – sie steckt weder in den Sternen noch im Gas, das wir sehen, sondern hat eine unbekannte »dunkle« Form. Sicherlich werden wir die Galaxien erst dann richtig verstehen, wenn wir verstanden haben, welche Schwerkraft sie zusammenhält.

– Drittens bestehen einige Galaxien nicht nur aus Sternen, Gas und dunkler Materie; ihre Energie stammt vor allem aus der starken Massenkonzentration in ihrer Mitte, die vermutlich ein massereiches Schwarzes Loch bildet. Diese »aktiven Galaxienkerne« werfen weitere Fragen auf: Warum »lodern« manche Galaxien auf und setzen die ungeheure Energie- und Strahlungsmenge frei, die sie in Quasare und Radiogalaxien verwandelt? (Siehe Kapitel 2 und 5.)

Die Keime von Galaxien

Die Schwerkraft macht ein gleichförmiges Universum instabil. Das hatte schon Newton erkannt, jedenfalls für ein statisches Universum. In einem Brief an den Altphilologen Richard Bentley schrieb Newton:

> Mir scheint, daß dann, wenn die Materie unserer Sonne und der Planeten und des Universums überhaupt gleichmäßig über den ganzen Himmel verteilt wäre und jedes Teilchen durch seine Schwerkraft zu allen anderen hingezogen würde, . . . sie sich niemals zu einer einzigen Masse zusammenfinden würde, sondern ein Teil würde eine Masse bilden und ein anderer eine andere, so daß eine unendliche Anzahl großer Massen entsteht, die in großen Abständen auf diesen unendlichen Raum verteilt sind. Und vielleicht haben sich so die Sonne und die Fixsterne gebildet . . .

In einem *expandierenden* Universum verhält sich die Schwerkraft im wesentlichen so, wie Newton es vorhersagte. Jeder Bereich, der etwas dichter ist als der Durchschnitt, dehnt sich aufgrund der zusätzlichen Schwerkraft langsamer aus als der Durchschnitt, so daß der Unterschied in der Dichte zunimmt und die Expansion schließlich in eine Kontraktion übergeht. (Wenn wir zwei Bälle mit etwas unterschiedlicher Geschwindigkeit in die Luft werfen, können ihre Bahnen zunächst sehr ähnlich sein. Der langsamere Ball jedoch kommt zum Stillstand und beginnt zu fallen, während der schnellere noch steigt.)

Ein Universum, das zu Beginn der Ausdehnungsphase *vollständig* glatt und gleichförmig war, würde auch nach 10 Milliarden Jahren noch gleichförmig sein. Es wäre kalt und langweilig – ohne Galaxien, ohne Sterne, ohne chemische Elemente, ohne Komplexität, sicherlich ohne Menschen. Aber selbst wenn die anfänglichen »Störungen« (oder »Unebenheiten«)[3] nur sehr klein sind, vergrößern sie sich doch während der Expansion so sehr, daß sich auf einem ursprünglich »glatten« Feuerball auffällige Strukturen entwickeln.

In seinen komprimierten frühen Zuständen war unser Universum als Ganzes dichter, als es heute einzelne Galaxien sind. Damals können Galaxien offensichtlich nicht als getrennte Objekte existiert haben: Ihre »Embryonen« waren lediglich Bereiche etwas größerer Dichte, deren anschließende Expansion sich verlangsamte und schließlich durch ihre überschüssige Schwerkraft zum Halt kam.

Wie einzelne Galaxien sind auch Galaxienhaufen und Superhaufen das Ergebnis von Massenansammlungen, wie sie die Gravitation bewirkt. Neugebildete Galaxien sind nicht vollständig gleichförmig verteilt – in manchen Gegenden gibt es mehr als an anderen. Wenn die Expansion weitergeht, dehnen sich Bereiche, die mehr Masse enthalten, langsamer aus als andere, so daß die Galaxien in diesen Volumen schließlich wesentlich enger gepackt sind als im Mittel.

Aus der genauen Platzverteilung der Galaxien am Himmel kann man nichts »Grundlegendes« erkennen. Eine gute Theorie sollte jedoch die *statistischen* Eigenschaften von Galaxien und ihrer Verteilung erklären können, ähnlich wie ein Ozeanograph bemüht ist, die Statistik von Ozeanwellen zu erklären – ihre durchschnittlichen Eigenschaften –, nicht aber den genauen Platz und die genaue Form einzelner Wellenberge, wie sie ein Schnappschuß an einem bestimmten Ort und zu einer bestimmten Zeit zeigt.

Wir würden unsere jetzige kosmische Umwelt gern als das Ergebnis aus einer einfachen und »natürlichen« Hypothese über das frühe Universum deuten können. Haben die Galaxien (und die Haufen und Superhaufen) sich wirklich aus anfänglichen kleinen Abweichungen entwickelt, die sich (wie in Kapitel 10 beschrieben) unserem Universum aufprägten, als es nicht größer war als ein Golfball?

Universen im Computer

Ein Bereich, der genügend groß ist, um für unser Universum »repräsentativ« zu sein, enthält mehrere tausend Galaxien – das entspricht 10^{72} Atomen (und außerdem möglicherweise noch viel mehr

Teilchen von der Art, aus der die »dunkle« Materie besteht). Offensichtlich kann kein vorstellbarer Computer jede kleine Einzelheit eines solchen Systems simulieren, aber wenn wir an den Eigenschaften von Galaxien im großen und an ihrer Bewegung interessiert sind, genügt glücklicherweise eine Simulation mit grobem Raster.

Ein Zeitungsbild vermittelt mit nur wenigen 1000 Punkten ein erkennbares Bild eines Gesichts. Wir können vermutlich auch aus einer drastisch vereinfachten Rechnung etwas lernen, in der jede Galaxie nur durch 10 000 »Punkte« dargestellt wird. Der gesamte simulierte Bereich könnte dann insgesamt 10^8 solche Punkte enthalten. Die Leistungsfähigkeit der Computer reicht aus, um mindestens diese Anzahl von Körpern zu verfolgen und die Schwerkraft zu berechnen, die jeder einzelne aufgrund des Sogs aller anderen spürt.

Falls diese Punkte zunächst völlig regelmäßig angeordnet sind, verläuft ihre Entwicklung sehr unkompliziert; denn jeder Punkt entfernt sich von jedem anderen in Übereinstimmung mit den homogenen »Modellwelten«, die zuerst von Friedmann und Lemaître untersucht wurden. Nehmen wir aber an, daß die Punkte zu Beginn der Berechnungen nicht gleichförmig verteilt sind. Dann werden die Bereiche, in denen sie auch nur ein Hundertstel dichter sind als im Mittel, stärker verlangsamt, und wenn das Weltall sich um das Hundertfache ausgedehnt hat, beträgt die zusätzliche Dichte nicht nur ein Hundertstel, sondern 100 %. Diese überdichten Bereiche dehnen sich dann nicht weiter aus, sondern fallen zu Galaxien, Haufen oder Superhaufen zusammen. Mit der weiteren Expansion des ganzen Systems werden die Bereiche mit geringerer Dichte dann zu »leerem« Raum.

Das Ergebnis des Prozesses hängt offenbar davon ab, wie die anfänglichen Unregelmäßigkeiten im einzelnen beschaffen waren – ob es (beispielsweise) 10 Bereiche größerer Dichte mit je 10 Millionen Punkten gab oder 10 000 solcher Bereiche mit jeweils nur 10 000 Punkten. Im ersten Fall bilden sich 10 große Strukturen, jede so groß wie ein Galaxienhaufen, im zweiten Fall bilden sich 10 000 kleine Galaxien.

Die kleinen Störungen der Gleichförmigkeit müßten sich schon sehr früh eingestellt haben, noch bevor das Universum etwas von Galaxien und Galaxienhaufen »wissen konnte«. Es wäre dann nichts Besonderes an den Größenordnungen der Objekte, die für unser heutiges Universum so kennzeichnend sind. Die einfachste Vorstellung wäre, daß im frühen Universum keine Größenordnung mehr begünstigt wurde als eine andere, anders gesagt: daß die von den »Störungen« verursachte Gravitationswirkung von deren Größe unabhängig ist. Überlegungen, die für solche »skalenfreien« Abweichungen sprechen, wurden Anfang der siebziger Jahre von Zeldovich und dem britischen Kosmologen Edward Harrison angestellt. Heutige Theorien des »inflationären Universums« (die zugegebenermaßen noch sehr spekulativ sind) behaupten, daß die Schwankungen in der Tat die »Harrison-Zeldovich«-Form haben oder ihnen jedenfalls sehr ähnlich sind. Paßt eine solche einfache Beschreibung des frühen Universums zu den komplexen Strukturen, die sich 10 Milliarden Jahre später entwickelt haben? Das ist die Frage, deren Beantwortung man sich von Computersimulationen erhofft.[4]

Enthält die Welt »kalte« oder »heiße« dunkle Materie?

Ein »typischer« Teil unseres Weltalls ähnelt einem sich ausdehnenden Behälter: Zu Beginn sind die Bedingungen fast gleichförmig. Die Schwerkraft verstärkt dann kleine Dichteunterschiede und läßt die Entwicklung von Strukturen zu, während sich der Behälter ausdehnt. Kann man eine einleuchtende Annahme über die anfänglichen Störungen machen, die erklären könnte, warum zu der Zeit, als das Weltall 10 Milliarden Jahre alt war, Galaxien, Galaxienhaufen und Superhaufen entstanden? »Experimentelle Kosmologen« haben mit Hilfe der schnellsten Computer eine Vielfalt von »Modell«-Universen berechnet, deren Entwicklung man wie einen Kinofilm verfolgen kann. Wenn die Zeit um den Faktor 10^{15} gerafft wird, spielt sich die gesamte Entwicklung in wenigen Minuten ab.

Die interessante Frage ist natürlich, welche »Anfangsbedingungen« bei der Simulation zu einem Universum führen, das dem uns umgebenden am ähnlichsten ist. Wenn Daten knapp sind, ist es vernünftig, zuerst einfache und spezifische Annahmen zu überprüfen. Es wäre erstaunlich, wenn wir sofort die richtige Idee hätten. Aber Beobachter legen an ihre Daten gern ein bestimmtes »Schema« an, und Theoretiker entwickeln ein Gefühl dafür, wie sich die Voraussetzungen der Modelle so »hinbiegen« lassen, daß sie den Beobachtungen besser entsprechen. In diesem Sinn hat sich meine eigene Arbeit auf eine Hypothese über die »dunkle Materie« konzentriert, wonach diese aus Teilchen besteht, die aus den dichten Anfangszeiten übrigblieben. Jedes dieser Teilchen könnte so schwer sein wie ein Atom, aber seine Wechselwirkung mit der übrigen Materie wäre so schwach, daß es zwar die gesamte Gravitationswirkung aller anderen Teilchen spüren würde, es aber nie zu Zusammenstößen käme – zumindest fast nie. Die Experimentatoren suchen solche Teilchen in unserem Milchstraßensystem, indem sie versuchen, den Rückstoß zu messen, der sich dann ergibt, wenn, höchst selten einmal, eines dieser Teilchen einen Atomkern trifft (siehe Kapitel 6). Die Teilchen vollführen kleine Zufallsbewegungen wie Atome eines sehr kalten Gases. Diese Hypothese ist inzwischen als CDM-Szenario bekannt geworden (CDM = *Cold Dark Matter*, »kalte dunkle Materie«). Danach entsteht die kosmische Struktur in einer hierarchischen Ordnung: Zuerst kondensieren Gebilde in subgalaktischen Größenordnungen, dann verschmelzen sie zu Objekten mit der Masse von Galaxien, und diese finden sich zu noch größeren Gebilden zusammen.

Vielleicht besteht die dunkle Materie auch aus Neutrinos. An Neutrinos ist nichts Hypothetisches: Wir wissen, daß es sie gibt, und wir können berechnen, wie viele den Urknall überlebt haben. Neutrinos könnten eine kleine Masse haben, oder ihre Masse könnte genau Null sein – das ist noch nicht bekannt (siehe Kapitel 6). Neutrinos im frühen Universum müßten hohe Geschwindigkeiten gehabt haben, genau wie Atome in einem heißen Gas – und deshalb bezeichnet man sie etwas einfallslos als »heiße dunkle Materie«

(HDM = *Hot Dark Matter*). Kleinräumige Störungen werden verwischt (anders als bei CDM), weil die Neutrinos, gleichgültig, ob sie aus Bereichen mit sehr hoher oder sehr geringer Dichte kommen, derart schnell sind, daß sie ihren Platz vertauschen und alle anfänglichen Störungen ausgleichen können, vorausgesetzt, ihre Dimension ist kleiner als die von Superhaufen. Nach dieser Theorie bilden sich als erstes Objekte von der Größe von Superhaufen, die sich später in Objekte von der Größe von Galaxien aufgliedern. Die Strukturen bauen sich im HDM-Bild also von oben nach unten auf, im CDM-Bild dagegen von unten nach oben.

Die simulierten Welten haben am Ende in beiden Szenarien große Ähnlichkeit. Wenn eine unserem wirklichen Universum viel ähnlicher wäre als die andere, wäre das ein deutlicher Hinweis darauf, was die dunkle Materie wirklich ist. Aber die beiden simulierten Welten lassen eine Entscheidung nicht zu. Beide Simulationen sagen die heute vorhandenen Massierungen dunkler Materie zuverlässig voraus – im einen Fall (HDM) bestehen sie aus Neutrinos, im anderen aus CDM-Teilchen. Aber wir haben nur indirekte Hinweise auf die Verteilung der dunklen Materie in unserem Universum. Wir wissen natürlich viel mehr über die leuchtende Materie, die aus gewöhnlichen Atomen besteht. Diese Spur könnte jedoch in die Irre führen: Galaxien könnten zum Beispiel vorzugsweise dort sein, wo die dunkle Materie besonders konzentriert ist, genau wie weiße Schaumberge anzeigen, wo die Meereswellen am höchsten sind.

Was für kalte dunkle Materie spricht

Die Anordnung der Galaxien am Himmel läßt uns an das Muster von Brüsseler Spitze denken. Aber unser Auge sieht auch gern dort Muster, wo es gar keine gibt. (Für unsere frühen Vorfahren war es gelegentlich besser, Tiger auch dort zu »sehen«, wo keine waren, als den einen nicht zu erkennen, der sie bedrohte.) Astronomen reagieren auf »Strukturen« ähnlich wie auf Tintenkleckse im Rorschach-

Test, und sie brauchen die Hilfe von Statistikern, um die Haufenbildung quantitativ zu beschreiben.

Eine Simulation unseres Universums muß Ähnlichkeit mit der gegenwärtig beobachteten Haufenbildung aufweisen. Sie muß aber auch den Daten aller früheren Epochen entsprechen, die wir durch die Beobachtung stark rotverschobener Objekte erkunden können. Galaxienhaufen mit hohen Rotverschiebungen (also aus der Vergangenheit) sind weniger häufig. Das paßt gut zur CDM-Simulation, nach der große Haufen vor erst relativ kurzer Zeit aus kleineren entstanden sind.

Galaxien (oder zumindest ihre äußeren Halos) würden einander fast berühren, wenn das Universum auf ein Fünftel seiner Größe zusammengepreßt wäre. Die Proto-Galaxien, also deren Vorstufen, haben vermutlich aufgehört, sich auszudehnen und begonnen, sich voneinander zu entfernen, als unser Universum etwa 1 Milliarde Jahre alt war.

Bei der Suche nach Objekten mit noch größeren Rotverschiebungen geht es nicht nur darum, Rekorde zu brechen. Wenn man in viel früheren Zeiten der kosmischen Geschichte voll ausgebildete Galaxien finden würde, säßen die Theoretiker in der Klemme. Selbst im CDM-Modell dauert es 1 Milliarde Jahre, bevor sich die ersten Galaxien bilden. Die rivalisierende HDM-Theorie, die fordert, daß die dunkle Materie aus Neutrinos mit kleinen Massen besteht, ist mit ihrer Annahme, daß sich Galaxien später bilden als in der CDM-Theorie, schon auf Hindernisse gestoßen. Noch ist umstritten, ob eine einfache Hypothese über die dunkle Materie (Neutrinos? Kalte Teilchen? Oder eine Mischung?) genügt, um den ganzen Bereich der Strukturen in unserem Universum zu erklären.

Größere Teleskope würden nicht notwendigerweise Galaxien zeigen, die weiter entfernt sind als die schon entdeckten – allerdings würden sie von den schon gefundenen bessere Bilder liefern. Falls wir die ersten Galaxien, die sich je gebildet haben, schon entdeckt haben, werden wir bei der Suche weiter draußen im Raum und weiter zurück in der Zeit lediglich vorgalaktische Dunkelheit ohne jegliche Struktur finden.

Die größten Strukturen: Eine neue kosmische Zahl

Superhaufen sind nur wenig dichter als das Universum im Mittel. Sie kondensieren im immer noch expandierenden Universum. Andererseits sind kleinräumigere Systeme – einzelne Galaxien und kleine Galaxiengruppen – viel kompakter, weil sie schon vor langer Zeit einen Gleichgewichtszustand erreicht haben. Im Lauf ihres langen Lebens konnte die komplizierte innere Entwicklung alle deutlichen Spuren ihrer Entstehung auslöschen. Am unmittelbarsten zeigen die größten kosmischen Strukturen, wie sie entstanden sind. Deshalb kommt ihnen besondere Bedeutung zu, wenn es um Grundfragen zum ganz frühen Universum geht.

Was die Schwerkraft betrifft, so sind selbst die größten Superhaufen nur kleine Unregelmäßigkeiten in einem fast »glatten« Universum. Wir können auf ganz natürliche Weise bestimmen, wie stark ein kosmisches Gebilde – ganz gleich, ob Stern, Galaxie oder Galaxienhaufen – durch die Schwerkraft zusammengehalten wird, wenn wir fragen, welcher Anteil der gesamten »Ruhemassenenergie« (mc^2) nötig wäre, um es auseinanderzureißen. Für Haufen und Superhaufen beträgt dieser Anteil etwa 0,00005.

Daß diese wichtige Zahl so klein ist, zeigt, daß die Schwerkraft in Galaxien und Haufen sehr schwach ist. Die Newtonsche Theorie ist deshalb durchaus angemessen, wenn die Bildung dieser Strukturen und die Entwicklung ihrer inneren Bewegungen erforscht werden soll, und das vereinfacht die Computersimulationen sehr. Weil diese Zahl so klein ist, können wir auch unser beobachtbares Universum als näherungsweise homogen beschreiben, genau wie wir eine Kugel glatt und rund nennen, wenn die Wellen oder das Gekräusel auf ihrer Oberfläche nur ein Hunderttausendstel vom Radius beträgt. Diese Zahl bleibt im Lauf der Zeit konstant – sie ist in einem Bereich des frühen Universums mit etwas überdurchschnittlicher Dichte dieselbe wie in dem Haufen (oder Superhaufen), zu dem sich dieser Bereich schließlich entwickelt, und sie charakterisiert die »Unebenheit« des frühen Universums. Ich nenne diese Zahl Q.[5]

Die Unregelmäßigkeiten der Hintergrundstrahlung

Wir beobachten Galaxien und Quasare, die so weit entfernt sind, daß ihr Licht sich auf den Weg machte, als das Universum erst ein Zehntel seines jetzigen Alters hatte. Die herkömmliche Astronomie aber kann niemals weiter zurückgelangen als in die Ära, in der sich die ersten solcher Objekte bildeten und das Weltall »erleuchteten«. Wenn wir jedoch recht damit haben, daß kosmische Strukturen durch Schwankungen der Schwerkraft entstanden, müssen sie Vorläufer gehabt haben, die dichter waren und sich etwas langsamer ausdehnten als der Durchschnitt. Diese Vorläufer müßten ihre Spur in dem Mikrowellenhintergrund hinterlassen haben, der selbst ein Überbleibsel des frühen Universums ist.

Unser Weltall war demnach zu Beginn so dicht und undurchsichtig wie das glühende Gas in einem Stern. Strahlungsquanten (Photonen) wurden wiederholt an Elektronen gestreut, aber nach 500 000 Jahren der Expansion war die Temperatur dann auf 3000 Kelvin gesunken – betrug also etwa die Hälfte der heutigen Oberflächentemperatur der Sonne. Damit konnten die verlangsamten Elektronen von Protonen eingefangen werden und neutralen Wasserstoff bilden. Weil die Elektronen dann die Photonen nicht mehr streuten, wurde das Universum durchsichtig. Der Urnebel lichtete sich, und seitdem steht der Ausbreitung der Photonen kein Hindernis mehr im Weg.

Die Hintergrundstrahlung, die unsere Radioteleskope erreicht, stammt praktisch von einer »letzten Streufläche« weit hinter den entferntesten Quasaren – enthält also Information über Zeiträume, die lange vor der Bildung von Quasaren oder Galaxien liegen. Die Strahlung aus dieser Fläche – sie wird gelegentlich in Analogie zur als Photosphäre bezeichneten Sonnenoberfläche »kosmische Photosphäre« genannt – weist eine Rotverschiebung von 1000 aus – das ist der Faktor, um den sich das Universum seitdem ausgedehnt hat und um den die Wellenlängen der Strahlung gedehnt wurden, als sie sich von 3000 Kelvin auf ihre heutige Temperatur von etwas unter 3 Kelvin abkühlten.

Strahlung von einem sich auf dieser »letzten Streufläche« bildenden Haufen müßte, wenn sie uns erreicht, etwas kühler sein als Strahlung von anderen Teilen des Himmelshintergrunds, weil ihre Photonen Energie verlieren (also eine zusätzliche geringe Rotverschiebung erleiden), wenn sie der zusätzlichen Schwerkraft eines Bereichs größerer Dichte entkommen sind. Die Temperatur sollte nur um den Faktor 0,00001 abnehmen, was genau der weiter oben erwähnte Betrag von Q ist, dem Maß für die »Unebenheit« des Universums. Der experimentelle Nachweis ist sehr schwierig: Die gesamte kosmische Hintergrundstrahlung mit einer Temperatur von etwas weniger als 3 Kelvin macht sowieso nur etwa 1 % der Emission der Erde aus (deren Oberflächentemperatur etwa 300 Kelvin beträgt), und die gesuchte Wirkung ist noch hunderttausendmal geringer.

Um 1980 wurden Experimente durchgeführt, die am Himmel Temperaturunterschiede von nur einem zehntausendstel Kelvin bestimmen konnten. Aber sie konnten keine Unregelmäßigkeiten nachweisen! Ein sowjetisches Experiment, RELICT, wurde von einem Satelliten aus durchgeführt, um den Einfluß der Atmosphäre zu vermeiden. Es tastete den ganzen Himmel mit noch etwas größerer Empfindlichkeit ab, fand aber ebenfalls nichts. Die Sowjets hatten Pech, denn wie sich herausstellte, hätte schon eine nur geringe Verbesserung zu positiven Ergebnissen geführt.

COBE und die Zeit danach

Die NASA hatte den Satelliten COBE so geplant, daß er Temperaturunterschiede von weniger als einem hunderttausendstel Kelvin messen konnte, und das Experiment gelang auch. Die Entdeckung dieser schwachen Anzeichen einer Unregelmäßigkeit der Schwerkraft im frühen Universum war ein Triumph der Technik: Obwohl die Schwankungen nicht unerwartet waren, gilt ihre Entdeckung als außerordentlich wichtig. Es wäre noch überraschender gewesen (wir wären sogar alle fassungslos gewesen), wenn COBE mit seiner hohen Empfindlichkeit die Schwankungen nicht entdeckt hätte. Ein noch glatteres frühes Universum wäre wohl kaum mit den auffälligen Haufen und Superhaufen verträglich gewesen, die wir heute um uns herum sehen: Dann hätten Dichtedifferenzen sich schneller verstärken müssen, als sie es unter der Einwirkung der Schwerkraft tun, und die Theoretiker wären gezwungen gewesen, Einflüsse zu berücksichtigen, die nicht auf die Schwerkraft zurückzuführen sind.

Am Tag nach der Ankündigung dieser Entdeckung im April 1992 widmete meine Tageszeitung zu meiner Überraschung ihre gesamte Titelseite diesen Ergebnissen und ihrer Bedeutung. Die Schlagzeile lautete: »Wie das Weltall begann«. Die Experimentatoren hatten eine Pressekonferenz einberufen und eine Pressemitteilung veröffentlicht, in der die von der NASA geförderten Wissenschaftler die Messungen mit so überschwenglichen Formulierungen priesen wie »Der heilige Gral« ... »als ob man das Gesicht Gottes sehe« und dergleichen. Selbst Stephen Hawking (dessen Forschung nicht von der NASA finanziert wird) nannte die Ergebnisse »die größte Entdeckung des Jahrhunderts, wenn nicht aller Zeiten«.

Wissenschaftliche Ergebnisse haben selten großen »Neuigkeitswert«. Wissenschaftler können sich darüber nicht wirklich beschweren, wie sich auch Schriftsteller oder Komponisten nicht darüber beschweren, daß ihr neuestes Werk nicht in die Schlagzeilen gerät. Wichtige neue Gedanken und Entdeckungen sind oft den gemeinsamen Anstrengungen vieler Menschen zu verdanken. Ein Wissenschaftsjournalismus, der sich auf »Aktuelles« beschränkt – neue Ergebnisse, deren aufregender Inhalt sich knapp zusammenfassen läßt –, muß unweigerlich verzerren. Das trifft auch zu, wenn die Themen optimal gewählt sind: Die Verzerrung ist dann sogar größer, weil es einige Wissenschaftler (und einige Institutionen) viel erfolgreicher verstehen als andere, ihre Forschungsergebnisse bekanntzumachen und als wichtig darzustellen.

Das Bild vervollständigt sich

Der COBE-Satellit hat 4 Jahre lang Daten gesammelt und die Hintergrundtemperatur überall am Himmel vermessen. Sein »Strahl« überstrich einen Winkel von 7 Grad, in dem die feinen Einzelheiten verschwammen. Aber er konnte Unregelmäßigkeiten im Winkelbereich zwischen 7 und 90 Grad messen. Die Temperaturschwankungen waren in diesem Bereich überall gleich – das Universum wurde mit wachsendem Maßstab weder »unebener« noch »glatter«. Stephen Hawking zeigte sich außerordentlich begeistert, weil einige seiner Gedanken (das »inflationäre« Universum, das in Kapitel 10 behandelt wird) besagen, daß sich unserem Universum derartige Schwankungen aufgeprägt haben könnten, als es weniger als 10^{-36} Sekunden alt war. Er meinte, COBE habe uns etwas über die tatsächliche »Quantengeburt« der Welt mitgeteilt.

Die größten Superhaufen von Galaxien haben einen Durchmesser von einigen 100 Millionen Lichtjahren – ungeheure Dimensionen, aber doch hundertmal kleiner als unser beobachtbares Universum. Wenn der Vorläufer einer solchen Struktur die »letzte Streufläche« erreicht hätte, hätte er einen Winkel von nur etwa 1 Grad ausgefüllt. COBE erkundete also Größenordnungen, die noch größer sind als Superhaufen von Galaxien. Regionen mit übergroßer Dichte von dieser Größenordnung sind noch nicht erkennbar kondensiert, weil ihre zusätzliche Gravitationsenergie (nur 10^{-5} ihrer Ruhemassenenergie) es nicht mit der für großräumigere Systeme großen kinetischen Energie der Expansion aufnehmen kann.

Inzwischen haben Instrumente auf hohen Bergen, in Ballons und am Südpol Temperaturschwankungen am Himmelshintergrund in Winkelskalen von 1 Grad und weniger entdeckt. Diese Experimente können nicht den ganzen Himmel kartieren, aber sie sind ebenso empfindlich wie die COBE-Messungen und kosten sehr viel weniger. Zu Anfang des nächsten Jahrtausends werden zwei neue Raumexperimente – eines wird von der NASA bezahlt, das andere von der Europäischen Weltraumorganisation ESA – die Schwankungen in allen Einzelheiten am gesamten Himmel vermessen. Sie sollen überprüfen, welche unserer heutigen Vorstellungen von der Galaxienbildung die richtige ist.

Das frühe Universum war in dem Sinn glatt, wie der Ozean glatt ist. Man kann eine mittlere Krümmung definieren, aber auf ihr gibt es Wellen und Wellengekräusel. Wenn man von der Luft aus auf das Meer sieht, sieht man außer der gleichmäßigen allgemeinen Erdkrümmung unter Umständen zunächst nichts als eine glatte Oberfläche. Wenn man genauer hinblickt, erkennt man auf ihr einige Wellen, und wenn man noch genauer beobachtet, kann man die Struktur der Wellen genauer untersuchen. Wie sind die Wellenhöhen statistisch verteilt? Sind die längeren Wellen höher als die kürzeren? Dieser Vergleich zeigt, welche aufregenden Möglichkeiten die Untersuchung der Hintergrundstrahlung im Mikrowellenbereich eröffnet. Wir verdanken COBE das erste positive Ergebnis, das inzwischen bestätigt und erweitert wurde; zur Zeit sind Instrumente im Bau, die zehnmal so empfindlich sind wie die heutigen.

Die Beschaffenheit anderer Universen

Die obengenannte neue Naturkonstante Q gibt die Energieschwankungen als Bruchteil der Gesamtenergie des Universums an. Sie bestimmt, wann Strukturen kondensieren und wie groß die größten Superhaufen sind. Weil Q klein ist, ist die Hintergrundstrahlung sehr gleichförmig über den Himmel verteilt, und deshalb kann man in vielen Fällen unser Universum mathematisch als insgesamt gleichförmig idealisieren.

Was würde in einem Universum passieren, in dem Q ganz anders wäre, die Physik aber sonst dieselbe wie in unserem? Auch auf diese Frage können wir die Antwort mit Hilfe von Computern finden. In einem viel glatteren Universum (in dem Q viel kleiner ist als 10^{-5}), würden niemals Galaxien kondensieren; Gaswolken würden sich nicht abkühlen und zu Sternen formen. Ein solches Universum würde immer dunkel bleiben, denn es würde, selbst wenn es sich wesentlich länger als 10 Milliarden Jahre ausdehnte, mit immer diffuser verteiltem Wasserstoff und Helium erfüllt sein.

Für ein Universum, das zu Beginn weniger glatt war (in dem Q größer ist als 10^{-5}), läßt sich der Verlauf der kosmischen Evolution schwerer berechnen. Die Kosmologie wäre dort sicherlich sehr verwirrend, denn die auffälligsten Gebilde wären dann viel größer als die Superhaufen unseres Universums; wenn man eine »repräsentative Stichprobe« untersuchen wollte, müßte man ein entsprechend größeres Volumen durchmustern. Aber es ist keineswegs sicher, daß es in diesem Universum überhaupt Astronomen geben würde oder sich Sterne entwickeln würden. Heftige Schockwellen würden den ganzen Raum mit starken Röntgen- und Gammastrahlen erfüllen. Riesige Gaswolken würden viel früher zu Proto-Galaxien kondensieren als in unserem Universum, sehr schwere und dichte Proto-Galaxien, die rasch zu riesigen Schwarzen Löchern kollabieren und nicht zu Galaxien werden. Wenn sich überhaupt Sterne bilden, müßten sie so dicht gepackt und so schnell sein, daß sie oft zusammenstoßen würden. Selbst wenn sich um solche Sterne Planeten bilden würden, wären die Planetenbahnen so wenig stabil, daß die Zeit für die Evolution von Leben zu kurz wäre.

Fortschritt und Ausblick

Die Kosmologie wurde oft als eine Wissenschaft verspottet, in der die Fakten so spärlich sind, daß sie der Theorie keine Schranken setzen. Das ist sicherlich heute nicht mehr der Fall; im Gegenteil, an Daten herrscht kein Mangel; es ist eher schwierig, alle Daten mit einer einzigen Theorie in Einklang zu bringen.[6]

Aus der Hintergrundstrahlung erfahren wir etwas über die Zeit vor der Bildung der Galaxien. Das ergänzt sowohl das Wissen, das Astronomen durch immer genauere »Kartierung« unserer heutigen kosmischen Umwelt gewonnen haben, als auch das aus der Entdeckung von Galaxien und Quasaren, die so weit entfernt sind, daß das Licht, das wir heute sehen, kurz nach ihrer Entstehung auf den Weg geschickt wurde. Das Problem besteht darin, zwischen diesen vielen Tatsachen einen sinnvollen Zusammenhang herzustellen und daraus den Ablauf des kosmischen Geschehens herzuleiten.

Wenn ich darüber nachdenke, wie sich die Galaxien gebildet haben oder wie sich das Rätsel der Quasare lösen lassen könnte, unterscheidet sich mein Denken nicht wesentlich von dem eines Ingenieurs, der versucht, ein »Modell« zu entwerfen, das gewisse Bedingungen erfüllen soll, oder von dem eines Rechtsanwalts, der kriminalistisches Tatsachenmaterial beurteilt. Die kosmologischen Daten sind insofern anders, als sie etwas über Dinge in Raum und Zeit sagen, die uns so sehr fern sind und deren Größenordnung so anders ist, daß wir nicht unserem gesunden Menschenverstand vertrauen können, wenn wir daraus Folgerungen ziehen wollen.

Wie Rechtsanwälte vertrauen auch Kosmologen darauf, daß es eine Wahrheit gibt, die gefunden werden kann. Das wird in den Schriften einiger Soziologen verwischt, die wissenschaftliche »Glaubenssysteme« als gesellschaftliche Konstrukte sehen, die möglicherweise nur vergängliche Mythen sind. Die soziologische Struktur der »Wissenschaft« und der Wissenschaftspolitik ist ein faszinierendes Thema. Die Art und Weise unserer Forschung und die Bedeutung, die sie bestimmten Themen gibt, werden nicht nur durch einzelne Persönlichkeiten geprägt, sondern auch vom gesellschaftlichen und kulturellen Klima und politischen Faktoren. Die Bereitschaft, mit der Regierungen (bis vor kurzem) gewaltige Geldsummen für Teilchenbeschleuniger zur Verfügung stellten, war größtenteils dem Einfluß zuzuschreiben, den die Physiker durch ihre Schlüsselrolle im Zweiten Weltkrieg errungen hatten. Die Forschung im Bereich der Kosmologie wurde stark von dem Impuls beeinflußt (und gelegentlich verzerrt), den das Raumfahrtprogramm erhielt, das wiederum durch die Rivalität der Supermächte Auftrieb erhielt, und auch dadurch, daß Wissenschaftler aus unterschiedlichen Fächern und mit unterschiedlichen Arbeitsweisen zusammenarbeiteten. Am meisten wurde unsere Arbeit durch die Möglichkeiten und Zwänge der verfügbaren Verfahren – Experiment, Beobachtung und Berechnung – beeinflußt. Diese Einflüsse verdienen es, um ihrer selbst willen untersucht zu werden. Solche Untersuchungen sollten aber nicht verschleiern, was für uns, die wir dieses »Geschäft betreiben«, das Wesen der Naturwissenschaft ausmacht – daß sie ein Unterfangen ist, das, wenn auch unstetig und sporadisch, das Wirken der Natur schärfer und »wahrer« erkennen läßt.

Steven Weinberg hat in seinem Buch *Der Traum von der Einheit* einen schönen Vergleich für die »realistische« Sicht des *Inhalts* der Wissenschaft gefunden:

> Ein Gruppe von Bergsteigern mag über den Weg zum Gipfel streiten, und ihre Argumente mögen durch die Geschichte und die soziale Struktur der Expedition geprägt sein, doch am Ende finden sie entweder einen geeigneten Weg zum Gipfel, oder sie finden ihn nicht, und wenn sie den Gipfel erreichen, kennen sie den Weg.

Die Kosmologen mühen sich möglicherweise immer noch im Vorgebirge ab. Aber sie haben bemerkenswerte Fortschritte gemacht. Die Vorläufer der Galaxien und größerer kosmischer Strukturen sind nicht mehr nur hypothetische Größen – wir können sie beobachten. Die kosmische Struktur hängt von nur wenigen Zahlen ab. Jede Wahl dieser Zahlen definiert ein Universum: Wir geben diese Zahlen als Anfangsbedingungen in unsere Computer ein und berechnen, welche Veränderungen die Schwerkraft (und andere Kräfte) während der Expansion bewirken. Nur ein kleiner Bruchteil dieser möglichen Universen führt zu Sternen und Galaxien (die Komplexität innerhalb einer Galaxie übersteigt derzeit noch die Leistungsfähigkeit der Computer). Unter den Modellen suchen wir dasjenige, das unserem Universum, statistisch gesehen, am besten entspricht. Wenn die Rechner leistungsfähiger werden, sollte eine immer größere Ähnlichkeit zwischen Modell und Realität möglich werden.

8 Omega und Lambda

Der Fuchs weiß viele Sachen,
der Igel aber weiß eine große Sache.

Archilochus

Wie groß ist die mittlere Dichte?

Wir haben etwas über den heißen Beginn unseres Weltalls herleiten
können und darüber, wie Sterne und Galaxien entstanden sind.
Aber wie ist es mit der fernen Zukunft? Fällt schließlich alles zusammen, so daß unseren Nachfahren das Schicksal eines Experi-
mentators bevorsteht, der sich in ein Schwarzes Loch wagt? Oder
wird die Expansion immer weitergehen?

Unser Weltall wird möglicherweise irgendwann aufhören, sich
auszudehnen, wenn nur die Schwerkraft stark genug ist – es wird
dann wieder zusammenfallen. Man stelle sich vor, eine große Kugel
oder ein Asteroid würden explodieren. Dann fliegen die Trümmer
in alle Richtungen, jedes Bruchstück erfährt den Gravitationssog
aller anderen, und das verlangsamt die Expansion. Wenn die Explosion hinreichend heftig ist, fliegen die Trümmer immer weiter voneinander weg, wenn die Bruchteile aber nicht ganz so schnell sind,
kann die Schwerkraft die Expansion anhalten, und die Materie fällt
wieder zurück.[1]

Galaxien sind wie »Bruchstücke« unseres sich ausdehnenden
Universums. Aus Hubbles Gesetz können wir ziemlich genau berechnen, wie schnell sie von uns wegfliegen. Weniger genau wissen
wir, wie groß die Masse (oder mittlere Dichte) ist, deren Gravitationsanziehung die Expansion verlangsamt.

Man kann leicht berechnen, daß unser Universum irgendwann
aufhören muß, sich auszudehnen, wenn die kosmische Dichte grö-

ßer ist als etwa 5 Atome pro Kubikmeter; wenn es weniger sind, muß die Expansion immer weitergehen. 5 Atome pro Kubikmeter ist eine erstaunlich geringe Dichte – das entspricht einem viel besseren Vakuum, als wir es auf der Erde erzeugen können. Eine solche Dichte ist millionenmal dünner als die des Gases zwischen den Sternen in unserer Milchstraße. Aber unser Universum als Ganzes ist vielleicht noch weniger dicht: Wenn die Atome aller Sterne und aller Gaswolken in den Galaxien gleichmäßig im Raum verteilt wären, enthielte jeder Kubikmeter Raum nur etwa *0,1 Atome* – ein fast perfektes Vakuum, dessen Dichte man damit vergleichen kann, wenn es im Volumen der gesamten Erde nichts anderes gäbe als eine einzige Schneeflocke. Die Dichte beträgt nur etwa ein Fünfzigstel der Dichte, welche die universale Expansion zum Anhalten bringen könnte. Das Verhältnis von wirklicher zu kritischer Dichte (5 Atome je Kubikmeter) wird gewöhnlich mit dem griechischen Buchstaben Omega bezeichnet.[2]

Wie groß also ist Omega? Kann es 1 sein? Wir können die Frage immer noch nicht beantworten, wissen jedoch, daß es nicht wirklich nur ein Fünfzigstel sein kann: Wie wir in Kapitel 6 sahen, überwiegt die dunkle Materie die leuchtende Materie um mindestens das Zehnfache. Ganz gleich, ob diese Materie aus leuchtschwachen Sternen besteht oder aus Schwarzen Löchern oder exotischen Teilchen, immer beherrscht ihre Schwerkraft die in Galaxien »sichtbare« Materie. Auch wenn diese dunkle Materie berücksichtigt wird, beträgt die Dichte aber erst etwa ein Fünftel der kritischen Dichte, was einem Omega von 0,2 entspricht.

Die dunkle Materie, über die wir Genaueres wissen, steckt entweder in den äußeren Bereichen einzelner Galaxien oder in Galaxienhaufen (wahrscheinlich wird sie von Galaxien weggerissen, die einander während eines »Vorbeiflugs«, wie er in Galaxienhaufen vorkommen kann, relativ nahe kommen). Könnte dunkle Materie auch in riesigen Superhaufen stecken oder sogar den gesamten intergalaktischen Raum erfüllen? Sie hätte dann keinen Einfluß auf die Bewegungen innerhalb der Galaxien und nicht einmal auf die Bewegung von Galaxien in Haufen, aber sie würde die kosmische

Expansion insgesamt verlangsamen – und vielleicht sogar zu einem vollständigen Stillstand bringen.

Kosmologen bevorzugen aus Gründen, die später noch erläutert werden, die Annahme, daß unser Universum die volle »kritische Dichte« hat: Dies ist ein weiterer Anreiz, die zusätzliche dunkle Materie zu suchen, die eine Brücke zwischen einem Omega von 0,2 und einem Omega von 1 schlagen könnte.

Große Attraktoren

Sehr entfernte Galaxienhaufen und Superhaufen breiten sich mehr oder weniger gleichförmig über den Himmel aus. Da es von ihnen in jeder Richtung etwa gleich viele gibt, sollten sich ihre Gravitationswirkungen auf unsere Galaxis gegenseitig aufheben. Aber in Bereichen, die näher als 100 Millionen Lichtjahre entfernt sind, ist die uns heute bekannte »Topographie« weit ungleichförmiger. Den Superhaufen in Virgo und Hydra-Centaurus stehen am Himmel keine ebenso mächtigen Strukturen gegenüber, deshalb wird unsere Galaxis von ihnen angezogen. Die Stärke dieser Gravitationsanziehung hängt davon ab, wieviel dunkle Materie mit diesen Superhaufen verbunden ist – und das hat direkt mit Omega zu tun.

Wie können wir die Bewegung unserer Galaxis messen? In der Praxis ist das beste kosmische Bezugssystem durch die Hintergrundstrahlung gegeben, deren effektive Quelle (die in Kapitel 7 beschriebene »letzte Streufläche«) jenseits der fernsten Galaxie liegt und die deshalb dem Mittelwert über das absolut größte Volumen entspricht, das wir überhaupt beobachten können. Wenn wir relativ zum Schwerpunkt aller sehr weit entfernten Materie genau *in Ruhe* wären, würde die Temperatur der Hintergrundstrahlung überall in unserer Umgebung genau gleich sein.[3]

Wenn wir uns gegenüber jenem Schwerpunkt *bewegen* würden, erschiene die Temperatur der Hintergrundstrahlung nach vorn gesehen höher, nach rückwärts gesehen niedriger. »Eppure si muove« – und sie bewegt sich doch – soll Galilei gesagt haben, als er dabei blieb, daß sich die Erde um die Sonne dreht, obwohl der Vatikan ihn zum Widerruf zwang. Wir wissen seit den zwanziger Jahren dieses Jahrhunderts, daß die Sonne selbst die Mitte unserer Galaxis umläuft, aber bewegt sich auch die ganze Galaxis? Vor über 20 Jahren haben George Smoot und seine Kollegen nach Anzeichen einer solchen Bewegung in der Hintergrundstrahlung gesucht. Sie hatten damals keine Meßmöglichkeit im Raum (der COBE-Satellit wurde erst 1989 gestartet) und ließen ihre Instrumente von einer V2-Rakete in die Höhe tragen. Sie entdeckten, daß unsere Galaxis sich mit 600 km/s bewegt. Wir werden zum Virgohaufen hingezogen. Aber auch der Virgohaufen selbst wird zu entfernteren Galaxienhaufen hingezogen und (praktisch) vom »leeren« Raum »abgestoßen«. Selbst in einer Entfernung von 300 Millionen Lichtjahren (das ist fünfmal weiter als der Virgohaufen) sind Galaxien nicht gleichförmig über den Himmel verteilt; wir werden in die Richtung gezogen, in der die Konzentration der Masse am größten ist.

Unsere eigene Bewegung relativ zum mittleren »Bezugssystem« zeigt sich im Mikrowellenhintergrund. Aber in anderen Galaxien lassen sich analoge Bewegungen nicht so leicht aufdecken. Alan Dressler beschreibt in seinem Buch *Die Reise zum großen Attraktor*, wie er und sechs Kollegen (die sogenannten »Sieben Samurai« der Astronomen) zu der Entdeckung kamen, daß mehrere 100 Galaxien, darunter unsere eigene, in ganz bestimmter Weise von einer großen Massenkonzentration angezogen werden. Wo genau diese zusätzliche Masse liegt und was genau sie ist, bleibt umstritten, aber der Name »Großer Attraktor«, den Dressler ihr gab, ist ihr geblieben. Er ist ein weiteres Beispiel dafür, daß ein einprägsamer Name erfunden wird, noch bevor man das damit Bezeichnete richtig versteht.[4]

Anscheinend sind Geschwindigkeiten von mehreren 100 Kilometern pro Sekunde nicht selten: Unsere eigene Galaxis ist weder besonders schnell noch besonders langsam. Außerdem sind die Bewegungen über erstaunlich viele Größenordnungen hinweg aufeinander abgestimmt (etwa in der Weise, wie die Bewegungen der Plattentektonik auf der Erde), was auf eine unsichtbare Massenkonzentration von riesigem Maßstab als Auslöser hindeutet.

Die vermuteten großräumigen Bewegungen setzen ein Omega voraus, das größer ist als 0,2, und scheinen mit einem Omega von 1 verträglich zu sein. Auch in den Superhaufen und den über das Universum verteilten Großen Attraktoren könnte also dunkle Materie stecken.

Kosmische Verlangsamung

Je mehr dunkle Materie es gibt, um so mehr sollte sich die kosmische Expansion verlangsamen. Das sollte sich bemerkbar machen, wenn Astronomen die Rotverschiebung (oder Fluchtgeschwindigkeit) sehr ferner Galaxien messen. Solche Messungen erzählen uns, wie schnell jene Galaxien sich in der fernen Vergangenheit bewegten, als das Licht, das uns jetzt erreicht, sich auf den Weg machte.

Hubbles einfaches Gesetz, wonach Rotverschiebung und Entfernung zueinander proportional sind, läßt sich nicht ohne weiteres für große Entfernungen (und große Rotverschiebungen) verallgemeinern. Wenn die Rotverschiebungen sehr ferner Objekte gegenüber ihrer Helligkeit graphisch dargestellt werden, wird die Abhängigkeit von der Verlangsamung (oder Beschleunigung) deutlich. Das von Hubble begonnene Forschungsprogramm wurde besonders durch Beobachtungen von Allan Sandage am 5-Meter-Spiegel des *Mount Palomar Observatoriums* vorangetrieben. Sandage war der erste, der sich ernsthaft bemühte, die kosmische Verlangsamung zu messen.

Obwohl das von Sandage bevorzugte Verfahren im Prinzip einen ganz einfachen Weg geht, kommen doch viele frustrierende Ungewißheiten ins Spiel. Die mittlerweile schon jahrzehntelangen Bemühungen haben noch keine zufriedenstellende Antwort gebracht. Die Ausdehnungsrate ändert sich natürlich nur sehr langsam: Wenn man Veränderungen feststellen will, muß man Galaxien beobachten, deren Licht sich vor mehreren Milliarden Jahren auf den Weg machte. Solche Galaxien sind so lichtarm, daß man auch mit den größten Teleskopen nur sehr schwache Bilder bekommt. Die

Galaxien müssen außerdem so deutlich erkennbar und abgrenzbar und gleichartig sein, daß man sie mit »Standardgalaxien« vergleichen kann, bei denen sich ihre Entfernung aus ihrer scheinbaren Helligkeit herleiten läßt; leider ist keine erkennbare Klasse von Objekten mit mehr als 20 % Genauigkeit »geeicht«.

Außerdem, und das erschwert die Aufgabe sehr, verändern sich Galaxien mit dem Alter. Wir sehen die für diese kosmologischen Fragen entscheidenden Galaxien heute in einem Zustand, in dem sie weniger als halb so alt waren wie heute. Ihr Licht hat 5 bis 10 Milliarden Jahre gebraucht, uns zu erreichen. Selbst wenn Galaxien einer bestimmten unterscheidbaren »Sorte« zu einer bestimmten Zeit eine wohldefinierte Beziehung der Helligkeit zur Entfernung aufwiesen, wüßten wir doch gern, wie sich diese Beziehung mit der Alterung verändert.

Eine junge Galaxie enthält vermutlich viele helle Sterne, die dann später sterben; und ihre Sterne sollten alle noch in Frühphasen ihrer Entwicklung stehen. Im Rückblick ist es überraschend, daß Sandage und andere überhaupt Fortschritte machen konnten, ohne dieser Frage nachzugehen. Die ersten ernsthaften Berechnungen zur Altersentwicklung der Galaxien stammen aus dem Jahr 1967. Wir verdanken sie der Neuseeländerin Beatrice Tinsley, die an der Universität von Austin (Texas) promovierte und leider jung starb. Sie leitete in ihrer Doktorarbeit aus den Farben und Spektren gut bekannter naher Galaxien ab, welche »Mischung« von Sternen sie enthielten – insbesondere, in welchen Proportionen die unterschiedlichen Massen vorkamen. Die Astrophysiker wußten schon genug über die Sternentwicklung, um berechnen zu können, wie ein bestimmter Sterntyp ausgesehen haben mußte, als er jünger war. Tinsley rechnete aus den Spuren der Sterne unterschiedlicher Massen (bei bekannter Proportion) in den von ihr beobachteten Galaxien zurück, wie diese vor Jahrmilliarden ausgesehen haben mußten. Sie fand, daß die Leuchtkraft der Sterne einer Galaxie mit dem Alter der Galaxie abnimmt. Junge Galaxien sollten also wesentlich heller sein als alte. Das wäre kein großer Rückschlag gewesen, wenn man es leicht hätte berechnen und erklären können. Aber leider war damals noch nicht genau bekannt, welche Sterne es in Galaxien gab und wie rasch sie sich gebildet hatten – und man weiß es auch heute noch nicht.

Galaxien »entwickeln« sich auch aus einem anderen Grund. Sie sind keine abgeschlossenen isolierten Systeme. Viele stoßen mit anderen zusammen und verschmelzen.[5] Auch unserer eigenen Galaxis steht dieses Schicksal bevor. Die Andromedagalaxie fällt auf uns zu, und in etwa 5 Milliarden Jahren werden diese beiden großen Scheibengalaxien zusammentreffen, wobei vermutlich ein riesiger, amorpher »Sternhaufen« übrigbleiben wird, der einer elliptischen Galaxie ähnelt. Große Galaxien werden massereicher und heller, indem sie ihre kleineren Nachbarn »verschlingen«. Daraus folgt offensichtlich, daß sie, falls alles andere gleichgeblieben ist, früher einmal schwächer waren.

Eine Galaxie entwickelt sich also in zwei Richtungen: Einerseits wird ihre ursprüngliche Sternpopulation mit dem Alter schwächer, andererseits wird sie heller, weil kleinere nahe Galaxien mit ihren Sternen in sie hineinfallen und mit ihr verschmelzen. Die Auswirkungen der beiden Prozesse sind einander entgegengesetzt. Jeder dieser Prozesse könnte groß genug sein, um die Unterschiede zwischen einer starken und einer geringen Verlangsamung zu verdekken, aber leider läßt sich keiner genau genug berechnen. Die direkte Messung der kosmischen Verlangsamung bleibt problematisch, bis wir verstehen, auf welche Weise sich Galaxien bei der Alterung verändern.

Moderne Teleskope können größere Rotverschiebungen messen als die, mit denen Sandage beobachtete. Aber auch mit ihnen kommen wir der kosmischen Verlangsamung nicht auf die Spur. Wir schauen zurück in eine Zeit, in der sich die Galaxien gerade erst bildeten; sie können sich seitdem wesentlich und in einer Weise verändert haben, über die wir nichts wissen. Das Raumteleskop bietet von außerhalb der verzerrenden Erdatmosphäre eine hinreichend scharfe Sicht auf sehr ferne Galaxien, die es erlaubt, ihre Form und Lichtverteilung zu erkennen. Sie unterscheiden sich sehr von nahen Galaxien. Manche sehen zerrissen und unregelmäßig aus, und ein großer Teil ihres Lichts stammt von glühenden Gaswolken, die noch nicht ins Gleichgewicht gekommen sind oder sich noch nicht in Sterne verwandelt haben.

Ende der sechziger Jahre konnte man vorübergehend hoffen, daß die (damals gerade entdeckten) Quasare dieses Problem lösen könnten. Sie sind schließlich äußerst hell, bis zu hundertmal heller als Galaxien, und auch bei sehr hohen Rotverschiebungen leicht zu entdecken. Das Licht der fernsten Quasare machte sich auf den Weg, als das Universum nur ein Zehntel seines heutigen Alters hatte. Die Entwicklung von Quasaren verläuft stürmisch. Ein hypothetischer Astronom, der unser Universum nur 2 Milliarden Jahre nach dem Urknall beobachtet hätte, als sich Galaxien gerade erst bildeten, hätte eine ungeheuer aktive und aufregende himmlische Umgebung vorgefunden. In jungen Galaxien kommt es zu sehr viel mehr aktiven Ausbrüchen als in alten, weil ihnen vermutlich mehr unkondensiertes Gas zur Verfügung steht, aus dem sie in ihrem Inneren Schwarze Löcher bilden und aktivieren können. Aber das verstehen wir noch nicht gut genug, um es in ähnlicher Weise berücksichtigen zu können, wie Beatrice Tinsley die Evolution der Sterne in Galaxien berücksichtigen konnte.

Die modernen Teleskope können jetzt sogar in sehr fernen Galaxien Supernovae aufspüren. Die »Sternbomben«, die diese Explosion auslösen, haben standardisierte Eigenschaften – Astrophysiker verstehen sie besser als die Evolution ganzer Galaxien. Vielleicht sind sie die »Standards«, deren Fehlen als so schmerzlich empfunden wird, und erlauben bald eine Bestimmung der kosmischen Bremsrate.

Ist unser Universum älter als seine ältesten Sterne?

Wenn die Expansion des Universums deutlich langsamer würde, müßte es sich in der Vergangenheit viel rascher ausgedehnt haben, und der Urknall wäre nicht gar so lange her. Vielleicht kann also ein großes Omega deshalb ausgeschlossen werden, weil eine starke

Verlangsamung bedeuten würde, daß unser Universum jünger ist als seine ältesten Sterne – und das wäre offensichtlich absurd.

Die schwersten und hellsten Sterne verbrennen ihren Wasserstoff am schnellsten und haben die kürzeste Lebensdauer. Aus einer Gruppe gleichzeitig entstandener Sterne verbrennen Sterne, die viel schwerer sind als die Sonne, relativ rasch; jene, die unserer Sonne gleichen, brauchen 10 Milliarden Jahre, Sterne mit zwei Drittel der Sonnenmasse aber leuchten auch nach 15 Milliarden Jahren noch. Astronomen können deshalb eine Gruppe gleich alter Sterne »datieren«, indem sie die Masse der schwersten überlebenden Sterne bestimmen – je kleiner sie ist, desto älter muß die Gruppe sein.

Es gibt keine direkten Verfahren, die Masse eines Sterns aus seinem Aussehen herzuleiten. Die »Verschwommenheit« sowohl der Theorie als auch der Beobachtungen bringt eine gewisse Unsicherheit in die Altersschätzungen. Viele Experten würden wohl trotzdem um ihre wissenschaftliche Reputation (und auch um Geld) wetten, daß einige Gruppen von Sternen mindestens 12 Milliarden Jahre alt sind – wer sie für jünger hält, muß liebgewordene Überzeugungen über die Sternstruktur in Frage stellen. Dann muß seit dem Urknall mehr Zeit verstrichen sein. Die ältesten Sterne erzählen uns also etwas sehr Wichtiges über die Kosmologie; vielleicht schließen sie einen hohen Omegawert aus.

Wenn man die kosmische Verlangsamung ignorieren könnte (wenn also Omega sehr klein wäre), ließe sich die seit dem Urknall verstrichene Zeit einfach als Quotient aus der heutigen Entfernung einer Galaxie und ihrer jetzigen Fluchtgeschwindigkeit berechnen. (Hubbles Gesetz besagt, daß die Geschwindigkeit proportional zur Entfernung ist, deshalb ist diese »Hubble-Zeit« unabhängig davon, von welcher Galaxie die Daten stammen.) Aber wenn man wissen will, wie lange eine Reise dauert, muß man die zurückgelegte Entfernung durch die *mittlere Geschwindigkeit* dividieren. Wenn die Verlangsamung gerade ausreichte, um die Expansion irgendwann zum Stillstand zu bringen (wenn Omega also 1 ist), wäre die mittlere Ausdehnungsgeschwindigkeit um den Faktor 3/2 größer als jetzt, und das Alter des Universums betrüge nur zwei Drittel der Hubble-Zeit.

Diese Überlegung würde weiterführen, wenn wir die Hubble-Zeit kennen würden, denn Fluchtgeschwindigkeit und Rotverschiebung lassen sich relativ leicht messen. Zur Herleitung der Hubble-Zeit aber müssen wir auch die *Entfernungen* der Galaxien kennen. Und diese Entfernungen sind noch sehr umstritten.

Kosmische Entfernungen und die Hubble-Zeit

Kosmische Entfernungen lassen sich messen, indem man mehrere Verfahren miteinander kombiniert. Einige (die nächsten) Sterne verändern ihre Positionen am Himmel, wenn man sie im Abstand von 6 Monaten beobachtet. Dieser einfache »Parallaxen«-Effekt erklärt sich daraus, daß wir die Sterne im Lauf des Jahres von verschiedenen Orten im Weltall aus sehen, weil die Erde die Sonne umläuft. Er sagt uns, wie weit die nahen Sterne entfernt sind. Auf dieser Grundlage können wir die Abstände entfernterer Himmelskörper bestimmen, indem wir ihre Leuchtkraft mit der von bekannten »Standardleuchtkörpern« vergleichen. Wenn man beispielsweise die Entfernung eines Sterns aus Parallaxenmessungen kennt, muß ein Stern mit dem gleichen Spektrum, dessen Leuchtkraft aber nur ein Viertel beträgt, nach dem Abstandsgesetz zweimal so weit entfernt sein. Wir können also die Entfernung des ferneren Sterns bestimmen, obwohl er für Parallaxenmessungen zu weit entfernt ist. Die Entfernungsstufen lassen sich schrittweise verlängern, wenn wir eine Folge von immer leuchtkräftigeren Objekten verwenden.

Weil sich aber bei jedem dieser Schritte Fehler einschleichen können, sind die Ergebnisse unsicher. Trotz aller Bemühungen ergaben die Messungen der Hubble-Zeit bis vor kurzem immer noch Werte zwischen 14 und 20 Milliarden Jahren. (Es ist bedauerlich, daß eine so grundlegende Zahl so ungewiß ist, obwohl andere astronomische Größen bis auf 15 Dezimalstellen genau bekannt sind.)

Die berühmtesten Entfernungsanzeiger sind die sogenannten Cepheiden. Diese veränderlichen Sterne machen in ihrem Lebenslauf eine instabile Phase durch und pulsieren mit einer Periode von wenigen Tagen oder Wochen. Die Periode hängt auf bekannte Weise von der Leuchtkraft ab – die helleren Sterne pulsieren langsamer. Die Cepheiden sind deshalb so wichtig, weil wir sie wegen ihrer Helligkeit in benachbarten Galaxien beobachten können.

Eines der sogenannten »Schlüsselprojekte« des Raumteleskops ist die Bestimmung der Entfernung von Galaxien mit Hilfe der Cepheiden. Obwohl der Spiegel des Raumteleskops mit 2,4 m Durchmesser kleiner ist als der vieler irdischer Teleskope, kann er diese Sterne bis in große Entfernungen aufspüren, weil das Licht, das ihn erreicht, nicht durch die Unruhe in der Erdatmosphäre gestört wird. Das Raumteleskop bündelt das Licht eines fernen Sterns zu einem zehnmal schärferen Bild, deshalb heben sich manche leuchtschwachen Sterne dann viel deutlicher vor dem schwachen Hintergrundleuchten des Himmels ab. Wenn das Raumteleskop die Cepheiden in möglichst vielen Galaxien beobachtet hat (einige sogar in weit entfernten Galaxienhaufen, etwa im Virgohaufen, dem uns nächsten Galaxienhaufen), sollte sich die gegenwärtige Ungewißheit in der kosmischen Entfernungsskala auf höchstens 10 % verringern.

Die Ungewißheiten in der »Entfernungsskala« könnten umgangen werden, wenn wir die Leuchtkraft der sehr hellen Objekte berechnen könnten, die wir gelegentlich in sehr großen Entfernungen beobachten: Es besteht berechtigte Hoffnung, daß wir einmal so viel über die Supernovae wissen, daß wir sie für diesen Zweck einsetzen können.

Ein anderer Ansatz zur Entfernungsmessung wurde schon 1964 von dem norwegischen Kosmologen Sjur Refsdal vorgeschlagen. Dabei macht man sich Gravitationslinsen zunutze. Eine Galaxie in der Sichtlinie erzeugt gelegentlich Mehrfachbilder eines sehr fernen Quasars: Die Strahlen werden vom Gravitationsfeld der Galaxie abgelenkt, so daß Licht vom Quasar uns auf zwei (oder mehr) verschiedenen Wegen erreicht. Die Weglängen sind verschieden, wenn der Quasar und die als Linse wirkende Galaxie nicht genau auf einer Linie liegen. Die Längen der Lichtwege unterscheiden sich allerdings nur ganz geringfügig, weil das Licht nur sehr wenig abgelenkt wird: Einer der Lichtwege ist vielleicht nur um den Faktor 0,000000005 länger als der andere. Wir können zwar das *Verhältnis* der Weglängen allein aus der Kenntnis der beobachteten Winkel berechnen, aber wir brauchen noch andere Informationen, wenn wir den *Wert* selbst wissen möchten.

Diese entscheidende zusätzliche Information ergibt sich aus der Zeitverzögerung zwischen den Lichtsignalen, die auf diesen beiden Wegen laufen. Quasare sind nicht immer gleich hell, denn sie leuchten auf und verblassen in Zeitspannen von Tagen, Wochen oder Jahren. Immer wenn ein Quasar aufleuchtet, sehen wir dieses Ereignis über den kürzeren Weg früher als über den längeren. Wenn sich die Weglängen beispielsweise um den Faktor 0,000000005 unterscheiden, würde eine Zeitverschiebung von 1 Jahr bedeuten, daß der Quasar 5 Milliarden Lichtjahre entfernt ist. Wenn man die Zeitverschiebung zwischen Signalen mißt, die uns auf etwas unterschiedlichen Wegen erreichen, kann man die Entfernung eines äußerst fernen Objekts unmittelbar bestimmen und alle ungewissen Zwischenschritte in der »kosmischen Entfernungsskala« übergehen.

Falls Omega den Wert 1 hat und man für die Hubble-Zeit 20 Milliarden Jahre erhalten würde, entsprächen zwei Drittel davon dem Alter unseres Universums. Das wäre beruhigend, denn das wäre mehr als das Alter der ältesten Sterne. Noch besser wäre es, wenn sich die beiden Alter um mindestens 1 Milliarde Jahre unterscheiden würden, denn so alt war das Universum wohl mindestens, bevor sich Galaxien bildeten. Andererseits wäre eine Hubble-Zeit von nur 14 Milliarden Jahren, also am unteren Ende des Bereichs, auch dann ein Problem, wenn es keine Verlangsamung gäbe.

Wir kennen bis jetzt weder das Alter der ältesten Sterne noch die Hubble-Zeit genau, aber die Ungenauigkeit der Abschätzungen fällt jetzt in den Bereich von 10 %, und noch immer zeigen sich keine offensichtlichen Widersprüche. Und es besteht Hoffnung, daß neue

Verfahren die jetzigen Unsicherheiten in bezug auf Omega verringern werden. Wenn ich jetzt wetten sollte, würde ich wetten, daß Omega in der Tat 1 ist (und die Materie vor allem aus noch unbekannten Teilchen besteht) und daß die Hubble-Zeit ausreichend groß ist, um jeden ernsthaften Konflikt mit dem Sternalter zu vermeiden. Ich tröste mich auch mit dem Ausspruch von Francis Crick, daß keine Theorie mit allen Daten übereinstimmen sollte, weil einige Daten mit Gewißheit falsch sind!

Was Helium und Deuterium über »Omega« aussagen

Um Omega zu bestimmen, kann man also ein vollständiges Inventar der dunklen Materie erstellen oder die Verlangsamung der kosmischen Expansion messen. Eine ganz andere Überlegung geht dahin, die Menge der gravitierenden Masse abzuschätzen, die aus gewöhnlichen Atomen besteht – ob in Sternen, dunkler Materie oder diffusen Gasen – und nicht aus exotischen Formen der dunklen Materie. Das ist möglich, weil die Kernreaktionen im frühen Universum sehr empfindlich davon abhingen, wie eng die Atome damals gepackt waren.

In den wenigen Minuten, in denen sich unser Universum von 10 Milliarden auf 1 Milliarde Kelvin abkühlte, verwandelten sich (wie in Kapitel 3 beschrieben wurde) fast 25 % der Urmaterie in Helium. Bei der Bildung von Helium entsteht als Zwischenprodukt auch immer Deuterium. Je mehr Atome in einem Raumvolumen sind, um so wahrscheinlicher kommt es zu Zusammenstößen, und um so weniger wahrscheinlich ist es, daß Deuteriumkerne die ersten Minuten überleben und nicht alle in Helium verwandelt werden. Deuterium ist im interstellaren Gas und im Sonnensystem zu finden und läßt sich selbst in den Spektren ferner Quasare nachweisen. Es kann nicht in Sternen entstanden sein, denn wenn ein neuer Stern aus dem interstellaren Gas kondensiert, wird zunächst alles Deuterium in seinem Inneren in Helium verwandelt, bevor der Stern heiß genug ist, um gewöhnlichen Wasserstoff zu verbrennen.

Deuterium ist also wie der größte Teil des Heliums ein Überbleibsel aus dem Urknall. Als das gesamte Universum 1 Milliarde Kelvin heiß war, also heiß genug für Kernreaktionen, können die Kerne daher nicht allzu dicht gepackt gewesen sein – sonst wäre fast das gesamte Deuterium direkt zu Helium verarbeitet worden, und viel weniger als das, was wir heute beobachten, hätte den Urknall überlebt.[6] Obwohl sich diese Überlegung auf Vorgänge in den ersten Minuten bezieht, gehört dazu keine exotische Physik. Selbst in dieser frühen Zeit war die Urmaterie nicht dichter als Luft, und die einzelnen Atomkerne bewegten sich mit Geschwindigkeiten, die sich im Labor erreichen lassen. (Nur in der ersten Millisekunde war die ursprüngliche Materie – wie in Kapitel 9 weiter ausgeführt wird – in einem exotischen überdichten Zustand.) Die Reaktionen, bei denen Deuterium und Helium entstanden, sind alle aus dem Labor gut bekannt, und die Methoden, mit denen Astronomen die Proportionen dieser Elemente messen, sind standardisiert und bewährt.

Das wichtige Ergebnis ist, daß gewöhnliche Atome nicht mehr als ein Zehntel der kritischen Dichte ausmachen können – sie tragen also zu Omega höchstens 0,1 bei. Das würde bedeuten, daß bestenfalls die dunkle Materie einzelner Galaxien aus massearmen Sternen bestehen könnte. Aber die großräumigen Bewegungen der Galaxien in Superhaufen und zum Großen Attraktor hin erfordern ein Omega von mindestens 0,2 (wobei es keine klaren Hinweise darauf gibt, daß es noch größer und sogar 1 sein könnte).[7] Je mehr dunkle Materie dort verteilt ist, um so unwahrscheinlicher ist es, daß sie aus gewöhnlichen Atomen besteht, denn dann würde eine der »Säulen« der Urknalltheorie – die Übereinstimmung bei den Häufigkeiten von Helium und Deuterium – brüchig.

Ist das Universum »flach«?

In diesem Kapitel und weiter oben in Kapitel 6 habe ich begründet, warum unser Universum mehr enthält, als wir sehen. Wenn wir Newtons Gravitationsgesetz nicht in Frage stellen wollen (dagegen verspüre ich eine deutliche Abneigung), müssen wir schließen, daß auf Galaxien großräumige Gravitationskräfte wirken, die von der dunklen Materie herrühren, die wahrscheinlich aus exotischen Teilchen besteht und nicht aus gewöhnlichen Atomen.

Wir wissen nicht, ob es genug dunkle Materie gibt, um die volle kritische Dichte (Omega = 1) zu ergeben, aber es gibt einige allgemeine »philosophische« Gründe, die für diese Annahme sprechen. Mit Omega = 2 würde unser Universum aufhören, sich auszudehnen, und dann zusammenfallen, wenn es seine Größe verdoppelt hätte. Mit Omega = 0,5 andererseits würde die Expansion weitergehen, aber die Schwerkraft (und die durch sie bewirkte Verlangsamung) würde immer weniger bremsend auf die Expansion wirken: Wenn das Universum sich um einen Faktor 2 ausgedehnt hätte, wäre Omega auf ein Viertel gesunken.

Wir können heute sicher sein, daß Omega sich nicht sehr stark von 1 unterscheidet – es gibt kein großes Ungleichgewicht zwischen den Auswirkungen der Schwerkraft und der Energie der Expansion –, und das hat verblüffende Konsequenzen für das frühe Universum. Wie groß war Omega, als Helium und Deuterium geschaffen wurden – als unser Universum erst wenige Sekunden alt war? Jede Abweichung von 1 hätte sich während der Expansion vergrößert – wäre Omega zu Beginn kleiner als 1 gewesen, hätte die kinetische Energie rasch das Übergewicht erhalten, und Omega wäre auf Null gesunken; wäre Omega wesentlich größer als 1 gewesen, hätte die Schwerkraft die Expansion bald zu einem Stillstand kommen lassen. Wenn Omega sich heute, nach 10 Milliarden Jahren, noch immer nicht stark von 1 unterscheidet, kann sich Omega damals, als unser Universum 1 Sekunde alt war, um nicht mehr als 10^{-15} von 1 unterschieden haben.

Unser Universum begann mit einem unglaublich gut abgestimmten Gleichgewicht zwischen Expansion und Schwerkraft. (Diese Überlegung wird noch aussagekräftiger, wenn wir bis in noch frühere Zeiten zurückrechnen.) Wir kommen so zu der Vermutung, daß die »Feinabstimmung« vollkommen genau gewesen sein muß – selbst wenn wir den Grund nicht kennen. Sonst wäre es bloßer Zufall, daß wir gerade zu einer Zeit leben, in der sich kleine Abweichungen von einer »flachen«[8] Entwicklung zum erstenmal bemerkbar machen. Das erinnert an eine Überlegung aus einem anderen Zweig der Physik, bei der es um die Masse des Photons geht: Experimente setzen eine sehr niedrige Schranke, kleiner als 10^{-55} g, aber die meisten Physiker würden hohe Wetten abschließen, daß diese Zahl, von der man weiß, daß sie nahezu Null ist, tatsächlich aus einem tiefen theoretischen Grund *genau* Null ist.

Diese Überzeugungen werden durch den Verdacht erhärtet, daß die Gesamtenergie des Universums genau Null ist. Die berühmte Gleichung $E = mc^2$ drückt aus, daß Masse und Energie gleichzusetzen sind. Aber alle Körper, die sich durch ihre Schwerkraft gegenseitig beeinflussen, haben auch eine *negative* Energie (die sogenannte gravitative »Bindungsenergie«). Man benötigt beispielsweise Energie, wenn man etwas von der Oberfläche der Erde in den Weltraum befördern will; umgekehrt wird diese Energie freigesetzt, wenn etwas auf die Erde fällt. Wieviel gravitative Bindungsenergie übt all das, was in der Welt ist, auf ein Teilchen aus? Einfache Schätzungen zeigen, daß diese Energie vergleichbar ist mit mc^2, der Ruhemasse. Es ist eine verlockende Vermutung, daß diese Energien (die entgegengesetzte Vorzeichen haben) genau gleich sind. Die Erschaffung der Materie hätte dann nichts »gekostet«.

In den achtziger Jahren kam bei den Theoretikern eine andere Meinung auf. Das lag teilweise daran, daß sie die Möglichkeit viel ernster nahmen, es könnte exotische Teilchen geben, die vom heißen frühen Universum übriggeblieben waren; es gab sogar die Meinung, das müsse so sein. Aber die wichtigste Neuigkeit war die Vorstellung eines »inflationären« Universums, wie es in Kapitel 10 beschrieben wird, wonach das Universum in einem sehr frühen Stadium exponentiell gewachsen ist. Nach dieser Theorie wäre es »flach gezogen« worden, wodurch es viel größer wurde als unser jetziger Horizont, und die kinetische und die Gravitationsenergie wären fast genau im Gleichgewicht gewesen. Diese Vorstellung ist sehr verlockend und löst ganz von selbst einige altbekannte kosmologische Rätsel: Aus ihr kann man ableiten, daß wir genau die kritische Dichte erhalten, wenn wir alle Materie und Energie unseres Universums zusammenzählen.

Kosmische Abstoßung und »Lambda«

Bald nachdem Einstein seine Gravitationstheorie, die Allgemeine Relativitätstheorie, entwickelt hatte, erkannte er, daß sie ein statisches Universum zuläßt, das wir inzwischen Einstein-Universum nennen. Dieses Universum ist endlich und ewig, aber unbegrenzt: Ein Lichtstrahl kehrt zu seinem Ursprung zurück und beginnt einen neuen Kreislauf; wann das passiert, hängt von der Dichte ab. Damit dieses Universum seinen Gleichungen gehorcht, führte Einstein eine Komplikation ein, die »kosmologische Konstante«, die mit dem griechischen Buchstaben Lambda bezeichnet wird und selbst im leeren Raum zu einer Abstoßungskraft führt, die proportional ist zur Entfernung. Ein Universum kann statisch bleiben, wenn die kosmische Abstoßung die Gravitationsanziehung der Materie genau ausgleicht. (In all diesen idealisierten Kosmologien wird angenommen, daß die Materie den Raum glatt und gleichförmig füllt).

Als sich herausstellte, daß unser Universum sich ausdehnt, nannte Einstein die Einführung dieser zusätzlichen Komplikation seine größte Eselei, weil er ohne sie die von Hubble beobachtete Expansion aus seinen Gleichungen direkt hätte herleiten können. Schon damals hatte Alexander Friedmann erkannt, daß Lambda in einem sich ausdehnenden oder kontrahierenden Universum überflüssig ist.

Einsteins ursprünglicher Beweggrund für die Einführung von Lambda war bald hinfällig. Aber die Vorstellung, der leere Raum habe Einfluß auf die kosmische Dynamik, wurde dadurch nicht unglaubwürdig. Tatsächlich wurde Lambda später in einer moderneren Verkleidung als »Vakuumenergie« wiederbelebt. Nach Einsteins Gleichungen führt eine Vakuumenergie zu einer »gravitativen Abstoßung«, die genau äquivalent ist zum alten Lambda.[9]

Wir wissen, daß Lambda sehr klein ist. Eine kosmische Abstoßung läßt sich weder bei den Bahnen in unserem Sonnensystem noch bei Bewegungen in dem Maßstab von Galaxien beobachten. Sie kann höchstens mit der Gravitationswirkung diffuser intergalaktischer Materie auftreten – die wichtig ist für die gesamte kosmische Expansion, aber nicht für einzelne Objekte. Theoretiker, die über die Struktur des Raums im sehr Kleinen nachdenken, wundern sich, daß Lambda nicht außerordentlich groß ist, passend zur Dichte des Universums zu der frühen Zeit, in der Teilchenmassen und Kräfte geprägt wurden. Es muß Vorgänge geben, die das unterdrükken oder kompensieren. Aber ist Lambda genau Null? Überlegungen dazu, warum Lambda klein ist, sind immer noch außerordentlich spekulativ (»Wurmlöcher« werden erwogen, Verbindungen mit anderen Universen und ähnliche Dinge). Außerdem könnte sich der Wert, wie wir in Kapitel 12 sehen werden, möglicherweise später einmal verändern, und das hätte katastrophale Folgen.

In einem expandierenden Universum erzeugt die gewöhnliche Materie immer weniger Schwerkraft, weil sie immer dünner verteilt ist. Schließlich nimmt die kosmische Abstoßung zu, bis sie das Übergewicht hat, und führt zu einer rascheren Expansion. Vielleicht sind Galaxienhaufen mit ihren Sternen, ihrem Gas und ihrer dunklen Materie genau das, woraus die Materie besteht, und es gibt nicht mehr dunkle Materie, als Omega = 0,2 entspricht. Wenn Theoretiker sich ein sogenanntes »flaches« Universum wünschen, in dem die gesamte kosmische Massen-Energie-Dichte genau »kritisch« ist, müßten sie in ihren Gleichungen die Vakuumenergie einführen, »damit die Bücher stimmen«. Das Unbehagen rührt zum Teil daher, daß es möglicherweise bloßer Zufall wäre, wenn die kosmische Abstoßung gerade jetzt – und weder in der fernen Vergangenheit noch in ferner Zukunft – die Überhand gewinnt.

Lambda hat interessante (und erwünschte) Folgen für das Alter unseres Universums. Es beschleunigt die Expansion – wirkt also genau entgegengesetzt zur gewöhnlichen Materie (Sterne, Gas und dunkle Materie), deren Schwerkraft allmählich die Expansion verlangsamt. Unser Universum könnte sich dann mit einer Durchschnittsgeschwindigkeit ausgedehnt haben, die kleiner ist als heute, und sein Alter wäre größer als die Hubble-Zeit. Im Gegensatz dazu ist das Alter ohne Lambda immer um einen von Omega abhängigen Betrag kleiner als die Hubble-Zeit.

Wenn einmal der Wert der Hubble-Zeit genauer bekannt ist als heute und sich dann erweist, daß er am unteren Ende des jetzt vermuteten Bereichs liegt, könnte Lambda das Rätsel lösen, warum die Sterne älter zu sein scheinen als das Universum. Die meisten Kosmologen würden diese Lösung »häßlich« finden – sie möchten lieber keine weitere Zahl in die Kosmologie einführen. Aber ein Blick in die Geschichte zeigt, daß diese Einstellung kurzsichtig sein könnte. Galilei war nicht begeistert von Keplers Beweis, daß die Planetenbahnen Ellipsen sind und keine vollkommenen Kreise, weil ihm das weniger »natürlich« und sicherlich weniger elegant vorkam. Später zeigte Newton, daß die Ellipsenform der Bahnen ganz natürlich aus seinem Gravitationsgesetz folgt, und diese tieferliegende Erklärung hätte Galilei vermutlich für Keplers Ellipsen begeistern können. Vielleicht verstehen wir erst dann, wenn wir die Gesetze kennen, die das Multiversum beherrschen, wie eng und verzerrt unsere frühere Sichtweise war. Das zuvor beliebtere »flache« Universum mit verschwindendem Lambda kommt uns dann möglicherweise so speziell und untypisch vor, wie uns seit Newton Kreisbahnen erscheinen.

Das Multiversum kann Universen mit allen möglichen Werten von Lambda enthalten. In einem Universum, in dem Lambda groß ist, könnten sich niemals Galaxien bilden, denn die kosmische Abstoßung würde schon allzufrüh überhandnehmen. Selbst wenn also Lambda in einem »typischen« Universum groß wäre, sollten wir nicht überrascht sein, daß wir in einem Universum leben, in dem es klein ist.

Was liegt hinter unserem jetzigen Horizont?

Werden unsere Nachfahren eine unendliche Zukunft haben? Oder wird alles in einem universalen »Big Crunch«, einer endgültigen Katastrophe wieder zusammengepreßt werden? Diese so grundverschiedenen Möglichkeiten der Zukunft werden von den Kosmologen erörtert. Die Antwort hängt von Omega ab, dem Quotienten von mittlerer und kritischer Dichte. Nur wenige Kosmologen halten heute einen so hohen Wert wie 2 für realistisch, wie er nötig wäre, wenn das Universum in den nächsten 100 Milliarden Jahren zusammenfallen sollte. Die Frage ist, ob die mittlere Dichte weit unter dem kritischen Wert liegt (so daß Omega in der Nähe von 0,2 liegt) oder so nahe am kritischen Wert, daß der *Big Crunch* selbst dann, wenn er schließlich kommt, kaum aufregend wäre, weil alle Sterne bereits tot und alle Atome schon zerfallen sind.

Wenn es innerhalb von, sagen wir, 100 Milliarden Jahren zu diesem großen Zusammenbruch kommen sollte, leben wir in einem »geschlossenen« Universum, dessen gesamter Inhalt nur wenig größer ist als das, was wir sehen. Etwa ein Fünftel des gesamten Volumens wäre schon in Sichtweite. Wir müßten also kaum extrapolieren, um zu erfahren, wie der Rest aussieht. Wenn wir uns schon zur Hälfte im Universum umgesehen haben, ist die Annahme vernünftig, daß die andere Hälfte ähnlich ist und sich glatt an den sichtbaren Teil anschließt.[10] Wenn aber schließlich genug Zeit vergeht und das Licht von weit jenseits unseres jetzigen Horizonts zu uns gelangt, könnten kosmische Bereiche in unser Blickfeld geraten, die völlig anders sind als unser gegenwärtig beobachtbares Universum.[11]

Wenn das Universum sich eine noch viel längere Zeit ausdehnt, wird alles, was wir jetzt beobachten können – was wir jetzt das beobachtbare Universum nennen –, irgendwann einmal lediglich wie ein kleiner Fleck aussehen, der winzig ist im Vergleich zu dem größeren Bereich, den ein Beobachter dann überschauen könnte. Dann hatte das Licht von Galaxien weit jenseits unseres jetzigen Horizonts Zeit gehabt, uns zu erreichen. Damit stellt sich eine grundlegende

Frage: Ist der Bereich mit einem Ausmaß von 10 Milliarden Licht-jahren, den wir jetzt beobachten, typisch für das Ganze? Würden unsere hypothetischen fernen Nachfahren lediglich *mehr* von dem sehen, was wir heute sehen, oder wäre es auch *anders*?[12] Es wäre überraschend, wenn die kosmische Szene sich *gerade hinter den Grenzen* unserer jetzigen Beobachtungen radikal verändern würde – genau wie wir überrascht wären, wenn wir meinten, auf hoher See zu sein und plötzlich einen Kilometer vor uns die Küste eines Konti-nents erblickten.

Seit dem Urknall ist nicht mehr als das Dreifache des Erdalters ver-strichen. Obwohl die Kosmologie Entfernungen berücksichtigt, die viel größer sind als alle irdischen, sind die Zeitspannen der kosmi-schen Geschichte nicht viel größer als die, mit denen Geologen um-gehen. Vielleicht stehen wir also noch ganz am Beginn der »Welt«-geschichte! Wenn Omega nahe am kritischen Wert 1 ist, es aber ein wenig übertrifft, hat unser Universum noch Äonen vor sich, selbst wenn es schließlich wieder zusammenfallen muß.

9 Zurück an den Anfang

Mit zunehmender Entfernung verblaßt unser Wissen – und es verblaßt sehr schnell. Schließlich stehen wir an der im letzten blassen Schein verschwimmenden Grenze – der äußersten Reichweite unserer Fernrohre. Was wir dort messen, sind nur noch Schatten, und inmitten gespenstischer Meßfehler sucht unser Auge nach Meilensteinen, die kaum greifbarer sind als jene Fehler. Doch die Forschung steht niemals still. Ehe nicht die Quellen, aus denen wir unsere Erfahrungen schöpfen, völlig versiegt sind, brauchen wir nicht in das Traumland der bloßen Vermutungen überzusiedeln.

Edwin Hubble (1936)

Unser komplexer Kosmos könnte, wie wir heute wissen, vor über 10 Milliarden Jahren im winzigen Bruchteil einer Sekunde mit einem einfachen Urknall begonnen haben. Aber warum war unser Universum höchst sorgfältig darauf »abgestimmt«, sich mit der gerade »richtigen« Geschwindigkeit auszudehnen? Erstaunlich ist auch, daß seine Ausdehnungsgeschwindigkeit (die Hubble-Konstante) in allen Richtungen gleich ist. Warum wurde unser Universum mit der Mischung aus Atomen und Strahlung geschaffen, die wir jetzt beobachten? Warum wurden die kleinen Abweichungen nicht eingeebnet, wenn das Universum doch im Durchschnitt so gleichförmig ist? Warum bieten die einfachen »kosmologischen Modelle« (die bis auf Alexander Friedmann in die zwanziger Jahre dieses Jahrhunderts zurückgehen) eine so erstaunlich gute Näherung? Warum weist unser Universum jene Einfachheit auf, die für den Fortschritt in der Kosmologie günstig ist?

Alle diese Fragen sind in der Tat grundlegend. Aber an der Art der Fragestellung ist nichts Neues. Gehen wir 300 Jahre zurück bis zu Newton. Er zeigte, warum die Planeten die Sonne auf Ellipsen umlaufen – das hatte schon Kepler entdeckt, es war aber rätselhaft geblieben, bis Newton den Bahnverlauf aus seinem Gravitationsgesetz folgerte, wonach die Schwerkraft zwischen zwei Körpern reziprok zum Quadrat der Entfernung der Körper abnimmt. Aber es blieb auch für Newton ein Geheimnis, warum die Planeten fast alle in derselben Ebene »in Bewegung gesetzt« waren. In seinem Buch *Opticks* schreibt er:

> Es könnte doch niemals ein blinder Zufall bewirken, dass alle die Planeten nach einer und derselben Richtung in concentrischen Kreisen gehen, einige unbeträchtliche Unregelmäßigkeiten ausgenommen ... Eine solche wundervolle Gesetzmässigkeit im Planetensystem muss einer bestimmten Sorgfalt und Auswahl entsprechen.

Wir verstehen inzwischen, warum alle Planeten in derselben Ebene liegen – es folgt daraus, daß das Sonnensystem aus einer rotierenden Staubscheibe entstand, die zu Planeten kondensierte (siehe Kapitel 1). Aber der Trennstrich zwischen solchen Phänomenen, die das Ergebnis bekannter Gesetze und »natürlicher«, also uns wahrscheinlich erscheinender Anfangsbedingungen sind, und solchen, die willkürliche oder unwahrscheinliche Anfangsbedingungen erfordern, ist heute immer noch so scharf wie zu Newtons Zeit – wir müssen uns immer noch bis zu einem gewissen Grade auf die Feststellung beschränken: »Die Dinge sind, wie sie sind, weil sie waren, wie sie waren.« Der Fortschritt hat die Grenze sehr viel weiter zurückgeschoben als bis zum Anfang unseres Sonnensystems – zurück sogar bis in die Zeit, zu der unser ganzes Universum ein »Feuerball« von 10 Milliarden Kelvin war, der sich erst 1 Sekunde »lang« ausgedehnt hatte und der bis auf kleine Störungen, die sich viel später zu kosmischen Strukturen verdichteten, völlig gleichförmig war.

Kosmologen werden oft gefragt, in welcher Beziehung diese neuesten Erkenntnisse mit der Philosophie oder der Theologie stehen. Meine eigene Antwort ist wenig aufregend. Trotz allem, was wir über unsere kosmische Umwelt erfahren haben, ist die Grenze zu den Philosophen und Theologen im Prinzip noch dieselbe wie zu Newtons Zeit. Aber können wir diese Grenze weiter zurückversetzen als in die ersten Sekunden des Urknalls, in den allerersten *winzigen Bruchteil* einer Sekunde?

Drei kosmische Zahlen

Als auf der »kosmischen Uhr« 1 Sekunde vergangen war, hätte ein »Rezept« für unser Universum nur wenige Zahlen enthalten – vielleicht sogar nur drei.

– Die erste Zahl legt die mittlere Dichte für alle Formen der Materie fest, die leuchtende wie die dunkle. Diese Zahl Omega (siehe Kapitel 8) mißt das Verhältnis von Schwerkraft zu kinetischer Energie, das bestimmend für das Schicksal unseres Universums ist.

– Wir müssen auch wissen, welche Form diese Materie annimmt. Die Anzahl der Protonen und Neutronen zusammen (also der sogenannten »schweren Teilchen« oder »Baryonen«) läßt sich am einfachsten bestimmen, wenn man sie mit der Anzahl der Photonen (Strahlungsquanten) in Beziehung setzt, die aus den Messungen der Hintergrundstrahlung, die wir COBE verdanken, gut bekannt ist. Das Verhältnis ist sehr klein; auf ein Baryon kommen etwa 1 Milliarde Photonen. Aber ein Universum ohne diese Beimischung von Baryonen – die gewöhnlichen Atome, aus denen die Sterne und das Gas in Galaxien bestehen, sind daraus aufgebaut – wäre dunkel und »eigenschaftslos«, ganz anders als unser eigenes. Die Baryonen tragen zu Omega bei, aber vielleicht liefern andere Teilchenarten, die vom Urknall übrigblieben, einen größeren Beitrag. Wenn das so ist, gehören sie mit zu dem Rezept.

– Schließlich müssen wir die Größe der allerersten »Unebenheiten« bestimmen, die sich später zu Galaxien, Haufen und Superhaufen entwickelten. Diese Zahl Q beträgt etwa 10^{-5} (siehe
Kapitel 7).

Die drei Zahlen genügen, um die Haupteigenschaften unseres heutigen Universums festzulegen. Wenn wir sie kennen, können wir
im Prinzip eine Computersimulation der kosmischen Evolution
durchführen und sie anhalten, wenn sich das Universum auf 2,7
Kelvin abgekühlt hat (siehe Kapitel 7). In diesem Modell kondensieren nach 1 Milliarde Jahren Galaxien, die sich später zu Galaxienhaufen und noch größeren kosmischen Strukturen vereinigen. Die
simulierten »Computerwelten« können wir dann mit dem vergleichen-
chen, was Astronomen tatsächlich beobachten. Der Ausgangspunkt
der Simulation ist ein Universum, das etwa 1 Sekunde alt ist und
durch nur drei Zahlen beschrieben wird. Können wir diese Zahlen
auf noch Grundlegenderes zurückführen, indem wir die Grenze in
noch frühere Zeiten verschieben?

Zurück zur ersten Mikrosekunde

Unsere Alltagswelt wird beherrscht von atomaren Strukturen und
von der Schwerkraft; dieselbe gutbestätigte Physik, die für sie gilt,
genügt (zusammen mit der Physik der Atomkerne) zum Verständnis der gewöhnlichen Sterne – sie genügt sogar zur Extrapolation
des Urknalls zurück in die Zeit, als er 1 Sekunde alt war. Wenn wir
jedoch zu noch heißeren und dichteren Phasen zurückgehen – zur
ersten Millisekunde, zur ersten Mikrosekunde usw. –, werden die
Bedingungen so extrem, daß wir nicht mehr sicher sein können, ob
die Physik, die wir kennen und im Labor überprüfen können, angemessen oder anwendbar ist. Mit ähnlichen Ungewißheiten konfrontieren uns beispielsweise die Schwarzen Löcher in der Mitte
von Galaxien. Die drei »kosmischen Zahlen« sind alle ein Vermächtnis sehr früher Stadien. Ihre Werte und vielleicht auch die

Naturgesetze selbst wurden »festgelegt«, als die Bedingungen so extrem waren, daß die Kenntnis ihrer Physik noch spekulativ ist.

Während der ersten Millisekunde muß alles dichter zusammenpreßt gewesen sein als ein Atomkern oder ein Neutronenstern. Die Teilchen müssen große »thermische« Zufallsgeschwindigkeiten gehabt haben und oft zusammengestoßen sein, weil die Temperaturen so hoch waren. Der leistungsfähigste Teilchenbeschleuniger, der »Large Hadron-Collider« (LHC), der jetzt von einem Konsortium europäischer Nationen von CERN in Genf gebaut wird, soll die Energien simulieren, die herrschten, als unser Universum 10^{-14} Sekunden alt war – zu noch früheren Zeiten enthielt jedes Teilchen in unserem Universum mehr Energie, als selbst dieses Monstrum erzeugen kann.

Das Intervall zwischen 10^{-15} und 10^{-14} Sekunden war vermutlich genauso ereignisreich wie das zwischen 10^{-14} und 10^{-13} Sekunden, obwohl es zehnmal kürzer ist (und das gilt auch für noch frühere Zeiträume). Es ist deshalb realistisch, wenn jede Zehnerpotenz gleiches Gewicht erhält. So gesehen geschah in noch früheren Zeiten außerordentlich viel – und es wäre eine schwerwiegende Unterlassungssünde, wenn man diese Zeiten ignorieren würde.

Theoretische Physiker versuchen, eine Beziehung zwischen den Naturkräften herzustellen, die den Kosmos und die Mikrowelt bestimmen. Wir zitieren wieder aus Newtons *Opticks*:

Die Anziehung der Schwerkraft, des Magnetismus und der Elektrizität reichen bis in merkliche Entfernungen und sind in Folge dessen von aller Welt Augen beobachtet worden, aber es mag wohl auch andere geben, die nur bis in so kleine Entfernungen reichen, dass sie der Beobachtung bis jetzt entgangen sind.

Michael Faraday und James Clerk Maxwell haben im 19. Jahrhundert gezeigt, daß zwischen den elektrischen und magnetischen Kräften ein Zusammenhang besteht – sie vereinheitlichten sie zum »Elektromagnetismus«. Das ließ nur zwei Kräfte übrig: Elektromagnetismus und Schwerkraft. Diese aber werden, wie wir jetzt wissen, durch zwei weitere Kräfte ergänzt, die nicht »von aller Welt Augen beobachtet werden konnten«, weil ihre Reichweiten sehr kurz sind: die »starke« oder Kernkraft (welche die Protonen und Neutronen in Atomkernen zusammenhält und die elektrische Abstoßung zwischen den Protonen überwindet) und die »schwache« Kraft (die für den radioaktiven Zerfall und für Neutrinos wichtig ist).

Die Physiker würden gern einen Zusammenhang zwischen allen vier Kräften herstellen – sie möchten sie als unterschiedliche Manifestationen einer einzelnen Urkraft deuten können, genau wie elektrische und magnetische Kräfte zusammenhängen. Einsteins Versuche, eine Vereinheitlichte Theorie zu finden, denen er die letzten 30 Jahre seines Lebens widmete, scheiterten, weil er noch nicht genug über die Kernkräfte und die »schwachen« Kräfte wissen konnte.

Der erste neuere Schritt zur Vereinheitlichung ist mit zwei großen Namen der modernen Physik verknüpft, nämlich Abdus Salam und Steven Weinberg, die unabhängig voneinander arbeiteten und beide auf der Arbeit anderer Theoretiker aufbauten. Der 1996 verstorbene Salam war Pakistani (und frommer Muslim). Sein (über seine wissenschaftlichen Einsichten hinaus) einzigartiges Vermächtnis war das *Internationale Zentrum für Theoretische Physik* in Triest, das er gründete und leitete. Es hat die Aufgabe, die intellektuelle Isolation von Wissenschaftlern in Entwicklungsländern zu beheben und damit den Druck von ihnen zu nehmen, (wie Salam selbst) ihre Heimat verlassen zu müssen. Die Forscher erhalten die Möglichkeit, einen Teil jedes Jahres in Triest zu verbringen und die anregende Atmosphäre einer großen internationalen Institution zu nutzen.

Von Weinberg haben wir schon in Kapitel 7 gesprochen. Er hat nicht nur über seine fachspezifischen Forschungen geschrieben, sondern wissenschaftliche Fragen auch allgemeinverständlich behandelt; sein Buch *Die ersten drei Minuten* bleibt die übersichtlichste Zusammenfassung des damaligen Stands der Kosmologie. Weinberg merkt an, daß Fortschritt oft verzögert wird, weil die Wissenschaftler »ihre Theorien nicht ernst genug nehmen«. Die

Geschichte des Begriffs »Urknall« vor 1965 (die in Kapitel 3 beschrieben wurde) ist ein Beispiel für dieses Zögern. Die Kosmologie verdankt einen großen Teil ihres jetzigen Aufschwungs den Beiträgen von Teilchenphysikern wie Weinberg und deren robustem intellektuellen Selbstbewußtsein.

Die elektromagnetischen und die »schwachen« Kräfte verschmelzen bei sehr hohen Energien: Beide Kräfte erhielten ihre getrennte Form erst, nachdem unser Weltall sich unter eine gewisse kritische Temperatur abgekühlt hat. Energien werden in der Teilchenphysik in Milliarden Elektronvolt (oder Gigaelektronvolt, abgekürzt GeV) gemessen. Die kritische Energie dieser Vereinheitlichung ist etwa 100 GeV. Als unser Universum 10^{-12} Sekunden alt war, war es so heiß, daß alle Teilchen darin ungefähr so energiereich waren. Diese Energien wurden bereits von großen Teilchenbeschleunigern erreicht, und damit wurde Salams und Weinbergs Idee einer vereinheitlichten »elektroschwachen« Kraft bestätigt.

Das nächste Ziel ist die Vereinheitlichung elektroschwacher Kraft und starker oder Kernkraft – um so eine sogenannte »Große Vereinheitlichte Theorie« (GUT) all der Kräfte zu entwickeln, welche die mikrophysikalische Welt beherrschen. (Eine solche Theorie schließt immer noch nicht die Schwerkraft mit ein – diese stellt ein noch ungelöstes großes Problem dar.) Ein Hindernis ist, daß die kritische Energie, bei der es zur »Großen Vereinheitlichung« kommt, auf 10^{15} GeV geschätzt wird (bei der Salam-Weinberg-Theorie beträgt die kritische Theorie nur 100 GeV!) – einebillionmal mehr, als ein Beschleuniger leisten kann. Diese Theorien können deshalb nur dann überprüft werden, wenn sie klar erkennbare Spuren in unserer niederenergetischen Welt hinterlassen haben. Solche Theorien sagen beispielsweise vorher, daß Protonen nicht unvergänglich sind: Sie sollten sehr langsam zerfallen – weniger als ein Atom pro Jahr in einer ganzen Tonne von Materie. (Nach sehr langen Zeiträumen würden, wenn sich das Universum weiter ausdehnt, schließlich einmal alle Atome zerfallen sein.)

Wenn wir es wagen, die Urknalltheorie weit genug zu extrapolieren, finden wir, daß in den ersten 10^{-36} Sekunden, aber nur dann, die Teilchen so energiereich waren, daß sie alle mit 10^{15} GeV kollidierten. Dieser kosmische Beschleuniger stellte den Betrieb jedoch vor über 10 Milliarden Jahren ein, deshalb können wir nur dann etwas über ihn in Erfahrung bringen, falls aus dieser Ära Spuren hinterlassen wurden – etwa so, wie das meiste Helium des Universums eine Spur aus den ersten wenigen Minuten ist.

Wir wissen nicht, welche physikalischen Gesetze in den ersten Augenblicken der kosmischen Expansion herrschten, und das ist vergleichbar damit, wie wenig über den Bau der Atome bekannt war, als man im 19. Jahrhundert über den Energievorrat im Sonneninneren nachdachte. Aber es gibt einen wichtigen Unterschied. Atome und Kerne lassen sich in Experimenten untersuchen, während der einzige Ort, wo sich die enorm energiereichen Phänomene manifestieren, das frühe Universum ist. Für die Kosmologen ergab sich so die Gelegenheit, mit ihren Kollegen, den Physikern, eine Beziehung aufzunehmen, die eher symbiotisch als parasitisch ist – die Kosmologie könnte für die Grundfragen der Physik wichtige empirische Anregungen geben.

Warum Materie und nicht Antimaterie?

Die ersten Augenblicke des Urknalls boten einen »kostenlosen« Beschleuniger. Physiker würden sich begeistert auf das allerkleinste Überbleibsel einer ultrahoch energiereichen Phase stürzen. Aber vielleicht *hat* sie sehr auffällige Spuren hinterlassen: Alle Atome des Universums sind im wesentlichen Fossilien aus einer frühen Zeit, vielleicht sogar aus der Zeit um 10^{-36} Sekunden.

Im beobachtbaren Bereich des Universums gibt es etwa 10^{80} Protonen, aber anscheinend nicht annähernd so viele Antiprotonen. Woher kommt diese Asymmetrie? Das einfachste Universum, so könnte man sich vorstellen, würde gleich viele Teilchen und Antiteilchen enthalten. Es ist ein glücklicher Zufall, daß unser Universum diese Symmetrie nicht aufweist, denn sonst wären alle Protonen während der Abkühlung mit Antiprotonen zusammengestoßen, und das Universum wäre voller Strahlung, enthielte aber weder Atome noch Galaxien.

Antiteilchen können im Labor erzeugt werden, indem man Teilchen mit sehr hohen Geschwindigkeiten (in der Nähe der Lichtgeschwindigkeit) aufeinanderstoßen läßt. Sie werden aber vernichtet, wenn sie auf gewöhnliche Teilchen treffen, wobei ihre Energie (mc^2) in Strahlung verwandelt wird. Es gibt nirgendwo auf der Erde »massenhaft« Antimaterie. Sie kann nur überleben, wenn sie von gewöhnlicher Materie »abgesondert« ist. Sie signalisiert ihre Gegenwart durch die starken Gammastrahlen, die bei der Vernichtung entstehen. Unsere gesamte Galaxis besteht aus Materie und nicht aus Antimaterie. Die Materieformen werden durch die Kreisläufe, die zur Entstehung und zum Verschwinden von Sternen gehören, durchmischt (siehe Kapitel 1). Wenn die Galaxis zu Beginn aus gleichen Teilen Materie und Antimaterie bestanden hätte, wäre jetzt nichts mehr übrig. In viel größerem Maßstab aber können wir nicht so sicher sein. Die Behauptung, daß ganze »Superhaufen« von Galaxien teils aus Materie, teils aus Antimaterie bestehen, lassen sich kaum widerlegen. Warum aber besteht unser Universum (oder jedenfalls ein großer Bereich in ihm) ganz überwiegend aus nur einer Materieform?

Wenn Protonen nicht geschaffen oder zerstört werden könnten, ohne daß gleichzeitig gleich viele Antiprotonen geschaffen oder zerstört werden, müßte es die überschüssigen Protonen, alle 10^{80}, schon von Beginn an gegeben haben. Es scheint unbefriedigend, eine so große Zahl einfach als »Anfangsbedingung« hinzunehmen.

Der erste, der sich mit diesem Problem beschäftigte, war Andrei Sacharow. Er ist berühmter aufgrund anderer Verdienste, lieferte aber auch mehrere wichtige Beiträge zur Kosmologie, wobei er sich besonders für die exotische Physik des ganz frühen Universums interessierte. So gab er 1967 drei Bedingungen an, die erfüllt sein müssen, damit das Universum am Ende mehr Materie enthalten kann als Antimaterie.

– Die erste Bedingung ist naheliegend: Die Differenz aus der Anzahl der Teilchen und Antiteilchen muß nicht notwendigerweise
genau erhalten bleiben. (Das ist beispielsweise bei der elektrischen Gesamtladung anders: Positive Ladung kann niemals entstehen, ohne daß irgendwo sonst eine genau gleiche negative
Ladung entsteht.)

– Zweitens muß die kosmische Expansion so rasch erfolgen, daß sie
die Ausbildung eines vollständigen Gleichgewichts verhindert,
denn sonst würde jede Reaktion durch die entsprechenden Ge-
genreaktionen genau ausgeglichen.

– Die dritte Bedingung scheint schwieriger erfüllbar zu sein: Die
wichtigen Reaktionen dürfen nicht genau zeitlich umkehrbar
sein, sondern müssen die Richtung der Zeit »spüren«, die durch
die kosmische Expansion vorgegeben wird.

Eine Errungenschaft der Physik, die für besonders wichtig gehalten
wird, ist die Erkenntnis, daß es die sogenannte »CPT-Symmetrie«
gibt. (Diese Symmetrie folgt aus einigen sehr allgemeinen Prinzipien der Quantenfeldtheorie, die sich vielfach bewährt haben.) Danach läuft jede Reaktion in genau gleicher Weise ab, also wie eine
»Spiegel«-Reaktion, wenn alle Teilchen durch ihre Antiteilchen
(C = *Charge*) ersetzt werden, die sogenannte »Parität« (P = *Parity*)
umgekehrt, also links und rechts vertauscht wird und die Zeitrichtung (T = *Time*) umgekehrt wird. Wenn die CPT-Symmetrie
überall und immer gilt, sollte die T-Symmetrie genau dann verletzt
werden, wenn auch die CP-Symmetrie verletzt ist. 2 Jahre bevor
Sacharow seine Überlegungen veröffentlichte, fanden Jim Cronin
und Val Fitch 1965 zur allgemeinen Überraschung, daß einige instabile Teilchen, die sogenannten K-Mesonen, gelegentlich (in 0,2 %
der Fälle) auf eine Weise zerfallen, welche die CP-Symmetrie
verletzt: Wenn die CPT-Symmetrie gilt, bedeutet dies, daß einige
Prozesse in der Mikrowelt die Richtung der Zeit »kennen«.
Fitch und Cronin konnten nur die schwache Kraft berücksichti-

gen, denn es gab 1965 noch keine umfassende Theorie der schwachen und starken Kräfte. In einer Großen Vereinheitlichten Theorie existiert die T-Asymmetrie nicht nur für die schwachen Kräfte, wo sie beobachtet wurde, sondern auch für die starken Kernkräfte, die an der Erschaffung und Vernichtung von Baryonen, also Protonen und Neutronen, beteiligt sind. Sacharows Kriterium begünstigt die Erschaffung von Teilchen gegenüber den Antiteilchen. Es könnte beispielsweise einige sehr schwere Teilchen geben, die wir hier X nennen wollen und deren Antiteilchen wir mit X' bezeichnen. Als das Universum sich unter 10^{15} GeV abkühlte, wären diese in Quarks und Antiquarks zerfallen, die Grundteilchen, aus denen Baryonen und Antibaryonen bestehen. Wenn die Zerfallsprodukte dieser X' genau die »Antis« der Zerfallsprodukte der X wären, hätten gleich viele Quarks und Antiquarks entstehen müssen. Ein Ungleichgewicht im Zerfall könnte jedoch zu etwas mehr Quarks als Antiquarks führen, was sich später in einem Überschuß an Baryonen gegenüber Antibaryonen zeigen würde.

Für je 10^9 Baryon-Antibaryon-Paare könnte es ein zusätzliches Baryon geben. Bei der Abkühlung des Universums hätten Antibaryonen alle Baryonen vernichtet und Photonen erzeugt. Aber für jede vernichtete Milliarde Teilchenpaare hätte ein Baryon überlebt, weil es keinen Partner finden konnte. Die Photonen, die jetzt auf sehr geringe Energien abgekühlt sind, bilden den Mikrowellenhintergrund. Tatsächlich gibt es im beobachtbaren Universum etwa einemilliardemal mehr Photonen (10^{89}) als Baryonen (10^{80}). Alle Atome in unserem Universum könnten von einem kleinen Vorteil herrühren, den die Materie über die Antimaterie hatte und die dem Universum aufgeprägt wurde, als seine Temperatur unter 10^{15} GeV sank.

Baryonen (oder die Quarks, aus denen sie bestehen) konnten bei den ultrahohen Energien, die im Universum herrschten, als es 10^{-36} Sekunden alt war, leicht erschaffen oder vernichtet werden. Die »Baryonenzahl« (die Anzahl der Baryonen vermindert um die Anzahl der Antibaryonen) bleibt *nicht* streng erhalten: Dies war eine Voraussetzung für das Entstehen eines Übergewichts der Materie über die Antimaterie beim Urknall. Selbst in unserem heutigen Universum könnten diese »Nichterhaltungsvorgänge« zum Zerfall von Baryonen führen. Aber die Zerfallsraten sind unwahrnehmbar klein. Beispielsweise zerfällt von den Atomen im Körper eines Menschen während seines Lebens höchstens ein einziges. Mehrere Forschungsgruppen haben (tief unter der Erde, um die Auswirkungen der kosmischen Strahlung und anderer Störungen möglichst gering zu halten) gewaltige Wassertanks gebaut und mit empfindlichen Geräten ausgestattet, die den Zerfall eines einzigen Wasserstoffatoms in einem Wassermolekül irgendwo im Tank verzeichnen könnten. Bisher haben sie kein Glück gehabt.[1]

Noch konnte sich keine Große Vereinheitlichte Theorie durchsetzen, aber diese Ansätze werfen zumindest eine Reihe neuer Fragen auf – beispielsweise zum Ursprung der Materie –, die jetzt ernsthafter diskutiert werden können.

Zahlen wie das Verhältnis von Baryonendichte zu Photonendichte sind universelle kosmische Zahlen in dem Sinn, daß sie im ganzen beobachtbaren Universum denselben Wert haben. Sie sind das Ergebnis mikrophysikalischer Prozesse (Teilchenzusammenstöße und Vernichtungen), die stattfanden, als sich die im Urknall entstandene Materie in einem kritischen Temperaturbereich ausdehnte und abkühlte. Aber das wirft in gewisser Weise noch grundlegendere Fragen auf. Warum haben beispielsweise die mikrophysikalischen Gesetze die kleine eingebaute Asymmetrie, die Sacharows Theorie verlangt? Die Antwort auf diese Frage könnte noch weiter zurückliegen als 10^{-36} Sekunden und noch höhere Energien erfordern als jene der »großen Vereinheitlichung«.

Schwerkraft und Vereinheitlichung

Die frühesten Phasen des Urknalls konfrontieren uns mit so extremen Bedingungen, daß unsere Kenntnisse der Physik sicherlich nicht ausreichen, um sie zu verstehen. Die beiden tragenden Säulen der Physik des 20. Jahrhunderts sind die Quantentheorie und Einsteins Allgemeine Relativitätstheorie. Die Begriffsgebäude, die auf diesen Grundlagen errichtet wurden, stehen immer noch unverbunden da. Es vereinfacht die Lage, daß es zwischen den Bereichen, in denen sie sich jeweils bewährt haben, kaum eine Überlappung gibt. Die Schwerkraft ist so schwach, daß sie im Größenbereich einzelner Moleküle, wo Quanteneffekte entscheidend sind, vernachlässigbar ist. Himmelskörper wiederum, deren Bewegungen von der Schwerkraft beherrscht werden, sind so massereich, daß Quantenwirkungen vernachlässigt werden können. Heisenbergs Unschärfeprinzip sagt uns, daß wir nicht gleichzeitig Geschwindigkeit und Ort eines atomaren Teilchens messen können, aber diese unvermeidliche »Unschärfe« ist bei einem Planeten, einem Stern oder einer Galaxie vernachlässigbar. Was aber, wenn wir an das Stadium zurückdenken, als alles, was wir jetzt bis zu unserem »Horizont« in 10 Milliarden Lichtjahren Entfernung sehen können, auf kleinerem Raum zusammengeballt war als ein einziges Atom? Bei dieser überwältigenden Dichte, die in den ersten 10^{-43} Sekunden (der sogenannten »Planck-Zeit«) herrschte, könnten sowohl Quanteneffekte *als* auch die Schwerkraft wichtig gewesen sein. Was passiert, wenn Quanteneffekte ein ganzes Weltall erschüttern?

Die Physik ist insofern unvollständig und begrifflich unbefriedigend, als uns eine angemessene Theorie der *Quantengravitation* fehlt. Einige Theoretiker glauben, es sei nicht mehr verfrüht, danach zu fragen, welche Gesetze zur Planck-Zeit herrschten, und haben schon faszinierende Modelle entwickelt. Es herrscht aber keine Übereinstimmung darüber, welche Begriffe sich als die »wahren« erweisen werden. Sicherlich müssen liebgewordene allgemein verbreitete Auffassungen von Raum und Zeit aufgegeben werden. So könnte etwa die Raumzeit in diesem winzigen Maßstab ein chaotischer Schaum sein und keinen wohldefinierten Zeitpfeil aufweisen. Vielleicht gibt es in dieser allerkleinsten Skala keine zeitartige Dimension, und möglicherweise entstehen und vergehen unablässig winzige Schwarze Löcher. Die Vorgänge könnten heftig genug sein, um neue Bereiche von Raum und Zeit zu erzeugen, die sich zu eigenen Universen entwickeln.

Spätere Ereignisse (insbesondere die im nächsten Kapitel beschriebene Inflationsphase) könnten alle Spuren der anfänglichen Quantenära ausgelöscht haben. Außer am Anfang der Welt könnten sich die Auswirkungen der Quantengravitation nur noch in der Nähe der zentralen Singularität in Schwarzen Löchern bemerkbar machen – und ihnen kann kein Signal entkommen. Eine Theorie, die nur in solch exotischen und unzugänglichen Bereichen manifeste Folgen hat, ist schwer zu überprüfen. Um ernst genommen zu werden, muß sie entweder in eine allumfassende Theorie eingebettet werden, die sich auf viele andere Weisen überprüfen läßt, oder man muß sie als eine Theorie anerkennen, die auf einzigartige Weise als »reine Wahrheit« evident erscheint.

Der Ansatz, von dem man sich erhofft, daß er alle Kräfte vereinigen wird, ist die Theorie der »Superstrings«. Sie sieht die Grundeinheiten nicht als Punkte oder Teilchen, sondern als Fäden. Strings können wie Saiten eines Musikinstruments zu Schwingungen angeregt werden; die Teilchen entsprechen jeweils Tönen. Die Strings sind winzig. Sie sind etwa 10^{20}mal kleiner als ein Atomkern: Ein String ist etwa um so viel kleiner als ein Atomkern, wie ein Atomkern kleiner ist als ein Mensch.

Die verheißungsvollsten Superstringtheorien gehen von 10 Dimensionen aus. Wir bemerken diese zusätzlichen Dimensionen nicht, weil sie »kompaktifiziert« sind, etwa wie ein Blatt Papier, eine zweidimensionale Fläche, einer eindimensionalen Linie gleicht, wenn es ganz fest zusammengerollt ist. Jeder »Punkt« in unserem vertrauten Raum hat danach die Feinstruktur eines sechsdimensionalen Raums. Der Reiz der Superstringtheorie besteht darin, daß sie nicht nur die Elementarteilchen, sondern vielleicht auch die Eigenschaften des Raums und der Zeit erklären kann. Es gibt Anzeichen dafür, daß Einsteins Allgemeine Relativitätstheorie, welche die Schwerkraft als Krümmung in der vierdimensionalen Raumzeit versteht, in die Theorie eingebaut werden kann. Das Schwerkraftteilchen, das Graviton, entspricht der einfachen Schwingungsform einer Superstringschleife.

Zur Zeit bemüht man sich insbesondere darum zu verstehen,

warum der zehndimensionale Raum zu den uns vertrauten 4 Dimensionen (Zeit und 3 Raumdimensionen) »kompaktifiziert« ist, und nicht zu 3 oder 5, und wie das vor sich ging. Noch klafft eine große Lücke zwischen der zehndimensionalen Superstringtheorie und beobachtbaren Phänomenen. Die Superstringtheorie stellt Fragen, die von Mathematikern nicht beantwortet werden können, weil sie noch zu schwierig sind. In dieser Hinsicht unterscheidet sie sich von den meisten physikalischen Theorien, denn gewöhnlich war die nötige Mathematik schon vor der Aufstellung der Theorie bekannt. Einstein benutzte beispielsweise geometrische Begriffe, die bereits im 19. Jahrhundert entwickelt worden waren.

Der Physiker Eugene Wigner schrieb einen berühmten Artikel zu diesem Thema, in dem er über die »unverständliche Wirksamkeit der Mathematik in der Physik« nachdachte. Es ist wirklich bemerkenswert, daß die Außenwelt so viele Gesetzmäßigkeiten aufweist, die unser Verstand in der »Sprache« der Mathematik deuten kann – besonders, wenn diese fern sind von unserer alltäglichen Erfahrung und den Erscheinungen, mit denen unser Gehirn im Lauf der Evolution umzugehen gelernt hat. Edward Witten, der auf dem Gebiet der Superstringtheorie führende Forscher, beschreibt sie als »Physik des 21. Jahrhunderts, die ins 20. Jahrhundert gefallen ist«. Jedenfalls wäre es höchst bemerkenswert, falls es Menschen irgendwann gelingt, eine Theorie zu entwickeln, die so »endgültig« und umfassend ist, wie die Superstringtheorie es zu sein behauptet.

Kosmische Geschichte, Teile 1, 2 und 3

Die Geschichte unseres Universums läßt sich in drei Teile gliedern.

– Die erste Millisekunde, ein kurzes, aber ereignisreiches Stadium, das mit der Planck-Ära (10^{-43} Sekunden) beginnt. Dies ist der intellektuelle Lebensraum einiger mathematischer Physiker und Quantenkosmologen. Die zugehörige Physik ist noch sehr spe-

kulativ – ein Motiv für das Studium der Kosmologie ist, daß nur
das frühe Universum Hinweise darauf geben kann, welche Naturgesetze bei extremen Energien gelten.

– Das zweite Stadium dauert von 1 Millisekunde bis zu etwa 1 Million Jahren. Es ist eine Epoche, in der sich vorsichtige Empiriker
einigermaßen wohl fühlen. Die Dichten liegen weit unter der
Kerndichte, aber die Expansion ist noch immer gleichförmig. Es
gibt gute quantitative Belege – die Häufigkeiten vom kosmischen
Helium und Deuterium, die Hintergrundstrahlung usw., die in
Kapitel 3 beschrieben wurden –, und die entscheidende Physik ist
im Labor wohlerprobt. Teil 2 der kosmischen Geschichte läßt sich,
obwohl er in ferner Vergangenheit liegt, am leichtesten verstehen.

– Die Erklärungen sind nur so lange gesichert, wie das Universum
amorph und strukturlos ist. Wenn sich die ersten durch die
Schwerkraft zusammengehaltenen Strukturen bilden – Sterne,
Galaxien und Quasare – und zu leuchten anfangen, beginnt die
Zeit, mit der sich die »herkömmlichen« Astronomen beschäftigen. Dann manifestieren sich die uns wohlbekannten Grundgesetze. Teil 3 der kosmischen Geschichte ist aus demselben Grund
schwierig, aus dem alle Umweltwissenschaften – von der Meteorologie bis zur Ökologie – schwierig sind: In ihnen manifestieren
sich einfache Gesetze auf höchst komplexe Weise.

Die Kosmologie konfrontiert uns mit zwei sehr unterschiedlichen
Arten von Problemen. Die frühe Entwicklung unseres Universums
(Teile 1 und 2), während der sich fast alles gleichförmig ausdehnt
und noch keine Strukturen entstanden sind, läßt sich durch nur
wenige Zahlen beschreiben – genau wie beispielsweise die Physik
der subatomaren Teilchen. Aber bei der Entstehung einer einzelnen
Galaxie wie etwa unseres Milchstraßensystems spielen Gasdynamik, Sternentstehung und die Rückkopplung zwischen Sternen und
Supernovae eine Rolle. Wenn wir diese komplizierten und »verzwickten« Prozesse verstehen wollen, die wir um uns herum sehen

und von denen wir ein Teil sind, müssen wir einen anderen Ansatz wählen – der Unterschied ist, wie der Relativitätstheoretiker Werner Israel einmal sagte, so groß wie der zwischen Ringkämpfen im Schlamm und dem Schachspiel.

Theorien der Galaxienentwicklung werden niemals so »sauber« sein wie die streng logischen »Schachtheorien«, nach denen Teilchenphysiker streben, sondern ähneln eher guten geophysikalischen Theorien. So ist beispielsweise die Theorie der Kontinentalverschiebung eine vereinheitlichende Theorie, die Einsicht in Zusammenhänge gewährt, die zuvor nicht gesehen wurden, aber es tut ihr keinen Abbruch, daß sie nicht die genaue Form der Kontinente vorhersagen kann.

Was wäre mit einer einzigen umfassenden »endgültigen« Theorie gewonnen?

Das ganz frühe Universum könnte eines Tages in glänzender Weise von einer alles umfassenden Theorie erklärt werden, die von der Planck-Zeit an gilt. Einige Physiker behaupten sogar schon jetzt, daß unser Universum sich im wesentlichen »aus dem Nichts« entwickelte. Aber sie sollten sorgfältig auf ihre Worte achten, besonders, wenn sie mit Philosophen sprechen. Das Vakuum der Physiker ist viel reicher angelegt als das »Nichts« der Philosophen, denn in ihm sind latent all die Teilchen und Felder enthalten, die von den Gleichungen der Physik beschrieben werden. Jedenfalls kommt eine solche Behauptung nicht an der philosophischen Frage vorbei, *warum* es ein Universum gibt. Es ist, wie Stephen Hawking sagt:

Wer bläst den Gleichungen den Odem ein und erschafft ihnen ein Universum, das sie beschreiben können? . . . Warum muß sich das Universum all dem Ungemach der Existenz unterziehen?

Eine fundamentale Theorie würde uns auch nicht helfen, die Komplexitäten der späteren kosmischen Evolution auszuklammern. Wir können »Reduktionisten« sein und glauben, daß die Komplexitäten der Chemie und Biologie im Prinzip auf die Physik zurückgeführt werden können und daß sogar die aufwendigsten Ansammlungen von Atomen durch die Schrödinger-Gleichung bestimmt werden. Aber diese Gleichung läßt sich in der Praxis höchstens für ein einziges Molekül lösen, nicht für kompliziertere Verbindungen. Die Naturwissenschaften sind in einer Hierarchie der Komplexität von der Teilchenphysik über die Chemie und Zellbiologie bis hin zur Psychologie und Ökologie aufgebaut, aber jede dieser Wissenschaften ist autonom, insofern sie von ihren eigenen Begriffen abhängt, die sich oft auf nichts Einfacheres zurückführen lassen.

Um turbulente Wasserströmungen zu verstehen, ein großes und noch ungelöstes Problem, muß man Zähigkeit, Wirbel, Schwankungen usw. berücksichtigen: Die Zerlegung des Wassers in Atome hilft nichts – vielmehr verdeckt dies alle beobachtbaren Effekte: Man sieht den Wald vor Bäumen nicht. Und, um ein anderes Beispiel zu nennen: Was in einem Computer abläuft, könnte in Begriffen aus der Elektrizitätslehre beschrieben werden, aber das würde am Wesentlichen vorbeigehen, nämlich an der in diesen Signalen verschlüsselten Logik. Wir können die Schrödinger-Gleichung nicht einmal für die winzigsten biologischen Organismen lösen, ihre Lösung würde jedoch weder zu neuen Einsichten noch zu einfachen und klaren Beschreibungen führen. Das Verhalten komplexer Systeme mag auf die Physik zurückgeführt werden können, aber es läßt sich nicht aus den Gleichungen der Grundlagenphysik rekonstruieren. Die Naturwissenschaften sind miteinander verkettet, aber nicht in einer Hierarchie, deren Gesamtgebäude einstürzen würde, wenn die Fundamente schwanken.

In einem, wenn auch recht beschränkten Sinn können einige Naturwissenschaften behaupten, besonders »fundamental« zu sein. Kausalketten – die Antworten auf ein »Warum?« nach dem anderen – führen zurück zu einer Frage, die in den Bereich der Teilchenphysik oder Kosmologie gehört. Aus diesem Grund offenbart (wie insbesondere Steven Weinberg betont hat) der Fortschritt auf diesen Gebieten sicherlich einige tiefe Aspekte der Wirklichkeit. Deshalb

betreiben wir diese Wissenschaften, nicht weil der Rest der Naturwissenschaft von ihnen abhängt.

Die Grenzen lassen sich gut durch einen Vergleich veranschau-
lichen, den Richard Feynman besonders gern verwendet hat. Nehmen wir an, jemand sei nicht mit dem Schachspiel vertraut. Er
würde sicherlich allmählich die Spielregeln herausbekommen, indem er Spielern zuschaut. Ähnlich findet der Physiker in der Natur
Muster und lernt, welche Kräfte und Veränderungen ihre Grund-
elemente bestimmen. Aber im Schach ist die Kenntnis der erlaubten
Züge nur ein trivialer Anfang des gewaltigen Wegs vom blutigen
Anfänger zum Großmeister. Die ganze Faszination dieses Spiels
liegt in der Vielfalt, die aus einigen wenigen einfachen Regeln entsteht. Ähnlich könnte alles, was in den letzten 10 Milliarden Jahren
im Weltall passiert ist – die Entstehung von Galaxien und Sternen
und die komplizierte Evolution auf mindestens einem Planeten, die
zu Geschöpfen führte, die über all das staunen können –, implizit in
einigen wenigen Grundgleichungen stecken. Aber die Erkundung
dieser Komplexität stellt eine unaufhörliche Herausforderung dar,
der sich zu stellen man gerade erst begonnen hat.

10 Die »Inflation« und das Multiversum

Und da ließ Er mich noch etwas schauen, ein
kleines Ding von der Größe einer Haselnuß,
das lag in meiner Hand, rund wie eine Kugel.
Ich betrachtete es und dachte: »Was mag das
wohl sein?« Und die Antwort war: »Es ist alles, was erschaffen wurde.« Es verwunderte
mich, daß es von Dauer war und nicht plötzlich zerfiel, denn es war ja so klein.

Juliana von Norwich (um 1400)

Die Probleme mit der »Flachheit« und dem »Horizont«

Ein Universum kann sich entweder immer weiter ausdehnen oder
schließlich einmal wieder zusammenfallen. Bevor wir die Größe
von Omega nicht kennen, wissen wir nicht, welches Schicksal unser
eigenes Universum erwartet. Diese beiden extrem langfristigen
Vorhersagen – endlose Expansion oder der Zusammenfall in einem
Big Crunch, einer letzten Katastrophe – sind offenbar sehr unterschiedlich. Wenn wir aber zurückrechnen, stehen wir vor einem
weiteren Rätsel: Die Art möglicher Ausgangspunkte, die zu unserem heutigen Universum geführt haben könnten, ist im Grunde
sehr eingeschränkt – gemessen an der Vielfalt der Möglichkeiten,
die wir uns für expandierende Universen ausmalen können.

Unser Universum dehnt sich schon seit 10 Milliarden Jahren aus.
Andere Universen könnten früher zusammengefallen sein und gar
nicht genug Zeit für die Sternentwicklung gehabt haben. Wenn ein
Universum schon nach 1 Million Jahren zusammenfällt, kann es
sich niemals auf weniger als 3000 Kelvin abkühlen – es wäre sein
ganzes Leben lang ein undurchsichtiger Feuerball mit einheitlicher
Temperatur gewesen. Eine etwas *langsamere* anfängliche Expan-

sion hätte zu einem ganz anderen Universum als dem unseren geführt. Das wäre auch bei einer *rascheren* Expansion der Fall gewesen: Die Expansionsenergie wäre dann größer gewesen als die Schwerkraft, und es hätten keine Galaxien auskondensieren können. (Auch wenn wir den Wert von Omega nicht kennen, wissen wir doch, daß er nicht sehr viel kleiner ist als 1.) In der Sprache Newtons gesagt: Am Anfang müssen potentielle und kinetische Energie einander sehr genau entsprochen haben. Es ist, als ob man vom Boden eines Brunnens aus einen Stein hochwirft, der *genau* am Brunnenrand zum Halten kommt.

Es ist eines der Grundgeheimnisse der Welt, daß sich unser Universum nach 10^{10} Jahren noch immer mit einem Omegawert ausdehnt, der nicht allzu verschieden ist von 1. Das Universum ist wunderbarerweise weder vor langer Zeit kollabiert, noch dehnt es sich jetzt so rasch aus, daß seine kinetische Energie die Wirkungen der Schwerkraft um viele Zehnerpotenzen überwiegt. Unser Universum muß einen sehr gut abgestimmten ersten Anstoß erhalten haben, der äußerst genau die Verlangsamung durch die Schwerkraft ausgleichen konnte, damit es schließlich so werden konnte, wie es jetzt ist. Das ist das sogenannte *Flachheitsproblem*.[1]

Das damit zusammenhängende *Horizontproblem* ist noch verblüffender. Warum sollte sich ein Universum so gleichförmig und symmetrisch ausdehnen, daß der »Horizont« dessen, was wir wahrnehmen können, überall gleich aussieht? Ein inhomogenes und anisotropes Universum hätte viel mehr Möglichkeiten der Entwicklung! Warum begannen alle Teile gleichzeitig, sich auf diese ganz besondere Art auszudehnen und dabei denselben dynamischen Gesetzen zu gehorchen? Vielleicht haben ferne Bereiche einen anderen Anfang gehabt – inzwischen sind jedenfalls alle krassen Unterschiede in irgendeiner Weise »ausgebügelt« worden.

Auf den ersten Blick erscheint dies vielleicht gar nicht als Problem: Hätten nicht Druckwellen und ähnliche Vorgänge ohne Mühe unser Universum homogenisieren können, als alle Materie noch eng zusammengedrängt war? Aber tatsächlich war die Wechselwirkung in der Materie *schlechter*, als sie noch stärker komprimiert war, denn so klein auch die Entfernungen im frühen Universum gewesen sein mögen, die Zeitskalen waren noch viel kleiner.

Die Probleme der Wechselwirkung im frühen Universum lassen sich gut an einem Zahlenbeispiel verdeutlichen. Man stelle sich eine Galaxie vor, die jetzt 1 Milliarde Lichtjahre von uns entfernt ist. Unser Universum dehnt sich seit 10–20 Milliarden Jahren aus, so daß in der zur Verfügung stehenden Hubble-Zeit 10 bis 20 Signale hätten ausgetauscht werden können. Als unser Universum tausendmal enger zusammengepreßt war und die Hintergrundtemperatur nicht nur 2,7 Kelvin, sondern fast 3000 Kelvin betrug, war uns diese Galaxie (damals natürlich nur eine Proto-Galaxie) tausendmal näher – also nicht 1 Milliarde, sondern nur 1 Million Lichtjahre entfernt. Wenn die Galaxien sich mit *konstanter* Geschwindigkeit voneinander entfernt hätten, wäre unser Universum damals tausendmal jünger gewesen, trotzdem hätten auch nur 10 bis 20 Signale ausgetauscht werden können, weil jedes Signal zwar nur ein Tausendstel des Wegs hätte zurücklegen müssen, aber die zur Verfügung stehende Zeit (die Hubble-Zeit) um denselben Faktor kürzer gewesen wäre. Nun verlangsamt aber die Schwerkraft die Expansion. Als unser Universum tausendmal komprimierter war, war es tatsächlich zehntausendmal jünger. So konnte in dieser frühen Epoche nur ein Signal (und vielleicht nicht einmal das) ausgetauscht werden!

In der Vergangenheit konnten Lichtsignale *weniger leicht* ausgetauscht werden als jetzt, aber nichts (weder eine Druckwelle noch irgendein anderer homogenisierender Prozeß) kann sich schneller ausbreiten als Licht. Warum sehen dann ferne Bereiche in allen Richtungen des Raums so ähnlich aus, und warum scheinen sie so gut aufeinander abgestimmt zu sein? Warum ist die von COBE gemessene Temperatur fast überall am Himmel dieselbe?

Eine frühe Phase »inflationärer« Beschleunigung

Das Horizontproblem entsteht, weil die Schwerkraft die kosmische Expansion *verlangsamt*: Als unser Universum jünger und komprimierter war, dehnte es sich viel rascher aus und ließ für die Übermittlung von Signalen oder für zufällige Kontakte weniger Zeit. Das Problem wäre gelöst, wenn das ganz frühe Universum eine Phase sehr stark *beschleunigter* Expansion durchgemacht hätte. In einem Universum, das sich beschleunigt ausdehnt, hätte es in früheren Zeiten eine bessere Wechselwirkung gegeben. Voneinander weit entfernte Teile unseres heutigen Universums wären also schon sehr früh synchronisiert und koordiniert gewesen und hätten sich dann beschleunigt voneinander getrennt.

Nach der sogenannten Inflationstheorie wird die Größe unseres Universums durch das gute Gleichgewicht von Schwerkraft und Expansion bestimmt. Diese bemerkenswerte Tatsache bildete sich während der ersten 10^{-36} Sekunden heraus, als unser gesamtes beobachtbares Universum nicht größer war als ein Golfball. Seit jener Zeit hat sich die kosmische Expansion stetig *verlangsamt*, weil jeder Teil des Universums einen Gravitationssog auf alle anderen ausübt. Die Theoretiker haben ernstzunehmende (wenn auch noch unbewiesene) Gründe dafür gefunden, warum bei den enormen Dichten, die vor dieser Zeit herrschten, eine neue Art »kosmischer Abstoßung« ins Spiel gekommen sein könnte, welche die »gewöhnliche« Schwerkraft überwog. Dann hätte sich die Expansion schon zu einem sehr frühen Zeitpunkt exponentiell *beschleunigt*, ein Embryo-Universum hätte sich aufgebläht und homogenisiert und das »fein abgestimmte« Gleichgewicht zwischen Schwerkraft und kinetischer Energie hergestellt, als das Universum nur 10^{-36} Sekunden alt war.

Zur Abstoßung kam es, weil der Raum in den allerersten Augenblicken grundverschieden war vom heutigen. Bevor die Kernkräfte und die elektromagnetischen Kräfte voneinander unabhängig wurden, steckten im leeren Raum (dem, was Physiker »Vakuum« nennen) gewaltige Energiemengen, aber diese Energie hatte die scheinbar perverse Eigenschaft, daß sie den Druck *negativ* machte (was einer Art Spannung des Raums entspricht).[2]

Aus den Einsteinschen Feldgleichungen folgt, daß die Vakuumenergie zu einer »kosmischen Abstoßung« führt, also zu einer Beschleunigung der Expansion. Dies ist völlig entgegengesetzt zu dem, was passiert, wenn Energie die uns vertraute Form hat. Nach der »Inflationstheorie« hat das extrem frühe Universum eine Phase durchlaufen, in der die Energie dieses Vakuums gewaltig war, die kosmische Expansion also außerordentlich rasch erfolgte. Die »Inflation« hörte auf, als das Vakuum in einen gewöhnlicheren Zustand zurückfiel. Dieser Übergang setzte Wärme frei, genau wie Wasser »latente Wärme« freisetzt, wenn es gefriert.[3] Die Restspuren dieser Wärme haben als 2,7-Kelvin-Hintergrundstrahlung überlebt.

Dieser bemerkenswerte Gedanke wurde von Alan Guth entwickelt, einem amerikanischen Physiker, dessen erster ernsthafter Ausflug in die Kosmologie gleich zu einer »spektakulären Erkenntnis« (um seine eigene Beschreibung zu zitieren) führte. Guths Leistung, die er in seinem Buch *The Inflationary Universe* darstellt, liegt darin, daß er verdeutlicht, warum es eine frühe Phase der beschleunigten Expansion gegeben haben könnte und wie sie zu einem Universum führen könnte, das so groß und gleichförmig ist wie das, in dem wir leben. Diese Hypothese hatte »Vorläufer«. Ich erinnere mich beispielsweise an einen Vortrag während eines Sommerkurses, in dem der belgische Theoretiker François Englert ein exponentiell wachsendes Universum in Betracht zog. Ich habe damals sicherlich nicht erkannt, wie radikal und wichtig dieser Vorschlag war, und tröstete mich mit der Beobachtung, daß auch die anderen Zuhörer nicht darauf reagiert haben. Andere vorausschauende Arbeiten dazu stammen von Alexei Starobinsky in der Sowjetunion, Richard Gott in den USA und Katsuoko Sato in Japan.

Vor der Entdeckung des Mikrowellenhintergrunds – der wichtigsten Beobachtung seit Hubble – waren darüber mehrere unabhängig voneinander geschriebene Arbeiten erschienen, die entweder nicht gelesen oder mißverstanden wurden (siehe Kapitel 3): So ergeht es gelegentlich auch theoretischen Durchbrüchen.[4]

Guths ursprünglicher Vorschlag, wie die Inflation »angetrieben« und dann beendet werden könnte, enthielt noch viel Widersprüchliches. Welche Vorgänge an der Inflation beteiligt sind, ist bis heute noch spekulativ, weil die dazu nötige Hochenergiephysik noch fast vollständig unbekannt ist. Aber der ursprüngliche Gedanke behält seinen Reiz, weil er die Probleme mit der Flachheit und dem Horizont zu lösen verspricht. Er legt sogar nahe, warum das Universum sich ausdehnt, was sonst nur ein Teil der »Anfangsbedingungen« wäre. Früher schien die Gleichförmigkeit des Universums ein Geheimnis zu sein, und man konnte keinen Grund angeben, warum das Weltall so ungeheuer groß werden sollte. Die inflationäre Phase aber versetzt dem Universum gleichsam einen Stoß nach außen, der ausreicht, um seine Expansion aufrechtzuerhalten. Schwieriger, fand Guth, ist zu verstehen, warum die Inflation wieder *aufhören* sollte (dies wurde als das Problem des »eleganten Ausstiegs« aus der Inflationstheorie bekannt).

Der Gedanke der Inflation ist jetzt über 15 Jahre alt. Es gibt immer noch keine Übereinstimmung darüber, wie eine Vereinheitlichte Theorie mit dem Vorgang der Inflation verbunden werden könnte. Aber Kosmologen können etwas über die physikalischen Gesetze aussagen, die in den ersten 10^{-36} Sekunden der Geschichte unseres Universums herrschten – wenigstens lassen sich viele Optionen ausschließen, weil sie zu einem Universum führen würden, das ganz anders ist als das unsere.

Es mag unseren Vorstellungen widersprechen, daß ein ganzes Universum mit mindestens 10 Milliarden Lichtjahren Durchmesser (das sich wahrscheinlich noch weit über unseren jetzigen Horizont hinaus erstreckt) aus einem winzigen Fleck entstanden sein könnte. Das ist, unabhängig davon, wie die Inflation verläuft, deswegen möglich, weil die Gesamtenergie Null ist. Es ist, als ob das Universum sich selbst eine »Gravitationsgrube« gräbt, die so tief ist, daß alles in ihr eine negative Gravitationsenergie hat, die genau gleich der Ruhemassenenergie ist (mc^2). Diese Erkenntnis macht es leichter, die Vorstellung zu bejahen, daß unsere ganze Welt fast *aus dem Nichts* entstand.[5]

Die Fluktuationen: Wie groß ist Q?

Die Inflation kann ein Universum »flach« ausdehnen und seine gewaltigen Ausmaße erklären. Kann sie aber auch die »magische Zahl« Q erklären, deren Wert von 10^{-5} ein Maß für die Unregelmäßigkeiten und das »Gekräusel« darstellt, aus denen sich kosmische Strukturen gebildet haben? (Siehe Kapitel 7.) Als die Vorstellung von der Inflation noch neu war, setzten sich 1982 die führenden Theoretiker drei Wochen lang in Cambridge zusammen, um den Begriff zu erörtern und auszubauen. Die Diskussion konzentrierte sich auf die Fluktuationen: Das Ergebnis war zunächst sehr frustrierend, weil der »natürliche« Wert von Q bei 1 zu liegen schien und nicht bei nur 10^{-5}.

Die Fluktuationen, aus denen sich Galaxienhaufen und Superhaufen bilden, und auch die noch größeren Fluktuationen, die sich über den ganzen Himmel erstrecken und von denen COBE uns Informationen gibt, sind das Ergebnis mikroskopischer Quantenprozesse, die vor Urzeiten abliefen, als das Weltall kleiner war als ein Golfball. Wir verstehen jetzt, wie Q von den Einzelheiten der Inflation abhängt: Wir können spezielle Annahmen machen, jeweils die zugehörigen Berechnungen durchführen und so herausfinden, wie die entstehenden Fluktuationen aussehen würden. Ein Vergleich dieser Berechnungen mit den Beobachtungen sollte den in Frage kommenden Bereich physikalischer Theorien zumindest einengen. Für die Zahl 10^{-5} haben wir jedoch immer noch keine natürliche Erklärung.

Durch das Kartieren von Galaxienhaufen und Superhaufen und die Erkundung des Mikrowellenhintergrunds sind die beobachtenden Astrophysiker in der Lage, Theorien über die inflationäre Ära der kosmischen Expansion (10^{-36} Sekunden) mit genauen Messungen zu überprüfen, ähnlich wie wir durch die Messung der heutigen Häufigkeiten von Helium und Deuterium etwas über die physikalischen Bedingungen während der ersten Sekunden in Erfahrung bringen konnten. Es gibt eine schrittweise Wechselwirkung zwischen wohldefinierten – so spekulativ sie sein mögen –

Theorien und den Daten, die ihnen Schranken setzen. So gesehen gehören die Inflationstheorien schon heute zur ernsthaften Wissenschaft.

Der Stand der Inflationstheorie

In den frühesten Varianten der Theorie vom inflationären Universum, die auch am anschaulichsten sind, beginnt alles mit einem einfachen »Knall«. Die Inflation ist ein Zwischenspiel, bei dem sich das Universum so weit ausdehnt, daß das sogenannte »Flachheitsproblem« gelöst wird. Das erfordert eine Inflation um einen Faktor von mindestens 10^{30}. Der Inflationsfaktor ist aber vermutlich weit größer: Ein winziger anfänglicher Bereich hätte sich dann nicht nur bis zu dem zur Zeit beobachtbaren Horizont ausgedehnt, sondern noch viel weiter. Unser Universum müßte sich dann noch eine viel längere Zeit ausdehnen, als es sich schon ausgedehnt hat. Dann wäre aber die jetzige Dichte sehr nahe am »kritischen« Wert, der Trennlinie zwischen den sich immer weiter ausdehnenden und den wieder zusammenfallenden Universen. Die meisten Fassungen der Inflationstheorie sagen deshalb vorher, daß die in Kapitel 8 diskutierte Größe Omega fast genau 1 sein sollte. Unser Universum erstreckt sich weit über unseren jetzigen Horizont von 10 bis 20 Milliarden Lichtjahren hinaus, und im Laufe der Zeit kommen immer noch weitere Galaxien in unser Blickfeld. Vielleicht fällt das Universum einmal wieder zusammen, aber vorher muß es sich noch um einen weiteren Faktor von $10^{1\,000\,000}$ ausdehnen!

Die meisten Theoretiker, insbesondere jene, welche die Kosmologie aus der Sicht der Hochenergie-Teilchenphysik betrachten, halten die Inflation für einen schönen Gedanken, der überzeugend zeigt, warum unser Universum seine charakteristischen Eigenschaften hat. Einige der Theoretiker aber, die einen geometrischeren Ansatz bevorzugen, sind weniger begeistert. Zu ihnen gehört Roger Penrose. Für ihn ist Inflation eine »Plage, mit der die Hochenergiephysiker die Kosmologen heimsuchen«, und er fügt hinzu, daß »selbst Erdferkel ihren Nachwuchs schön finden«. Trotz solcher abweichenden Meinungen und mancher neuartigen anderen Überlegungen kommen doch die meisten Theorien des ganz frühen Universums nicht ohne den Begriff der Inflation aus.

Varianten des Begriffs sind wie Pilze aus dem Boden geschossen – und einige dieser Varianten behaupten, so entstünden auch die Universen. Der russische Kosmologe Andrei Linde befürwortet eine chaotische Inflation – in diesem komplizierten Bild ist das ganze Universum (in der von mir verwendeten Terminologie ist es das »Multiversum«) unendlich und ewig, erzeugt aber fortwährend Bereiche, die sich aufblähen und zu eigenen Universen entwickeln.[6] Was wir unser Universum nennen, könnte lediglich Teil eines Zyklus ewig wiederkehrender Universen sein. Diese sind jetzt von uns getrennt, lassen sich aber auf gemeinsame Ahnen zurückführen. Der Urknall, der zu unserem Universum führte, ist lediglich ein kleines Ereignis in einem viel größeren Gebilde. Anfang der siebziger Jahre hatte Sacharow ähnliche Gedanken erwogen, als er ein »vielschichtiges« Universum zur Diskussion stellte. Aber diese Gedanken sind erst im Zusammenhang mit dem Begriff der Inflation konkreter geworden.

Auf dem Weg zu anderen Universen

Alle Grundkräfte, die unser Weltall bestimmen – Schwerkraft, Kernkräfte und Elektromagnetismus –, sind verschiedene Aspekte einer einzigen Urkraft. Veränderungen der Eigenschaften des Raums selbst, des »Vakuums«, die bei der Abkühlung eines Universums eintreten, machen die Kräfte unterscheidbar und legen die Massen der Elementarteilchen fest. Vermutlich hat ein solcher Übergang die frühe inflationäre Expansion beendet, bei der Bereiche »geglättet« wurden, die groß genug waren, um zu Universen wie dem unseren zu werden.

Diese Veränderungen im Vakuum haben Ähnlichkeit mit den Phasenübergängen, die gewöhnliche Materie beim Abkühlen von einem Gas in eine Flüssigkeit und von einer Flüssigkeit in einen Festkörper verwandeln. Ihre Wirkung kann streng gesetzmäßig oder »zufällig« sein, wie die Muster, die sich bilden, wenn ein Sumpf austrocknet.[7] Getrennte Universen oder voneinander getrennte Bereiche in einem unendlichen Universum könnten sich verschieden stark abgekühlt haben und schließlich von verschiedenen Gesetzen beherrscht werden.

Der wirkliche Raum läßt sich nicht unendlich weit unterteilen. »Nur« 40 Zehnerpotenzen unterhalb der irdischen Skala kommen wir in den Bereich der Planck-Länge, der kleinsten von der Quantenunschärfe im Gewebe des Raums zugelassenen Länge. Unser jetziger Hubble-Radius, der den Horizont für alle gegenwärtigen Beobachtungen bestimmt, ist nur um 40 Zehnerpotenzen größer als atomare Dimensionen. Aber die Größenordnungen, die möglicherweise noch ins Blickfeld kommen könnten, sind nach *oben* hin unbegrenzt. Jenseits des jetzigen Hubble-Radius könnten viele Schichten *größerer* Strukturen liegen. Unser Teil des Universums könnte dazu bestimmt sein, nach, sagen wir, 10^{100000} Jahren zusammenzufallen – jetzt ist das Universum erst 10^{10} Jahre alt. Der Schritt von unserem jetzigen Hubble-Radius zur Gesamtgröße unseres Universums ist womöglich viel größer als der von einem einzigen Teilchen zum Hubble-Radius. Licht, das in ferner Zukunft aus Bereichen zu uns gelangen wird, die weit jenseits unseres jetzigen Horizonts liegen, könnte uns zeigen, daß wir in einem (vielleicht wenig typischen) Bereich leben, der in eine größere Struktur eingebettet ist. Vielleicht bewohnen wir sogar ein endliches Universum, eine »Welteninsel«, deren Rand einmal in unser Blickfeld kommen könnte.

Selbst ein Universum, das kollabiert, nachdem es einen ungeheuren kosmischen Zyklus durchlaufen hat, braucht keineswegs die gesamte Wirklichkeit darzustellen. In der größeren Perspektive des Multiversums ist es lediglich eine »Episode« oder ein Bereich. Ein sich ewig aufblähendes Multiversum könnte voneinander getrennte Gebiete hervorbringen, in denen jeweils andere Naturgesetze gelten. Außerdem könnte im Inneren eines jeden kollabierenden Schwarzen Lochs der Keim eines neuen expandierenden Universums stecken.

Die Gesamtheit, das Multiversum, könnte Universen umfassen, die von jeweils anderen Gesetzen und Grundkräften bestimmt werden und jeweils andere Teilchenarten enthalten. Die Universen würden nicht alle gleich lange bestehen und auch nicht alle eine gleich ereignisreiche Geschichte haben: Einige dehnen sich vielleicht wie unseres schon seit viel mehr als 10 Milliarden Jahren aus; andere könnten »Totgeburten« sein, weil sie nach kurzer Existenz zusammenfallen oder weil die Naturgesetze, die sie bestimmen, nicht vielfältig genug sind, um komplexe Formen zuzulassen. Das Maß für die »Unebenheiten« Q könnte in anderen Universen sehr viel größer, aber auch kleiner sein als in unserem. In einigen von ihnen könnte der Raum selbst auch eine andere Anzahl von Dimensionen haben.

Wahrscheinlich werden sich nur einige Universen (unter ihnen natürlich unser eigenes) als Umwelten erweisen, die für die Entwicklung von Komplexität und für Evolution geeignet sind. Eine so (buchstäblich unendlich) erweiterte Sicht des Kosmos ist eine notwendige Voraussetzung für »anthropisches« Denken, wie wir es in Kapitel 14 und 15 erörtern. Andere Universen lassen sich nicht unmittelbar beobachten, aber der Stand der Dinge ist nicht schlechter als bei den Superstrings (oder auch bei den vertrauteren Quarks): Auch diese sind nichtbeobachtbare theoretische Konstruktionen, deren Auswirkungen uns helfen, das Wirken der Welt zu verstehen.

Unser Universum scheint uns nur deshalb gleichförmig zu sein, weil unser jetziger Beobachtungshorizont im Vergleich mit den Größenordnungen des Multiversums so klein ist. Aber möglicherweise ist es etwas »Besonderes«. Wir sind offenbar nicht an einem x-beliebigen Punkt im Raum, denn wir leben auf einem Planeten, der von einem Stern erwärmt wird. Das ist allerdings nicht so erstaunlich, daß wir behaupten, es wäre »typischer«, irgendwo isoliert im intergalaktischen Raum zu leben. Aber immerhin muß auch unser »Heimatuniversum« etwas »Besonderes« sein – sein Inhalt, die Gesetze und Kräfte, die es beherrschen –, damit sich in ihm Leben entfalten konnte. Möglicherweise können wir unser Heimatuniversum besser verstehen, wenn wir erkennen, daß es nur eine Insel im kosmischen Archipel ist.

Die ersten Kartographen haben Vermutungen darüber angestellt, welche Kontinente wohl jenseits der Grenzen der damals bekannten Welt liegen könnten und welche Drachen und Schlangen die *terra incognita* bevölkerten. Unsere Vorstellungen über Bereiche, die wir nicht beobachten können, mögen ähnlich fragwürdig erscheinen. Aber unsere Vorstellung von ihnen gründet auf einigen bewährten Theorien, welche die »Drachen«, die jenseits unseres kosmischen Horizonts lauern mögen, zumindest in Schach halten.

11 Exotische Überreste und fehlende Zwischenglieder

Ich kenne *nichts* als Wunder.

Walt Whitman

Naturwissenschaft ist überhaupt nur möglich, weil wir in der Natur Strukturen und Regelmäßigkeiten wahrnehmen. Wenn wir die sich ansammelnden Daten nicht irgendwie ordnen könnten, würden sie uns durch ihre Fülle ersticken. Wenn sich dagegen zuvor unzusammenhängende Tatsachen als miteinander verknüpft erweisen und in immer allgemeinere Gesetze einordnen lassen, braucht man sich nur wenige voneinander unabhängige Grundtatsachen zu merken, weil sich aus ihnen alles andere herleiten läßt. Wir müssen nicht das Fallen jedes einzelnen Apfels beschreiben.

Bisher gelang es der Physik und der Astronomie besser als anderen Naturwissenschaften, die verwirrenden Komplexitäten der Natur erfolgreich auf einige wenige Grundprinzipien zu reduzieren. Die Regelmäßigkeit der Bahnen von Mond und Planeten ist von alters her bekannt. Wir verdanken Newton den großen vereinheitlichenden Gedanken, daß all diese Bewegungen von derselben Gravitationskraft bestimmt werden, die uns auf der Erde hält. Die Chemiker Dimitri Mendelejew und Julius Lothar Meyer zeigten im 19. Jahrhundert unabhängig voneinander, wie sich die über 90 chemischen Elemente ordnen lassen. Diese im periodischen System zusammengefaßte Struktur schreiben wir jetzt der Tatsache zu, daß Atome aus nur drei Grundkomponenten bestehen, nämlich aus Protonen und Neutronen (Baryonen), die den Atomkern bilden, und aus den negativ geladenen Elektronen, die nach den Gesetzen der Quantenmechanik den Kern umlaufen. Im Lauf der Geschichte unserer Galaxis haben sich alle Atome aus den beiden einfachsten

Elementen gebildet, nämlich aus Wasserstoff und Helium. Diese beiden wiederum sind das Ergebnis von Kernreaktionen in den ersten 3 Minuten des Urknalls.

Das Grundlegende hat seinen eigenen Reiz. Die großen Einsichten der Naturwissenschaft beruhen auf der Systematisierung oder Vereinheitlichung von Phänomenen, die zuvor keine Ordnung erkennen ließen. Alle Physiker streben danach, die Naturkräfte zu vereinheitlichen oder eine große Synthese von Einsteins Relativitätstheorie und der Quantentheorie zu finden. Diese Probleme haben offensichtlich höchste Priorität. Aber wenn sich die Bemühungen aller Forscher auf ein hochgradig theoretisches Gebiet konzentrieren, kann das für all jene sehr frustrierend sein, die nicht zu den wenigen begnadeten (oder glücklichen) Erfolgreichen gehören.

Wenn es um die Entscheidung geht, welchem Problem man die eigenen wissenschaftlichen Bemühungen widmen sollte, ist es nicht unbedingt anzuraten, sofort das wichtigste Problem anzugehen, denn das ist möglicherweise weder aktuell noch zugänglich. Ein besseres Verfahren ist es wohl, das Produkt aus der Bedeutung des Problems und den eigenen Aussichten, es lösen zu können, zu maximieren. In einem berühmten Aufsatz sagt Peter Medawar dazu:

> Kein Wissenschaftler wird dafür bewundert, daß ihm der Versuch nicht gelungen ist, Probleme zu lösen, die nicht in seinem Kompetenzbereich liegen. Er kann höchstens die freundliche Verachtung erhoffen, die weltfremden Politikern zuteil wird. Wenn Politik die Kunst des Möglichen ist, ist Forschung sicherlich die Kunst des Lösbaren . . . Gute Naturwissenschaftler untersuchen die wichtigsten Probleme, die sie für lösbar halten.

Wissenschaftliche Arbeit entfaltet sich gelegentlich recht planlos. Einige Gebiete sind außerordentlich gut durchorganisiert: Immer wenn einer der dort führenden Forscher einen neuen Ansatz vorschlägt, wird der rasch aufgegriffen und von einer Phalanx talentierter (gewöhnlich jüngerer) Theoretiker vorangetrieben. Auf anderen Gebieten jedoch werden interessante und aktuelle Projekte wenig beachtet, oft deshalb, weil die Forscher, die über das nötige Wissen und Können verfügen, schon anderweitig beschäftigt sind. Die Suche nach Vereinheitlichten Theorien hat seit den Zeiten von Meyer und Mendelejew weit geführt. Heute ist es das Ziel, die grundlegenden Beziehungen zwischen Teilchen und Kräften zu entdecken, denn noch empfinden wir die subatomare Welt als verwirrend und willkürlich. In den siebziger Jahren entwickelten Physiker das, was später als »Standardmodell« bezeichnet wurde. Das brachte etwas Ordnung in die Erforschung der Welt der Quarks, Elektronen und anderer Teilchen, aber die Anzahl der Elementarteilchen ist immer noch bedrückend hoch, und die Gleichungen enthalten immer noch 18 Zahlen, die durch Experimente bestimmt werden müssen und nicht theoretisch hergeleitet oder in Beziehung gesetzt werden können. Vermutlich geht es auf diesem Gebiet ohne einige neue experimentelle Entdeckungen nicht weiter. Der Teilchenphysiker John Polkinghorne schrieb einmal zu diesem Thema:

> In Anbetracht der ruhelosen und wettbewerbsorientierten Einstellung aufgeweckter junger Theoretiker, die immer begierig sind, sich einen Ruf zu machen, indem sie die Gedanken der Älteren widerlegen oder ersetzen, ist es schwer zu glauben, daß es viele – oder überhaupt irgendwelche – vernünftige Alternativen gibt, die der Aufmerksamkeit entgingen, nur weil die gesellschaftlich bedingte träge Zufriedenheit mit dem Status quo zu groß war.

Das »Standardmodell« war ein wirklicher Fortschritt – es erklärt die Ergebnisse der meisten Experimente, selbst jener, die mit Hochenergiebeschleunigern durchgeführt wurden. Aber es ist unbefriedigend, denn viele Zahlen bleiben zusammenhanglos und unerklärt. Es gibt wenig Übereinstimmung darüber, wie der nächste Schritt zu einer »Vereinheitlichung« der physikalischen Grundkräfte aussehen sollte. Eines der Hindernisse ist, daß die Eigenschaften, über welche eine Vereinheitlichte Theorie charakteristische Aussagen machen will, sich vermutlich nur bei Energien zeigen, wie sie außer in den ersten Augenblicken unseres Universums nirgendwo vorkommen – außer vielleicht tief im Inneren Schwarzer Löcher. Hochmathematische Theorien wie die Superstringtheorie sind noch keinen realistischen Experimenten zugänglich.

Ein Übermaß an Theorienbildung kann ungesund sein: Zum Wesen der Naturwissenschaft gehört die Konfrontation mit Experiment und Beobachtung, nicht der Rückzug. Deshalb ist die Schnittfläche mit der Kosmologie so wichtig. Ganz zu Beginn unseres Universums sollten sich Teilchen mit viel mehr Energie bewegt haben, als sich in irgendeinem Laborversuch erzeugen läßt.

Die Theoretiker beschäftigen sich viel damit, wie Kräfte und Teilchen vereinheitlicht werden könnten. Mit etwas Glück stoßen sie vielleicht einmal auf die richtige Lösung. Kann die Kosmologie irgendwelche Hinweise darauf liefern? Sagen diese Theorien beispielsweise etwas über das heutige Universum vorher, das überhaupt nicht zu dem paßt, was wir sehen? Oder (noch besser), sagen sie etwas über irgendwelche kosmischen Überreste oder Fossilien vorher, die tatsächlich entdeckt werden könnten?

Mit Hilfe wohlbestätigter Physik können wir die kosmische Evolution bis in das Stadium zurückverfolgen, in dem das Universum 1 Millisekunde alt war. Die leistungsfähigsten Beschleuniger können die Bedingungen erzeugen, die bei 10^{-14} Sekunden herrschten. Davor müssen die Energien noch höher gewesen sein, und viele entscheidende Eigenschaften könnten sich unserem Universum aufgeprägt haben, als die kosmische Uhr erst 10^{-36} Sekunden anzeigte. In diesem Zusammenhang kommt jedem Zehnerfaktor im Alter des Universums die gleiche Bedeutung zu. Der Sprung zurück von 10^{-12} Sekunden zu 10^{-36} Sekunden ist so gesehen größer (denn er umfaßt mehr Zehnerfaktoren) als die Zeitspanne zwischen 3 Minuten, als sich das Helium bildete, und der Jetztzeit (also etwa $3 \cdot 10^{17}$ Sekunden oder 10 Milliarden Jahre).

Die Suche nach »Fossilien« aus dieser extrem frühen Zeit, nach »Zwischengliedern« zwischen Kosmos und Mikrowelt, ist für Kosmologen so wichtig wie für Teilchenphysiker. In diesem Kapitel beschreibe ich drei außergewöhnliche mögliche Phänomene, von denen jedes eines Tages entdeckt werden könnte: Schwarze Löcher, die so massereich sind wie ein Berg, aber kleiner als ein einzelnes Atom; Strings, also Fäden, die das Weltall durchziehen und dünner sind als ein Atomkern, aber so schwer, daß ihre Schwerkraft die Galaxienbildung ausgelöst haben könnte, und magnetische Monopole.

Hawking-Strahlung: Ein vereinheitlichender Gedanke

Schon 1974 war Stephen Hawking wegen seiner Forschungen auf dem Gebiet der Gravitationsphysik anerkannt. Er hatte die Wiedererweckung dieses Themas eingeleitet, die durch die mathematischen Einsichten ermöglicht worden war, die wir Penrose verdanken, und er hatte das Wesen der Schwarzen Löcher erhellt. Der Gedanke, daß Schwarze Löcher existieren, wurde allmählich ernst genommen.

Damals wurde Hawkings Gesundheit zunehmend schlechter. Oft habe ich ihn in seinem Rollstuhl in sein Arbeitszimmer gefahren und ihm ein Buch aufgeschlagen – er konnte selbst kein Buch halten, nicht einmal seine Seiten wenden. Er las Bücher über Quantenelektrodynamik – die von Richard Feynman, Freeman Dyson und anderen entwickelte Theorie, die mit phantastischer Genauigkeit die Strahlung von Elektronen und Atomen erklärt. So saß er zusammengesunken, fast bewegungslos, jeden Tag mehrere Stunden lang lesend und denkend. Seine Krankheit schien ihn zu überwältigen, und ich hegte wenig Hoffnung, daß er zu weiteren Ergebnissen kommen würde. Aber nach diesen Monaten des Nachdenkens gelangte er zu einer neuen Einsicht und stellte einen Zusammenhang zwischen den Theorien von Feynman und Dyson (die nichts mit der Schwerkraft zu tun hatten) und Einsteins Relativitätstheorie her. Er zeigte, daß Schwarze Löcher nicht vollständig schwarz sind, sondern strahlen, und fand gleichsam als Zugabe eine neue Verbindung zwischen der Schwerkraft und der Thermodynamik. Dyson nannte diesen begrifflichen Durchbruch einmal »einen der großen vereinheitlichenden Gedanken in der Physik«.

Hawking hat unbeirrt weitergeforscht und sich besonders mit dem umfassenderen Problem beschäftigt, wie Quantentheorie und Kosmologie zu vereinbaren sind. Aber diese Fragen bleiben umstritten, denn auch jetzt, 20 Jahre später, vertreten konkurrierende »Schulen« unterschiedliche Ansichten, und es ist unklar, ob sich der von Hawking bevorzugte Ansatz durchsetzen wird. Die Bedeutung seiner Arbeiten von 1974 und 1975 zur Quantenstrahlung Schwarzer Löcher jedoch ist heute unumstritten. Damals allerdings entsprachen diese Gedanken so wenig der vorherrschenden Meinung, daß man sich nur schwer an sie gewöhnen konnte. Als Hawking seine Überlegungen bei einer Konferenz in Oxford zum erstenmal vorstellte, zeigte der Vorsitzende, John Taylor, ganz offen seine Geringschätzung. Bald darauf veröffentlichte Taylor gemeinsam mit Paul Davies (der später angesehene populärwissenschaftliche Bücher verfaßte) eine Arbeit, in der er den Gedanken »widerlegte«. Es dauerte mehr als ein Jahr, bis die führenden Experten – vor allem Zeldovich und seine Kollegen in Moskau – von Hawkings Behauptungen überzeugt waren. Heute zählt die Vorstellung, daß Schwarze Löcher »verdampfen«, zu den Höhepunkten unseres Verständnisses der Gravitation, ganz gleich, ob die vorhergesagten Wirkungen jemals beobachtet werden können oder nicht.

Minilöcher

Schwarze Löcher können beliebig groß sein: Ihr Radius ist proportional zu ihrer Masse. Die riesigen Löcher mit 1 Milliarde Sonnenmassen, die im Zentrum von Galaxien lauern, könnten unser ganzes Sonnensystem verschlingen. Ein Loch, das so schwer ist wie die Sonne, hätte einen Durchmesser von 6 Kilometern, eines mit der Masse der Erde wäre nur 18 Millimeter groß. Wie ist es mit Schwarzen Löchern, die nur so groß sind wie Atome? Sie wären ungeheuer viel *schwerer* als Atome, denn ein Loch mit einem Gewicht von 1 Million Tonnen würde in einen Atomkern passen. Zu ihrer Erzeugung müßten etwa 10^{36} Protonen in den Raum gepackt werden, den normalerweise ein einziges Proton einnimmt. Eigentlich ist diese gewaltig große Zahl zu erwarten, denn die elektrische Abstoßung zwischen zwei Protonen ist 10^{30}mal stärker als die zwischen ihnen herrschende Gravitationsanziehung. Es müßten also ungeheuer viele Protonen eng zusammengepackt werden, damit die Schwerkraft es mit den weitaus stärkeren elektrischen und nuklearen Kräften aufnehmen kann.

Alles, was auf seiner Bahn in die Nähe eines Schwarzen Lochs gerät, fühlt auf der dem Loch zugewandten Seite einen stärkeren Gravitationssog als auf der abgewandten. Dieser Unterschied, die »Gezeitenkraft«, zerreißt jeden Stern (oder Planeten oder Astronauten), der einem Schwarzen Loch zu nahe kommt. Die Gravitations- und Gezeitenkräfte sind bei den winzigen Minilöchern, die atomare Ausmaße haben, besonders groß – sie sind so stark, daß sie sogar einzelne Elektronen und Protonen beeinflussen.

Im mikroskopisch Kleinen, dem Maßstab der Quanten, brodelt der leere Raum, »das Vakuum«, vor Aktivität, denn aufgrund von Heisenbergs berühmter Unschärfebeziehung können sich Teilchen für sehr kurze Zeit Energie »borgen«: Ein Teilchen und sein Antiteilchen können sich kurzzeitig ihre gesamte Ruhemassenenergie (mc^2) »ausleihen« und damit vorübergehend existieren. Diese »virtuellen« Teilchenpaare sind latent überall gegenwärtig. In der Nähe eines kleinen Schwarzen Lochs aber kann die Schwerkraft ein Teilchen so stark beschleunigen, daß es in der kurzen Zeitspanne, die ihm die Unschärferelation zum Ausborgen der Energie gewährt, die Energie mc^2 wiedererlangt. Es muß sich dann nicht selbst vernichten, um seine »Schuld« zurückzuzahlen: Ein virtuelles Teilchenpaar kann sich in ein *wirkliches* Teilchen (z. B. ein Elektron) und ein *wirkliches* Antiteilchen (das zugehörige Positron) verwandeln, von denen eines entkommt, während das mit negativer Energie vom Loch gefangen wird. Das Loch schrumpft ein wenig (weil es negative Energie gewonnen hat), während das andere Teilchen, das positive Energie trägt, den Fängen des Lochs entkommt.

Schwarze Löcher glühen also und sind somit nicht völlig schwarz. Aber Löcher können beispielsweise Elektronen nur dann aussenden, wenn sie selbst nicht größer sind als ein Elektron – dieser Effekt kann also nur bei »Minilöchern« eintreten.[1] Größere Löcher sind kühler und können keine Elektronen und Positronen erschaffen, wohl aber strahlen sie Licht oder Mikrowellen (oder andere Strahlungsformen) mit Wellenlängen aus, die größer sind als das Loch selbst. Die Temperatur der Schwarzen Löcher, die sich bilden, wenn massereiche Sterne sterben, liegt bei nur einem millionstel Kelvin. Für diese (und noch stärker für die noch größeren Schwarzen Löcher in den Zentren von Galaxien) ist der von Hawking beschriebene Prozeß vernachlässigbar: Große Löcher strahlen Energie viel langsamer ab, als sie sie aus der 2,7-Kelvin-Strahlung, die den ganzen intergalaktischen Raum erfüllt, aufnehmen.

Aber die Temperatur eines »Minilochs« von der Größe eines Atomkerns beträgt 1 Milliarde Kelvin. Wenn ein solches Objekt in Erdnähe käme, würde sich seine starke Strahlung bemerkbar machen. Wenn ein Miniloch strahlt, schrumpft es, und die von ihm ausgesandte Strahlung wird heißer und immer stärker, bis es schließlich in einem Blitz von Gammastrahlen verschwindet.

Schon bevor Hawking diese Schlußfolgerungen zog, hatte er gefunden, daß der Flächeninhalt des Horizonts an der Oberfläche eines Schwarzen Lochs zunehmen kann (wenn beispielsweise etwas in das Loch fällt und es an Masse gewinnt), aber niemals abnimmt. Wenn zwei Schwarze Löcher verschmelzen, sollte der Horizont des resultierenden Lochs eine größere Fläche haben als die beiden ursprünglichen Löcher zusammen. Diese Fläche kann nur zunehmen – eine Eigenschaft, wie sie auch die Entropie hat, jene Größe, die ein Maß für die »Unordnung« ist. Nach dem berühmten Zweiten Hauptsatz der Thermodynamik kann die Entropie in einem abgeschlossenen System niemals abnehmen.

Der israelische Physiker Jacob Bekenstein, damals ein Schüler John Wheelers in Princeton, verfolgte diese Analogie weiter. Wenn die Fläche eines Schwarzen Lochs der Entropie entspricht, dann, so vermutete er, entspricht die Stärke der Schwerkraft am Horizont der Temperatur. Diese Schlußfolgerung beunruhigte ihn, weil man Schwarze Löcher damals für absolut schwarz hielt, also meinte, sie könnten Strahlung zwar absorbieren, aber nicht aussenden. Bekensteins Vermutung wurde bestätigt, als Hawking zeigte, daß sie tatsächlich mit einer Temperatur strahlen, die von der Stärke der Schwerkraft an ihrem Horizont abhängt.[2] Die Theorie der Verdampfung oder, wie gelegentlich gesagt wird, der »Quantenstrahlung« Schwarzer Löcher ist insofern »kampferprobt«, als sie von mehreren Forschern auf unterschiedliche Weise hergeleitet wurde. Aber das ist kein Ersatz für die tatsächliche Beobachtung der vorhergesagten Strahlung. Könnte es also wirklich sehr kleine Schwarze Löcher geben?

Verdampfen Schwarze Löcher?

Das Universum ist mit Schwarzen Löchern durchsetzt, die Reste eines Sternentods oder das Ergebnis einer unaufhaltsamen Katastrophe im Zentrum einer Galaxie sind. Aber astronomische Prozesse führen zu keinen Schwarzen Löchern, die weniger Masse haben als 2 bis 3 Sonnenmassen. Ein Stern mit kleinerer Masse könnte auch dann, wenn er seinen Kernbrennstoff erschöpft hat, als Neutronenstern oder Weißer Zwerg auf unbestimmte Zeit stabil bleiben. Er würde sich nur dann in ein Schwarzes Loch verwandeln, wenn gewaltiger äußerer Druck ihn weiter zusammenpreßt. Dies gilt in noch stärkerem Maße für noch kleinere Objekte – Planeten oder Asteroiden.

Nur von ganz winzigen Schwarzen Löchern geht Strahlung aus. Schon um 1960 ahnte Wheeler, wie solche Löcher durch »Implosion« einer geeigneten Masse entstehen können. Seine Gedanken wecken jetzt, wenn auch noch im Geist von »Science-fiction«, neues Interesse, weil man sich den Raum im Inneren des Lochs nicht auf unbestimmte Zeit zusammengepreßt vorstellt, sondern vermutet, daß er sich aufgrund eines Quanteneffekts zu einem neuen Universum entfalten könnte. Alan Guth hat mehr im Spaß als im Ernst beschrieben, wie man »eine Welt im Labor« erschaffen könnte, indem man nur 100 Kilogramm Materie zu solch extremer Dichte zusammenfallen läßt, daß sie ein winziges Schwarzes Loch bilden. Falls wir jedoch einmal ein Miniloch finden, müssen wir darin nicht unbedingt das Produkt einer Superzivilisation sehen, es könnte auch ein Überbleibsel des frühen Universums sein.

In seinen Anfangsstadien war unser Universum vermutlich viel dichter zusammengepreßt als ein Neutronenstern. Der gewaltige Druck könnte, wie Igor Novikov als erster erkannte, Schwarze Löcher erschaffen haben, die viel kleiner sind als jene, die sich in unserem jetzigen Universum bilden. Wie wahrscheinlich das ist, hängt davon ab, wie chaotisch oder unregelmäßig die Bedingungen waren. Hoher Druck allein löst noch keine Implosion aus, dies können nur Druckunterschiede bewirken. Die glaubwürdigsten Abschätzungen, die sich mit diesen Fluktuationen beschäftigen, lassen vermuten (siehe Kapitel 7), daß der Druck im allgemeinen zu gleichmäßig gewesen ist. Minilöcher haben sich vermutlich nur dann gebildet, wenn die kleinräumigen Schwankungen im frühen Universum viel stärker waren als die für die Galaxienbildung wichtigen großräumigen – wie in einem Ozean die kurzen Wellen höher sind als die lange Dünung.

Nach einer noch extremeren Spekulation bildeten sich die »Keime« für Schwarze Löcher schon in der Planck-Zeit, und zwar aus dem »Raumzeitschaum« selbst; dann wäre ein Schwarzes Loch noch viel kleiner als ein einzelner Atomkern, könnte aber wachsen, wenn es von seiner ultradichten Umgebung Materie aufnimmt.

Schwarze Löcher sind, wie in Kapitel 6 beschrieben wurde, mögliche Kandidaten für die dunkle Materie in Galaxien. Aber ganz winzige Löcher sind nicht dunkel – sie sind heiß und strahlen hell. Löcher, die weniger als 1000 Milliarden Tonnen wiegen (ihr Durchmesser beträgt höchstens 10^{-10} cm), wären also nicht »dunkel« genug: Von ihnen scheint es nicht genug zu geben, um die gesamte dunkle Materie auszumachen, denn ihre Strahlung im Röntgen- und im Gammabereich müßte insgesamt stärker sein, als wir es beobachten. Aber es könnte natürlich eine geringere Anzahl solcher Minilöcher geben.

Löcher mit Massen weit unter 10^{15} g, die beim Urknall entstanden sein könnten, wären schon vor langer Zeit »verdampft«. Möglicherweise wären einige gerade jetzt in den letzten Zügen des Verdampfens. Jedes dieser Minilöcher von der Größe eines einzelnen Protons könnte über die gesamte Lebenszeit des Sonnensystems 10 Gigawatt ausstrahlen. Diese außerordentlichen Gebilde sind hypothetisch, ihre Eigenschaften aber lassen sich streng aus den beiden am besten bestätigten Theorien der Physik des 20. Jahrhunderts herleiten – der Kombination von Quantenelektrodynamik und Allgemeiner Relativitätstheorie. Sie könnten »Fossilien« des ganz frühen Universums sein – »fehlende Zwischenglieder« – und zeigen, wo wir nach tiefen Zusammenhängen zwischen der Schwerkraft und den die Mikrowelt beherrschenden Kräften suchen sollten.

In ihrem Todeskampf senden Minilöcher Gammastrahlung aus, die sich noch in mehreren Lichtjahren Entfernung bemerkbar machen könnte. Bald nachdem Stephen Hawking seine Entdeckung gemacht hatte, konnte ich zeigen, daß es eine noch empfindlichere Methode gibt, sie aufzuspüren. Ihre letzte Explosion könnte einen Feuerball von Elektronen und Positronen herausschleudern, die mit den schwachen, den ganzen Raum durchdringenden Magnetfeldern wechselwirken und die Energie des Feuerballs in einen Radioblitz verwandeln. Radioteleskope könnten ein solches Ereignis aufspüren, weil sie viel empfindlicher sind als Gammastrahlenteleskope. Sie könnten ein solches Ereignis, verursacht von etwas, das kleiner ist als ein Atomkern, selbst dann entdecken, wenn es in der Andromedagalaxie stattfände – also in einer Entfernung von 2 Millionen Lichtjahren.[3]

Magnetische Monopole

Zu Beginn des 19. Jahrhunderts zeigten Michael Faraday, Hans Christian Ørsted und André Marie Ampère, wie magnetische und elektrische Kräfte miteinander verküpft sind: Ein bewegter Magnet erzeugt eine elektrische Kraft (und beeinflußt ein Galvanometer), und umgekehrt erzeugen bewegte elektrische Ladungen (elektrischer Strom) ein Magnetfeld. Auf diesen berühmten Entdeckungen beruhen Dynamos und Elektromotoren. Mitte des 19. Jahrhunderts entwickelte James Clerk Maxwell eine Theorie, die Elektrizität und Magnetismus zum »Elektromagnetismus« vereinigte. In den Maxwellschen Gleichungen herrscht eine fast vollkommene Symmetrie zwischen den beiden Kräften – rasch veränderliche elektrische Felder verursachen magnetische Felder und umgekehrt. Aber es gibt einen wichtigen Unterschied. Während es positive und negative elektrische Ladungen gibt, können wir keinen magnetischen »Nordpol« oder »Südpol« isolieren – wenn wir Magneten durchtrennen, erhalten wir immer kleinere Magneten, die jeder zwei Pole haben.

Die häufigsten beweglichen Träger elektrischer Ladung sind die Elektronen. Sie haben eine (aus historischen Gründen negativ genannte) »Standardladung«. Protonen haben eine genau gleiche positive Ladung. Als Paul Dirac 1931 zu verstehen versuchte, warum elektrische Ladungen quantisiert sind, fand er eine elegante Erklärung, die nur dann zutreffen konnte, wenn es magnetische Monopole gibt; er berechnete sogar die »magnetische Ladung«, die diese hypothetischen Objekte haben müßten, wenn seine Theorie zutraf.

Die Suche nach Monopolen war sehr entmutigend. Sie sollten nach Diracs Meinung sehr leichte Teilchen sein. Nachdem kein einziger Monopol beobachtet wurde, gab man den Gedanken zunächst wieder auf. Es ist unmittelbar einsichtig, daß es nicht allzu viele geben kann, denn genau wie elektrische Ladungen in Leitern ein elektrisches Feld »kurzschließen« können, würden magnetische Monopole (von denen die Hälfte eine »Nordladung« hat und die andere eine »Südladung«) ein Magnetfeld aufheben, wenn sie darin freigesetzt würden. Unsere gesamte Galaxis ist aber von einem Magnetfeld durchdrungen, das keinen Bestand hätte, wenn es zu viele Monopole gäbe.

Heute vermutet man Monopole in einer anderen Verkleidung: als »Knoten« im Vakuum. Im sehr frühen Universum war auch das Vakuum ganz anders als heute, denn es gab damals noch keine

Atomkerne, die beiden Kräfte, welche die Kerne zusammenhalten – die elektrische Kraft und die sogenannte »starke« Kernkraft –, waren noch nicht getrennt und konnten ihre Eigenart erst nach einer Phase erhalten, in der sich das Vakuum selbst veränderte. Wie in Kapitel 10 erläutert, steckte vor dieser Phase die gesamte Energie im Vakuum.

Genau wie Wasser nicht unbedingt zu einem vollkommenen Kristall gefriert, wurden bei diesem kosmologischen Phasenübergang Defekte im Raum eingefroren. Die einfachsten solcher Defekte sind magnetische Monopole. Die moderne Theorie der Monopole wurde von den beiden Theoretikern Alexander Polyakov und Gerard t'Hooft unabhängig voneinander formuliert. Sie und andere erkannten, daß Monopole dann, wenn die Große Vereinheitlichte Theorie zutrifft, schon 10^{-36} Sekunden nach dem Urknall entstanden sein müßten, als die Kräfte sich differenzierten. Diese Monopole wären im Gegensatz zu jenen, die Dirac sich vorstellte, sehr massereich – etwa 10^{15}mal schwerer als »gewöhnliche« Teilchen – und könnten deshalb unmöglich im Labor hergestellt werden. Von ihnen sollten aber so außerordentlich viele den Urknall überlebt haben, daß sie das galaktische Magnetfeld kurzschließen könnten. Außerdem würde ihre Gesamtmasse größer sein als alles, was es sonst im Universum gibt (sogar zur Erklärung der dunklen Materie wäre sie zu groß).

Einer der Vorzüge von Guths Theorie des »inflationären Universums« ist nach Meinung ihres Erfinders, daß sie das sogenannte »Monopolproblem« lösen kann. Danach wäre das Monopolgas während der Inflation so stark verdünnt worden, daß kaum Aussicht besteht, in unserer ganzen Galaxis auch nur einen einzigen Monopol zu finden. Wer exotische Physik eher skeptisch betrachtet, läßt sich vielleicht nur ungern von einer theoretischen Überlegung überzeugen, die das *Fehlen* von Teilchen erklärt, die selbst nur hypothetisch sind. Eine Krankheit, die es gar nicht gibt, läßt sich durch Vorbeugung leicht hundertprozentig vermeiden.

Monopole sind sehr interessante Gebilde, sie wären Beispiele dafür, wie das Universum im Alter von 10^{-36} Sekunden war. Jeder

Monopol wäre also ein mikroskopisch kleines Fossil der ungewissen frühen Phasen der kosmischen Geschichte. Ein Teilchen, das frontal auf einen Monopol zuläuft, würde beschleunigt und in umgekehrter Reihenfolge die Bedingungen durchlaufen, die vom Urknall bis in den Bereich von 10^{-36} Sekunden herrschten.

In unserem heutigen Universum kann ein Teilchen nicht geschaffen (oder vernichtet) werden, ohne daß mit einem Antiteilchen dasselbe passiert. Dieses Gesetz kann jedoch, wie Sacharow als erster bemerkte (siehe Kapitel 9), im frühen Universum nicht gegolten haben, weil sonst die Materie kein Übergewicht über die Antimaterie erhalten hätte – jedes Proton wäre inzwischen von einem Antiproton vernichtet worden, und unser Universum enthielte nur Strahlung. Ein Proton, das mit einem Monopol zusammenstößt, käme in eine so sonderbare Welt, wie es das ganz frühe Universum war, wo es auch ohne sein Antiteilchen durch die Umwandlung von Masse in Energie vernichtet werden konnte.

Weil der Kern eines Monopols so klein ist, sollten sich Teilchen nur selten vernichten, solange die Materie nicht sehr dicht gepackt ist. Hohe Dichten finden wir in unserem heutigen Universum vor allem im Inneren von Neutronensternen, wo jeder Kubikzentimeter die Masse eines Bergs enthält. Neutronensterne sind aus einem zweiten Grund ideal für die Vernichtung von Teilchen: Sie sind nicht nur die dichtesten uns bekannten Objekte, sondern auch die am stärksten magnetisierten.[4]

Magnetische Monopole würden diese starken Magnetfelder sofort »ansteuern«. Wenn ein Neutronenstern einen Monopol einfängt, läßt dieser sich in seiner Mitte nieder. Immer wenn einer dieser Monopole ein Teilchen vernichtet, wird Wärme erzeugt. Es gibt in unserer Galaxis etwa 100 Millionen Neutronensterne, die alle Überreste von Supernova-Explosionen sind. Die meisten von ihnen müssen relativ »kalt« sein, denn sonst hätten Röntgenteleskope sie entdeckt, und deshalb können sich in ihnen nicht viele Monopole angesammelt haben. Diese kalten alten Neutronensterne setzen der Anzahl der Monopole in unserer Galaxis eine noch niedrigere Grenze als großräumige Magnetfelder. Die experimentelle

Suche nach Monopolen stellt eine große Herausforderung dar – vielleicht gibt es Monopole, aber die Astronomen sind sich sicher, daß es nur sehr wenige sind.

Strings

Monopole sind die einfachste Art von »Knoten« oder »topologischen Defekten«, die im Raum »eingefroren« sind. Besonders aufregend ist die Vorstellung, daß lange lineare Defekte, sogenannte »kosmische Strings«, aus dem sehr frühen Universum überlebt haben könnten.[5]

Schon um 1970 erwog Tom Kibble von der Universität London in ersten bahnbrechenden Überlegungen die Möglichkeit kosmischer Strings. Als unser Universum 10^{-36} Sekunden alt war und sich das Vakuum von einem hochenergetischen Zustand, der die Inflation vorantreiben konnte, in das verwandelte, was wir jetzt »leeren Raum« nennen, blieb vielleicht etwas vom ursprünglichen Vakuumzustand in sehr dünnen Röhren eingefangen. Diese Strings sollten 20 Zehnerpotenzen dünner sein als ein Atom, würden aber die ungeheuer große Masse von 10^{17} Tonnen pro Meter haben.

Strings sind endlose Fäden, die sich entweder durch das ganze Universum erstrecken oder geschlossene Schlingen bilden, ähnlich wie Gummibänder. Die Schwingungen eines gewöhnlichen elastischen Strings hängen von seiner Spannung und seiner Masse ab. Kosmische Strings sind zwar schwer, haben aber eine so hohe Spannung, daß sie nahezu mit Lichtgeschwindigkeit schwingen. In einem Gitter von »offenen« Strings würden diese quasi um sich schlagen. Gelegentlich würden zwei Strings einander überkreuzen, ein offener String könnte sich auch mit sich selbst verwickeln und sich selbst zerschneiden. Falls das passierte, würde eine Schlinge abgetrennt werden. Das Netzwerk der Strings würde also in jedem Stadium aus Schlingen verschiedener Größen und aus »offenen« Strings bestehen, die mit dem Universum expandieren.[6]

Diese kosmischen Strings dürfen nicht mit den in Kapitel 9 erwähnten Superstrings verwechselt werden, die hypothetische Größen in einem zehndimensionalen Raum sind und möglicherweise allen Teilchen und Naturkräften zugrunde liegen. Auch kosmische Strings sind insofern nur hypothetisch, als ihre Existenz auf den uns unbekannten Bedingungen beruht, die im sehr frühen Universum herrschten. Aber falls es sie gibt, sind sie Objekte von kosmischer (und nicht mikroskopischer) Länge und könnten sich in unserem jetzigen Universum (sogar spektakulär) bemerkbar machen.

Der Gravitationssog der Strings hätte auch in einem extrem glatten frühen Universum Schwankungen erzeugt. In den Jahren nach 1980 untersuchten Kibble, Alex Vilenkin und Neil Turok, ob Stringschleifen die »Keime« sein könnten, um die sich Galaxien bilden. Die Schlingen, welche die Strings in allen Größenordnungen bilden, wären dann in einer Weise angeordnet, die an die Hierarchie der Galaxien erinnert. Dieser Gedanke erwies sich jedoch bei gründlicherem Nachforschen als unhaltbar. Ein Problem ist beispielsweise, daß die Stringschleifen dann mit etwa einem Zehntel der Lichtgeschwindigkeit durch den Raum rasen müßten – so rasch, daß ihre Schwerkraft die Materie der Umgebung nicht so rasch hätte einfangen können, wie es zur Bildung einer Galaxie nötig ist.

Dieser Schluß mag enttäuschen, aber die Wahrscheinlichkeit, daß es Strings gibt, ist deshalb nicht geringer – es muß eben im frühen Universum auch andere Unregelmäßigkeiten gegeben haben als nur die Strings. Und er nimmt der Suche nach Objekten, die auf so außergewöhnliche Weise die Kluft zwischen der Mikrowelt und der kosmischen Skala überwinden, nichts von ihrem Reiz.

Was würde passieren, wenn ein String in unserer Nähe wäre? Ein gerader String verzerrt den Raum, deshalb würde sich ein Kreis, der um ihn herum gezogen wird, schon nach etwas weniger als 360 Grad schließen. Solange sich der String nicht bewegt, sollten wir nur sehr wenig von ihm bemerken und keine Schwerkraft fühlen. Wenn er sich aber bewegt und uns gar zerschneidet, würde sich die Verzerrung des Raums deutlich bemerkbar machen, weil unsere beiden Teile mit Überschallgeschwindigkeit aufeinanderprallen würden. Ein realistisches Netzwerk schwerer Strings ist glücklicherweise so außerordentlich weitmaschig, daß es in unserer Galaxis und erst recht in unserem Sonnensystem möglicherweise keinen einzigen String gibt. Wir müssen also nach weniger dramatischen Auswirkungen suchen.

Weil die Strings den sie umgebenden Raum verzerren, lenken sie Licht ab und führen zu einer für sie charakteristischen Art von Gravitationslinsen. Eine Galaxie, die hinter einem langen String liegt, würde doppelt zu sehen sein, an jeder Seite des Strings einmal. Die Suche nach Paaren von Galaxien, die auf diesen Linseneffekt zurückzuführen sind, war bis jetzt ergebnislos.[7] Das ist jedoch kein entscheidender Rückschlag für die Stringhypothese, weil die Anzahl der Strings höchstens ausreicht, ein Tausendstel des Himmels zu beeinflussen. Die Astronomen hätten einfach außerordentlich viel Glück gehabt, wenn sie schon einen String gefunden hätten. Jeder zweifelsfreie Hinweis auf Gravitationslinseneffekte durch Strings würde verraten, wie viele Tonnen ein Meter String wiegt, und dies hätte unmittelbare Folgen für Einzelheiten einer Vereinheitlichten Theorie, die noch nicht durch Experimente gesichert sind. (Das ist natürlich ein weiterer Grund, warum Physiker sehr gern Strings finden möchten.)

Strings könnten ihr Vorhandensein indirekt verraten, weil ihre Bewegungen Gravitationsstrahlung erzeugen – Wellen veränderlicher Schwerkraft, die mit Lichtgeschwindigkeit durch den Raum rasen. Diese Wellen könnten auch als Nebenprodukt eines ganz anderen Forschungsprogramms entdeckt werden – bei der genauen Zeitmessung der Pulsare.

Die von Strings herrührenden Gravitationswellen würden Perioden von Jahren oder auch (bei großen Schlingen) von Jahrtausenden haben. Diese Wellen würden den ganzen Raum etwas verzerren, und jeder Stern in jeder Galaxie würde um seine Mittellage herumpendeln. Die Geschwindigkeit der Sonne relativ zu einem fernen Stern würde sich mit jedem Auf und Ab einer solchen

Welle verändern. Wenn ein Stern eine regelmäßig tickende Uhr hätte, würden die Änderungen seiner Entfernung die Laufzeit der Signale beeinflussen. So würden beispielsweise Gravitationswellen mit einer Periode von 10 Jahren bewirken, daß das Ticken 5 Jahre lang im Mittel früher ankommt als in den folgenden 5 Jahren und so fort. Ein Pendeln, das auf, sagen wir, 1 Kilometer hinausliefe, würde die Ankunft des Tickens um die Zeitspanne beschleunigen oder verlangsamen, die Licht braucht, um 1 Kilometer zurückzulegen, also um etwa 3,3 Mikrosekunden. Wenn der Raum von Gravitationswellen durchdrungen wäre, würde uns also die Zeit, die das Ticken der Uhren anzeigt, etwas unregelmäßig vorkommen.

Erstaunlicherweise stellen einige Sterne tatsächlich genaue Uhren dar. Dies sind die Pulsare – rotierende Neutronensterne, die von ihrer Oberfläche eine Art »Leuchtturmsignal« abstrahlen, von dem wir bei jeder Umdrehung einen Radioimpuls erhalten (siehe Kapitel 4). Einige Pulsare, besonders jene, die sich am schnellsten drehen (sie machen pro Sekunde bis zu 600 Umdrehungen), sind wirklich sehr regelmäßige Uhren; die Pulse sind so kurz und scharf, daß ihre Ankunftszeiten bis auf Bruchteile einer Mikrosekunde genau gemessen werden können. Selbst eine Bewegung, die sich in mehreren Jahren auf nur 100 Meter beläuft – 3 Millimeter in der Stunde –, macht sich dann in den Zeitangaben bemerkbar. Wenn es Strings gäbe, deren Masse ausreichte, damit ihre Gravitationsfelder zur Galaxienbildung geführt haben könnten, hätten ihre Gravitationswellen etwa derartige Wirkungen.

Die Vorstellung, daß kosmische Strings die Keime der Galaxien sein könnten, ist an sich schon außergewöhnlich. Aber es ist noch erstaunlicher, daß diese Strings Gravitationswellen erzeugen, die Joseph Taylor und seine Kollegen entdecken könnten, indem sie unregelmäßige Bewegungen in Neutronensternen aufspüren, die Tausende von Lichtjahren entfernt sind, obwohl die Wellen den Stern in langsamerer Folge anstoßen, als der Stundenzeiger um eine Uhr läuft!

Wenn es Strings gibt, die so schwer sind, daß sie die Galaxienbildung beeinflussen können, sollten sie bald entdeckt werden; sonst wird man diesen Gedanken aufgeben. Aber leichtere Strings lassen sich schwerer entdecken oder ausschließen, deshalb wird die Suche nach diesen und nach anderen exotischen Überresten der ereignisreichen 10^{-35} Sekunden weitergehen, mit denen die kosmische Geschichte begann.

12 Auf dem Weg zur Unendlichkeit: Die ferne Zukunft

In dieser großen himmlischen Schöpfung könnte der Untergang einer Welt wie der unseren oder auch die totale Zerstörung eines ganzen Weltensystems möglicherweise für den großen Urheber der Natur nicht mehr bedeuten, als ein kleiner Unfall für uns bedeutet. Mit aller Wahrscheinlichkeit sind für ihn endgültige und allumfassende »Jüngste Tage« so häufig wie Geburtstage oder Todesfälle bei uns auf der Erde.
Dieser Gedanke hat etwas so Tröstliches für mich, daß ich bekenne, niemals die Sterne betrachten zu können, ohne mich darüber zu wundern, warum nicht alle Menschen Astronomen werden ... und ohne alle Bedenken jene kleinen Probleme hinter sich lassen, die in der menschlichen Natur liegen.

Thomas Wright of Durham (1752)

Die nächsten 100 Milliarden Jahre

In etwa 5 Milliarden Jahren wird die Sonne zu einem Roten Riesen anschwellen, die inneren Planeten verschlingen, alles Leben auf der Erde zum Verglühen bringen und schließlich als langsam verblassender Weißer Zwerg zur Ruhe kommen. Etwa zur selben Zeit (auf 1 Milliarde Jahre kommt es dabei nicht an) wird die Andromedagalaxie, die sich uns jetzt schon nähert, mit unserem eigenen Milchstraßensystem verschmelzen. Wenn zwei Galaxien verschmelzen, bleiben die meisten ihrer Sterne unversehrt. Die Wahrscheinlichkeit, daß einzelne Sterne frontal zusammentreffen, ist nur 1 : 100 Milliarden. Aber die Bewegungen aller Sterne würden ernsthaft gestört, und der »große galaktische Bauplan« von Scheibe und Spiralarmen würde durcheinandergebracht.[1] Das Ergebnis wäre ein einziger amorpher Schwarm von Sternen, der einer aufgeblähten »elliptischen« Galaxie gleicht.

Wie wird unser gesamtes Universum aussehen, wenn es zehnmal älter ist als heute – also in, sagen wir, weiteren 100 Milliarden Jahren? Die kosmische Expansion wird durch den Gravitationssog verlangsamt, den jede Galaxie auf alles andere ausübt. Die meisten Kosmologen würden wetten, daß unser Universum sich auch in 100 Milliarden Jahren noch ausdehnen wird. Sie glauben heute, daß Omega entweder in der Nähe von 0,2 liegt oder, aus theoretischen Gründen, fast genau 1 ist. Als bei einer Konferenz 1995 über diese Frage abgestimmt wurde, fanden diese beiden Werte fast genau gleich viel Zustimmung unter den Teilnehmern – erfreulicherweise meinte nur eine kleine Minderheit, dies sei ein gutes Verfahren, wissenschaftliche Fragen zu entscheiden!

Auch in der Theorie gibt es Moden und damit Veränderung. Anfang 1970 gab es weniger genaue Beobachtungshinweise als heute (und jene, die es gab, legten nahe, daß Omega klein ist), aber die allgemeine Meinung sprach sich für ein endliches »geschlossenes« Universum aus. Ein solches Universum würde nach einer endlichen Zeit kollabieren und nur endlich viel Materie enthalten – je größer es ist, um so länger würde der »Zyklus« dauern. Man fand anscheinend keinen guten Grund, warum unser Universum ungeheuer viel größer sein sollte als der Teil, den wir schon gesehen haben, oder warum es sich viel stärker aufblähen und länger ausdehnen sollte als bisher.

Auch einige eher philosophische Überlegungen sprachen für ein geschlossenes Universum. Eine beruft sich auf das sogenannte »Trägheitsproblem«. Galilei erkannte, daß es in einem fensterlosen Labor keine Möglichkeit gibt, die eigene Geschwindigkeit zu bestimmen – man kann nur die Beschleunigung messen. Aber mit der *Rotation* scheint es anders zu sein. Wenn Wasser in einem Eimer in Drehung versetzt wird, verformt sich die Oberfläche – das Wasser steht in der Mitte niedriger und steigt zum Rand hin an. Newton bemerkte, daß dies nicht davon abhängt, ob der Eimer selbst sich mitdreht – die Wasseroberfläche reagiert in einem »absoluten Bezugssystem« auf die Drehung und nicht relativ zum Eimer.

Wir verdanken Newton den Begriff des Inertialsystems – eine rotierende Flüssigkeit, ein Kreisel oder ein Pendel legt ein Bezugssystem fest, und wir können prüfen, ob unser Laboratorium sich relativ dazu dreht. Aber es ist immer noch ein Geheimnis, was ein Inertialsystem bestimmt. Diese Frage hat schon vor Newtons Zeit die Philosophen interessiert; einer von denen, die sich damit beschäftigten, war der französische Philosoph Jean Buridan, der Anfang des 14. Jahrhunderts wirkte. (Er ist bekannt wegen seines kompromißlos logischen Esels, der verhungert, weil er sich nicht entscheiden kann, welchen von zwei gleich großen Heuhaufen er fressen soll.) Buridan sagte:

Den Himmelskörpern sollten die edleren Bedingungen zugeschrieben werden ... Aber es ist edler und vollkommener, in Ruhe zu sein, als sich zu bewegen. Deshalb sollte die höchste Sphäre in Ruhe sein.

Der österreichische Physiker und Philosoph Ernst Mach behauptete, ein Inertialsystem werde von der mittleren Bewegung aller Himmelskörper bestimmt, und eine Kreiselachse sei beispielsweise relativ zu fernen Galaxien festgelegt (»Machsches Prinzip«). Was würde mit dem rotierenden Eimer passieren, so überlegte er, wenn man den Rest des Universums entfernen könnte? Er meinte, im leeren Raum sei der Begriff des Inertialsystems sinnlos. Seitdem hat das Machsche Prinzip in kosmologischen Debatten oft eine große Rolle gespielt.

Unter den Universen, die den Gleichungen der Allgemeinen Relativitätstheorie genügen, gibt es einige, in denen sich die fernen Galaxien relativ zu einer Kreiselachse sehr langsam über den Himmel bewegen. Wenn Mach recht hätte, würde ein weiteres »Prinzip« mögliche Universen stärker einschränken, als es Einsteins Gleichungen tun, die Lösungen mit rotierenden Welten ausschließen. Einstein nahm Machs Prinzip ernst und hielt nur die endlichen und »geschlossenen« Universen für möglich. Ich habe diese Meinung bei Wheeler kennengelernt, der nachdrücklich behauptete, unser Universum müsse eine Dichte haben, die es schließlich wieder zusammenfallen lassen wird.

Ein weiteres überzeugendes Argument zugunsten eines endlichen Universums war, daß ein Gesamtsystem getrennter Universen eher vertreten werden kann, wenn jedes einzelne Universum endlich ist.

Kommt der Countdown zum *Big Crunch*?

In einer kurzen Arbeit, die ich 1969 schrieb und etwas großspurig *Über den Kollaps des Universums: Eine eschatologische Untersuchung* nannte, habe ich ausgemalt, was passieren würde, wenn unser Universum zusammenfiele. Dabei stellte ich mir das Universum geschlossen vor.

Man nehme an, die jetzige Dichte sei doppelt so groß wie der kritische Wert (oder, anders gesagt, Omega sei 2). Die Expansion würde aufhören, wenn die Galaxien doppelt so weit voneinander entfernt wären als heute. Danach würden sie aufeinander zufallen, und ihr Licht würde nicht mehr rotverschoben, sondern blauverschoben sein. Der Raum ist schon jetzt von Schwarzen Löchern durchsetzt, die beim Tod massereicher Sterne oder beim unaufhaltsamen Kollaps galaktischer Zentren entstanden sind und deren Wirkung sich als Quasare zeigt. Aber das alles wäre dann lediglich der Vorläufer eines das ganze Universum erfassenden Vorgangs, der schließlich alles zusammenstürzen läßt.

Etwa 100 Millionen Jahre vor dem *Big Crunch* würden die Galaxien verschmelzen, und die Sterne, die man dann nicht mehr Galaxien zuordnen kann, wären über das ganze sich zusammenziehende Universum verstreut. Sie bewegen sich um so rascher, je stärker die Kontraktion wird, genau wie sich Atome in einem Behälter rascher bewegen (das Gas heißer wird), wenn der Behälter zusammengepreßt wird. Schließlich würden die Sterne zerstört, wenn sie zusammenstoßen. Ich war jedoch überrascht, als ich berechnete, daß die meisten Sterne auf andere Weise zerstört würden. Noch bevor sie so eng gepackt sind, daß sie zusammenstoßen könnten, wird nämlich der Himmel heißer als die Sterne – aufgeheizt durch die blauverschobene Strahlung aller Sterne und durch die vom Urknall herrührende Hintergrundstrahlung, die während der Kompressionsphase ebenfalls höhere Temperaturen annehmen würde! Die Sterne würden in einem Ofen gebacken, der noch heißer ist als ihre Oberflächen. Sie würden mehr Wärme aufnehmen, als sie abgeben könnten, und schließlich würden sie »verpuffen«.

Das könnte frühestens in 50 Milliarden Jahren passieren. Bis dahin bliebe noch ein Zeitraum von mindestens dem Zehnfachen der Lebenszeit der Sonne. Das Endergebnis des *Big Crunch* wäre ein Feuerball, der dem ähnelte, mit dem die Expansion unseres Universums begann.

Aber der *Big Crunch* wäre nicht *genau* wie ein in umgekehrter Zeitrichtung verlaufender *Big Bang*. Das frühe Universum war bis auf die kleinen Unregelmäßigkeiten, die sich zu Galaxien und Haufen entwickelten, glatt und gleichförmig. Der *Big Crunch* dagegen sollte unregelmäßig und unsynchronisiert sein. Unser Universum entwickelt immer mehr Struktur, während es sich ausdehnt, und das würde auch in der Kontraktionsphase so bleiben. Alles, was in ein Schwarzes Loch gefallen ist, hat schon seinen *Big Crunch* hinter sich. Bei der Kontraktion würden sich sogar noch mehr Schwarze Löcher bilden, und die Struktur der Materie würde daher stark verzerrt. Nach Meinung von Roger Penrose trägt diese Verschiedenheit zwischen den glatten Anfangsstadien und den unregelmäßigen Endstadien entscheidend zur Ausbildung des Zeitpfeils bei. (Wir erörtern diesen Gedanken in Kapitel 13 genauer.)

Könnte ein kollabierendes Universum wie ein Phönix aus der Asche in einem neuen Zyklus wiederentstehen? Nichts könnte die Dichte daran hindern, unendlich zu werden – also zu einer »Singularität«. Eine solche Singularität wurde einmal für eine Folge der Symmetrie und Gleichförmigkeit gehalten. Wenn beispielsweise die Schwerkraft die Sterne eines Haufens gleichförmig und genau symmetrisch nach innen zieht, treffen sie alle in der Mitte aufeinander. Nach Newtons Theorie könnten jedoch kleine Seitenbewegungen verhindern, daß alles im selben Punkt zusammentrifft: Die Sterne würden einander dann verfehlen, und der Haufen könnte wieder seine ursprüngliche Größe annehmen. Vielleicht passiert in einem kollabierenden Universum etwas Derartiges. Hawking und Penrose haben jedoch gezeigt, daß diese Folgerungen aus Newtons Theorie irreführend sind. Singularitäten sind auch dann unvermeidbar, wenn der Kollaps unregelmäßig ist: Auch die kinetische Energie selbst liefert (da Energie und Masse äquivalent sind) zusätzliche Schwerkraft, die Anziehungskraft verstärkt sich also zusätzlich.

Die physikalischen Bedingungen im *Big Crunch* gehen über die uns bekannte Physik hinaus, so daß wir nichts darüber sagen können, ob es zu einem neuen Zyklus kommt – und noch weniger darüber, welche Erinnerung an das Geschehene bewahrt bleiben würde. Der Begriff eines Zeitpfeils – eines »Vorher« und eines »Nachher« – versagt unter diesen extremen Bedingungen.

Unendliche Expansion

Wie ist es aber, wenn die gravitierende Masse nicht ausreicht, um die Expansion zum Stillstand zu bringen? Unser Universum ist dann zum sogenannten »Wärmetod« bestimmt. Wenn ein Kosmologe mit nur einem Satz die Frage »Was passiert in unserem Universum?« beantworten müßte, wäre unter diesen Umständen eine gute Antwort: »Sterne, Galaxien und Galaxienhaufen ziehen sich immer weiter zusammen, und dadurch wird Gravitationsenergie freigesetzt; dieses unerbittliche Geschehen wird durch Rotation, Kernenergie und die enorme Größe astronomischer Systeme verzögert, ohne jedoch den endgültigen Sieg der Schwerkraft zu verhindern.« Wenn sich unser Universum immer weiter ausdehnt, reicht die Zeit sicherlich aus, alle Sterne und alle Galaxien schließlich in ein letztes Gleichgewicht kommen zu lassen.

Der Himmel würde noch schwärzer werden, während die Galaxien sich immer mehr im expandierenden Universum zerstreuen. Aber unser Universum würde auch aus einem anderen Grund immer dunkler, denn die Galaxien würden immer leuchtschwächer. Die Atome, aus denen sie bestehen, würden weiter viele Sterngenerationen hindurch wiederverwertet: Wasserstoff würde in Helium verwandelt (und in noch schwerere Elemente). Helle Sterne könnten aus schon verbrauchtem Brennstoff nicht geschaffen werden. Immer mehr Gas würde entweder in schwachen Sternen mit sehr wenig Masse oder in toten Überresten gespeichert werden, also in Neutronensternen, Weißen Zwergen oder Schwarzen Löchern.

Genau wie unsere Milchstraße einmal mit der Andromedagalaxie zusammenstoßen wird, so werden sich die meisten Galaxien mit anderen in ihrer Gruppe oder ihrem Haufen vereinigen. Jeder Superhaufen wird ein einheitliches Gebilde werden: Die Schwarzen Löcher in der Mitte der Galaxien werden in die Mitte des Gesamtsystems sinken, wo sie von einem Schwarm toter Sterne umgeben sind. Die hierarchische Haufenbildung, die schon zu Galaxien, Galaxienhaufen und Superhaufen geführt hat, wird in einem noch größeren Maßstab weitergehen.[2]

Atome sind nicht für die Ewigkeit gebaut

Die meisten Atome, die für die Herstellung von Galaxien gebraucht wurden, werden schließlich einmal in Schwarzen Löchern und »toten« Sternresten enden; Galaxien sind dann nur noch dunkle Schwärme von kalten Weißen Zwergen, Neutronensternen und Schwarzen Löchern. Aber schließlich zerfallen auch die Atome selbst: Wenn die Baryonen, aus denen sie bestehen, absolut unveränderlich wären (wie wir es für die Menge der elektrischen Ladung in unserem Universum annehmen), könnte sich im sehr frühen Universum niemals ein Überschuß von Materie über Antimaterie ergeben haben. Der allmähliche Zerfall von Protonen stellt die

Symmetrie zwischen Materie und Antimaterie wieder her, mit der unser Universum begann.

Die durchschnittliche Lebenszeit eines Atoms übertrifft die jetzige Hubble-Zeit (das jetzige »Alter« unseres Universums) um mehr als 20 Zehnerpotenzen: Obwohl eine Tonne Masse etwa 10^{30} Atome enthält, würden Experimentalphysiker viele Tonnen (vielleicht sogar viele Tausende von Tonnen) beobachten müssen, um im Lauf eines Jahres auch nur einen einzigen Zerfall zu entdecken. Aber mit der Zeit lösen sich Weiße Zwerge und Neutronensterne und auch alle diffusen intergalaktischen Gaswolken auf; dann steckt alle Energie in Elektronen und Neutrinos.

Auf Schwarze Löcher würde sich der Protonenzerfall nicht auswirken. Aber selbst sie leben nicht ewig, sondern geben durch den Prozeß der »Quantenverdampfung« (siehe Kapitel 11) Energie ab. Dieser Prozeß könnte im heutigen Universum wichtig – und sogar bemerkbar – sein, falls durch den großen Druck des ganz frühen Universums die schon genannten Minilöcher geschaffen wurden, die in einem letzten Ausbruch von Teilchen und Gammastrahlen »verdampfen«.

Größere Schwarze Löcher sind kälter und strahlen langsamer. Die Löcher, die sich bilden, wenn schwere Sterne sterben, würden erst nach 10^{66} Jahren verdampft sein. Aber ein immer weiter expandierendes Universum läßt genug Zeit für alle diese Vorgänge – genug Zeit sogar für das Verdampfen der überaus massereichen Schwarzen Löcher in der Mitte von Galaxien oder Supergalaxien, von denen jedes so schwer ist wie Millionen Sterne. Alles, was die Löcher je verschluckt haben, würde dadurch in Strahlung zurückverwandelt werden.

Wenn selbst die schwersten Schwarzen Löcher schließlich verdampft sind, bleibt nichts außer Strahlung, Elektronen und Positronen. Ein Elektron könnte bei einem Zusammenstoß mit einem Positron vernichtet werden. Ein direkter Zusammenstoß ist allerdings sehr unwahrscheinlich, Elektronen und Positronen könnten sich jedoch annähern und ein gebundenes Paar bilden, indem sie einander auf Spiralen umlaufen und schließlich zusammentreffen.

Am Ende wäre schließlich alles so ungeheuer ausgedünnt, daß im Mittel in einem Volumen, das so groß ist wie unser jetziges beobachtbares Universum, nicht einmal ein Elektron enthalten wäre. Es würden dann Partner zusammengehören, die ungeheuer weit voneinander getrennt sind: Die Bewegung eines Elektrons könnte vom elektrischen Feld eines einzigen Positrons beherrscht werden, das 10 Milliarden Lichtjahre von ihm entfernt ist, und erst nachdem viele Äonen verstrichen wären, würde der Sog des Strahlungsfeldes sie enger zusammengeführt haben.

Kann »Leben« überleben?

Die erste gründliche Erörterung dessen, was in einem sich immer weiter ausdehnenden Universum passieren könnte, fand sich in einem Artikel mit der Überschrift *Zeit ohne Ende – Physik und Biologie in einem »offenen Universum«*. Dieser (im Gegensatz zu meiner eigenen früheren Arbeit über das kollabierende Universum) sehr ins Einzelne gehende und streng wissenschaftliche Aufsatz erschien in der angesehenen Fachzeitschrift *Reviews of Modern Physics* (der nachfolgende Artikel in derselben Ausgabe hatte den abschreckenden Titel *Klassische Lösungen der SU(2)-Yang-Mills-Theorie*). Sein Verfasser, Freeman Dyson, verbindet in einer unter Physikern geradezu einmaligen Weise eine glänzende Beherrschung der Mathematik mit einer Begeisterung für weitreichende Spekulationen. Dysons wissenschaftliche Reputation geht bis in seine Studentenzeit zurück. Damals, 1947, wurde die als Quantenelektrodynamik bekannte Theorie – die genaueste und erfolgreichste Theorie der gesamten Physik – von Richard Feynman und Julian Schwinger entwickelt, die von unterschiedlichen Ansätzen ausgingen, und, völlig unabhängig davon, von Sin-itiro Tomonaga in Japan. Dyson zeigte, wie sich die sehr unterschiedlichen mathematischen Gedanken, die den Ansätzen von Feynman und Schwinger zugrunde lagen, verknüpfen ließen.

Dyson hat den größten Teil seiner Laufbahn als Professor am

Institute for Advanced Study in Princeton verbracht. An dieser einmaligen Einrichtung gibt es keine Studenten. Die Mitglieder sind frei von Lehrverpflichtungen und Verwaltungsarbeiten, die jedem, der an einer Universität oder an einem Forschungslabor arbeitet, auferlegt sind, und werden großzügig dafür bezahlt, daß sie nach ihrem Belieben forschen. Obwohl Dyson sich weiterhin mit den »formalmathematischen« Aspekten der Physik beschäftigte, hat er in letzter Zeit mit vielen spekulativen Überlegungen Aufmerksamkeit erregt, die an Science-fiction erinnern, und in Büchern und Vorlesungen über die Vielfalt und Komplexität unserer Welt nachgedacht. Seine Karriere ist eine der besten Rechtfertigungen dafür (und viele gibt es nicht), warum es eine geistige Heimat wie das Institut in Princeton geben sollte, zu dem keine Studenten gehören.

Wird sich unser Universum immer weiter ausdehnen? Dyson kann es uns nicht sagen – diese Frage läßt sich einfach noch nicht beantworten –, aber er läßt keinen Zweifel daran, welche Möglichkeit ihm lieber ist:

Rees hat im einzelnen untersucht, wie das Ende eines geschlossenen Universums aussehen wird. Bedauerlicherweise muß ich zustimmen, daß uns in diesem Fall nichts anderes übrigbleibt, als gebacken zu werden. Wenn wir tief in die Erde eindringen, um uns vor der in Richtung Blau verschobenen Hintergrundstrahlung zu schützen, können wir unser elendiges Ende nur um einige wenige Millionen Jahre hinausschieben ... Ich spüre Platzangst, wenn ich mir vorstelle, unsere ganze Existenz sei in einen Kasten eingesperrt.

Dyson schrieb dies, nachdem Hawking über die Verdampfung Schwarzer Löcher nachgedacht hatte, aber noch bevor der Gedanke des Protonenzerfalls weithin akzeptiert war. Er überlegte deshalb, was passieren würde, wenn es auch dann noch Weiße Zwerge und Neutronensterne geben würde, wenn die Schwarzen Löcher schon zerfallen wären. Der Wärmetod würde sich viel länger hinziehen, aber nicht endlos hinausgezögert werden. Ein Neutronenstern könnte durch sogenanntes »Quantentunneln« ein Schwarzes Loch bilden. Dieses ungeheuer unwahrscheinliche Ereignis – 10^{57} Atome müßten gleichzeitig »quantenspringen« – wäre erst nach einer so gewaltig langen Zeit zu erwarten, daß man, wollte man die Anzahl der Sekunden hinschreiben, so viele Nullen brauchte, wie es im beobachtbaren Universum Atome gibt! Die sich so ergebenden Schwarzen Löcher würden in einem Zeitraum verdampfen, der im Vergleich damit nur einen Augenblick währt.

Aber wie ist die Prognose für eine exotische Form intelligenten Lebens? Könnte »Leben« überleben und sich intellektuell immer weiterentwickeln, nachdem sogar die Sterne gestorben sind (womit alle Lebensformen ausgeschlossen wären, wie sie sich auf der Erde entwickeln konnten)? Könnte sich das Denken fortentwickeln und immer mehr Information speichern und austauschen? Die »Energiereserven« sind endlich. Bei niedrigeren Temperaturen ist auch der Energieverbrauch beim Speichern und der Weitergabe von Information geringer. Ein expandierendes Universum kühlt sich notwendig ab, deshalb wird die Temperatur nach 1000 Milliarden Jahren nicht mehr 2,7 Kelvin betragen, sondern weniger als 0,001 Kelvin. Wenn die Hintergrundtemperatur sinkt, muß auch jede vorstellbare Form von Leben oder Intelligenz »einen kühlen Kopf bewahren«, immer langsamer denken und immer wieder einen langen Winterschlaf halten.

Wenn Protonen ewig lebten, könnten enorm komplexe, aber zart gebaute Netzwerke entstehen. Es gelten ganz allgemeine Beschränkungen für die Größe und Komplexität von Organismen (oder auch für Computer), weil alles, was zu schwer ist, von der Schwerkraft zermalmt würde und die Vorgänge im Inneren mehr Energie erzeugen als abgestrahlt werden könnte. Aber in ferner Zukunft können wohl diese beiden Hindernisse überwunden werden. Selbst wenn die Konstruktionen sehr massereich sind, kann ihre Gravitation unterdrückt werden, wenn sie sich über hinreichend viel Raum erstrecken. Und wenn die Oberfläche groß genug ist, können sie genug abstrahlen und fast so kühl bleiben wie die Hintergrundstrahlung. Die minimale Energie, die nötig ist, um eine

Informationseinheit zu übermitteln, wird immer geringer. Die Informationsverarbeitung (das »Denken«) würde in einer sehr ausgedehnten Konfiguration sehr langsam ablaufen: Der Geschwindigkeit, mit der Signale ausgetauscht werden können, sind Grenzen gesetzt, weil ein Signal eine endliche Zeit braucht, um den Raum zu durchqueren, selbst wenn es sich mit Lichtgeschwindigkeit bewegt. (Das ist natürlich ein Grund, Supercomputer so kompakt wie möglich zu bauen.) Aber warum sollte man es eilig haben, wenn Äonen vor einem liegen?

Die Evolution ist auch dann möglicherweise noch nicht am Ende, wenn alle Protonen verschwinden. Es könnte weiterhin Schwarze Löcher geben, falls sie durch Verschmelzen rasch genug wachsen, um ihrer Erosion durch Verdampfung entgegenwirken zu können. (Ihre Massen würden so rasch zunehmen müssen wie die Kubikwurzel der Zeit – also für jeden Faktor 1000 auf der kosmischen Uhr um das Zehnfache.) Diese Löcher könnten genug Energie konzentrieren, um neue Materie zu schaffen. Selbst ein dünnes Gas aus Elektronen und Positronen könnte die Grundlage für Schaltkreise sein, die von komplexen Magnetfeldern und -strömen gesteuert werden, die dieses Medium durchdringen. Dies erinnert an die anorganische Intelligenz, die Fred Hoyle in seinem ersten (zugleich phantasievollsten und am sorgfältigsten geschriebenen) Sciencefiction-Roman *Die Schwarze Wolke* beschreibt.

Gibt es »subjektive Ewigkeit« vor dem *Big Crunch*?

Selbst wenn die »physikalische« Zeit ewig weiterläuft, sollte Dysons beruhigende Schlußfolgerung, daß auch unendlich viel *subjektive* Zeit vor uns liegt, nicht als selbstverständlich abgetan werden. Das »Endspiel« eines sich fortwährend ausdehnenden Universums verlangsamt sich zusehends: Jede elementare Handlung – jeder »Gedanke« oder die Verarbeitung jeder einzelnen Informationseinheit – braucht immer länger. Genau wie eine unendliche Zahlenfolge (beispielsweise 1, 1/2, 1/4, 1/8 ...) sich zu einer endlichen

Summe addieren kann, könnte auch die subjektive Zeit eine Obergrenze haben.

Die »Zeit«, die in den Gleichungen der Physik mit dem Symbol t bezeichnet wird, ist nicht unbedingt ein geeignetes Maß für die »Zeit«, deren Verstreichen durch eine Folge wesentlicher Ereignisse gekennzeichnet ist.[3] In einem sich unaufhörlich ausdehnenden Universum läuft alles immer langsamer ab. Vielleicht ermöglicht uns diese Unterscheidung zwischen subjektiver und physikalischer Zeit, dem *Big Crunch* etwas optimistischer entgegenzusehen.

Zeit wird durch das Ticken geeichter Uhren gemessen. Aber keine vorstellbare Uhr könnte den *Big Crunch* überleben, und jede Uhr, die in ein Schwarzes Loch fiele, würde durch Gezeitenkräfte zertrümmert, noch bevor sie der Singularität begegnete. Wir können die Zeit zunächst in Jahren messen und mit der Umlaufzeit von Planeten um Sterne vergleichen. Aber wenn wir dem *Big Crunch* näher kämen, wäre das Universum immer dichter gedrängt: Sterne rasen dann so nahe an den Planeten vorbei, daß kein Planet ungestört in seiner Bahn bleiben kann, und wir müßten zu Atomuhren wechseln. Selbst die Atome aber würden schließlich zerstört. Wenn die Bedingungen noch extremer werden, ist die Zeitmessung nur mit immer kleineren und widerstandsfähigeren Uhren möglich. Keine endliche Reihe von Uhren könnte jedes Ereignis bis zur »Singularität« registrieren.

Das erinnert an Zenos klassisches Paradoxon über die »Unmöglichkeit« der Bewegung: Bevor man eine Strecke durchlaufen hat, muß man den halben Weg zurücklegen, bevor man diesen durchlaufen hat, ein Viertel usw.; man muß unendlich viele Dinge tun, um überhaupt beginnen zu können. Obwohl es widersprüchlich erscheint, sind die Behauptungen über ein kollabierendes Universum nicht annähernd so fehlerhaft wie Zenos Überlegung. Anders als in unserer Alltagswelt gibt es keine natürliche Uhr, die sich zu jeder Zeit benutzen läßt, sondern nacheinander müßten unendlich viele immer rascher tickende Uhren eingesetzt werden.

So gesehen scheint die letzte Singularität eine ferne Abstraktion zu sein, von der wir durch unendlich viele dazwischenliegende Ereignisse getrennt sind. John Barrow und Frank Tipler haben diesen Gedankengang zu Ende gedacht. Wenn der *Big Crunch* glatt und symmetrisch wäre, also eine Zeitumkehr des *Big Bang*, könnte es keine unendliche subjektive Zeit geben. Das folgt aus Dysons Überlegung zu einem unaufhörlich expandierenden Universum. Dyson fand, daß endliche Energiereserven keine Einschränkung bedeuten, weil Energie in sich abkühlenden Universen immer kleiner gequantelt werden kann; im Gegensatz dazu werden die benötigten Quanten immer größer (und die Energie wird immer weniger gut genutzt), wenn das Universum komprimiert wird und sich erwärmt.

Barrow und Tipler behaupten, daß die Aussicht auf unendlich viel »subjektive Zeit« wahrscheinlicher ist, wenn der Kollaps »schief« erfolgt, also anisotrop ist. Ihre Überlegung beruht auf Gedanken, die gegen Ende der sechziger Jahre von Charles Misner entwickelt wurden, der nachwies, daß anisotrope Universen ein Verhalten zeigen, das man »quirlig« nennen könnte, denn starke Scherbewegungen pressen ein kontrahierendes Universum abwechselnd in verschiedene Richtungen zusammen. Diese Scherbewegungen können genug Energie erzeugen, um beliebig viele Quanten entstehen zu lassen, obwohl diese Quanten größer werden müssen, wenn der Kollaps sich fortsetzt. (Die Einwirkung von Quanteneffekten auf das Schwerefeld kann diesen Prozeß jedoch »abwürgen« und einen unendlichen Fortgang ausschließen.) Tipler vermutet, daß ein anisotroper *Big Crunch* eine geeignete Umwelt für komplexe Strukturen ist, die jedenfalls einige Eigenschaften des Lebens besitzen – vorausgesetzt, unser Universum besteht noch weitere 10^{15} Jahre, bevor es zusammenfällt, so daß wir genug Zeit haben, uns darauf vorzubereiten!

Mit dem Zeitraffer in die Zukunft

Werden unsere Nachkommen den eher konservativen Maximen Dysons folgen müssen, um in einer unendlichen Zukunft zu überleben? Oder werden sie, im anderen Extrem, in einigen 10 Milliarden

Jahren im großen *Big Crunch* gebraten? Wir müssen eine vollständigere Bestandsaufnahme dessen machen, was im Universum vorhanden ist, indem wir in allen Bereichen des Spektrums beobachten und nach allen Formen möglicher »dunkler Materie« suchen, bevor wir eine zuverlässigere langfristige Vorhersage für die nächsten 100 Milliarden Jahre und darüber hinaus abgeben können.

Wenn Sie eher apokalyptisch veranlagt sind und nicht 100 Milliarden Jahre warten wollen, sollten Sie auf ein Schwarzes Loch zusteuern – dort werden Sie eine »Singularität« finden, die von einem lokalen Gravitationskollaps geschaffen wurde, der dem *Big Crunch* vorausgeht. Sie sollten es, wenn möglich, auf eines der großen Löcher inmitten einer Galaxie absehen: Es ist so groß, daß Sie selbst dann, wenn Sie in seinem Inneren sind, noch mehrere Stunden Muße haben, frei fallend zu beobachten, bevor der extreme Gravitationsdruck in der Nähe der zentralen »Singularität« Sie zerreißt. Falls das Schwarze Loch rotiert, können Sie die Singularität durch sorgfältiges Navigieren sogar vermeiden!

Klüger wäre es wohl, genau am Rand des Lochs zu bleiben. Die engsten Umlaufbahnen um ein sich rasch drehendes Schwarzes Loch haben die bemerkenswerte Eigenschaft, daß die Zeitdehnung beliebig groß sein kann. Eine Uhr, die in einer solchen Bahn läuft, würde für einen fernen Beobachter tief rotverschoben sein und außerordentlich langsam gehen. Umgekehrt würde jemand auf einer solchen Bahn die gesamte Zukunft des äußeren Universums im Zeitraffer anschauen.

Irdische und kosmische Gefahren

Unsere Biosphäre hat zu ihrer Entwicklung 4,5 Milliarden Jahre gebraucht. Aber das Sonnensystem hat noch 5 Milliarden Jahre vor sich. Unser Universum hat selbst dann, wenn es schließlich wieder zusammenfallen sollte, noch mindestens 90 % seines Wegs vor sich. Und wenn es sich immer weiter ausdehnt, hat die Entfaltung des Lebens vielleicht unendlich viel Raum und unendlich viel Zeit zur Verfügung. Aus dieser kosmischen Sicht stehen wir noch am Anfang des Evolutionsvorgangs und können es auf dem Weg zu Komplexität und Vielfalt noch weit bringen. Es ist genug Zeit, daß sich das Leben von unserer Erde über die gesamte Galaxis und darüber hinaus ausbreiten kann. Und es könnte sein, daß vor allem kollektives menschliches Handeln bestimmt, wie oder sogar ob dieser Prozeß ablaufen kann. Wenn die Biosphäre der Erde vernichtet würde, gingen Möglichkeiten mit wahrhaft kosmischen Ausmaßen verloren. Wenn wir uns dieser Möglichkeiten bewußt sind, erweitern wir unseren Horizont, und das sollte uns um so mehr dazu verpflichten, unsere Welt zu verstehen und ihre Lebenszusammenhänge zu bewahren.

Die Erde war schon immer katastrophenanfällig. Möglicherweise wurden viele Arten durch Seuchen ausgerottet. Auch Einfälle von Asteroiden und Kometen haben Arten ausgelöscht. Die Wahrscheinlichkeit ist größer als 1 zu 100 000, daß die Erde in den nächsten 50 Jahren von einem Asteroid getroffen wird, der groß genug ist, die ganze Erde zu verheeren – mit über 100 Meter hohen Ozeanwellen, gewaltigen Erdbeben und Veränderungen des Weltklimas. Das Risiko ist gering, aber (für den Durchschnittsmenschen) nicht geringer als das Risiko, bei einem Flugzeugzusammenstoß getötet zu werden. Es ist größer als bei allen anderen Naturgefahren, denen die meisten Menschen der westlichen Welt ausgesetzt sind.

Zu diesen Gefahren kommt das Risiko von von Menschen selbst erzeugter Katastrophen hinzu. Die nukleare Bedrohung ist inzwischen möglicherweise kleiner geworden als während des kalten Kriegs, aber solche Gefahren könnten wieder aufleben. Und es könnte biologische Gefahren geben. Wir sind mit dem Gedanken vertraut, daß ein Software-»Virus« sich durch ein Computernetzwerk ausbreiten kann. Vielleicht könnte ein künstlich hergestellter Virus eine weltweite Epidemie auslösen. Das Risiko, daß alles menschliche Leben ausgelöscht wird, ist derzeit vielleicht nur gering. Aber kann man das Risiko für das nächste Jahrhundert auf weniger als 10 % einschätzen, daß Terroristen oder auch unschuldige Experimentatoren Zugang zu solchen gefährlichen Technologien haben? Und wie ist es im Jahrhundert danach?

Die wissenschaftliche Begründung für den bemannten Raumflug überzeugt immer weniger, seitdem Robotertechnik und Miniaturisierungsverfahren sich gewaltig entwickelt haben. Die Planeten lassen sich besser (und viel billiger) von Flotten winziger unbemannter Sonden beobachten und erforschen. Selbst als die Begeisterung für das Apolloprogramm hohe Wellen schlug, war die wissenschaftliche Rechtfertigung eher dürftig. Wir haben über die Anfänge des Sonnensystems sicher ebensoviel aus der Analyse von Meteoriten, die auf die Erde prallten, gelernt wie aus der Analyse von Mondstaub. Der eigentliche Antrieb für das Apolloprogramm war die Rivalität der Supermächte und seine Tauglichkeit als eine Art »Zuschauersport«. Die letzte Mondlandung war 1972. Für die junge Generation sind »Menschen auf dem Mond« Bilder aus einer fernen Vergangenheit, und die Gründe, die jene Menschen zum Mond fliegen ließen, sind heute fast so seltsam wie die Gründe, die zum Bau der Pyramiden führten. Das Apolloprogramm war reiner Selbstzweck und nicht ein Schritt auf dem Weg zu einem anregenden langfristigen Ziel, das seinen Reiz vielleicht hätte bewahren können.

Das stärkste Argument – vielleicht auch das einzig glaubwürdige – ist, daß der bemannte Raumflug eine globale (oder sogar kosmische) Versicherungspolice bietet. Das allgegenwärtige Risiko, das von der Natur ausgeht, wurde bedrohlicher, seit die Menschheit ins nukleare und biotechnologische Zeitalter gekommen ist. Die Spezies Mensch wird diesen (vermutlich zunehmenden) Gefahren ausgesetzt sein, solange sie auf die Erde beschränkt ist. Innerhalb eines Jahrhunderts könnten sich fern der Erde autonome Gemeinschaften entwickeln, wenn das jetzige Entwicklungstempo der Raumtechnologie erhalten bleibt. Aber ist es realistisch, Ressourcen von unmittelbareren Bedürfnissen abzuziehen, um uns vor dem Risiko (von 1 %? oder von 10 %?) zu schützen, daß die Menschheit ausstirbt und ein Potential vernichtet wird, das sich nicht nur über geschichtliche Zeitspannen vor uns ausbreitet, sondern zurück bis zu den

Protozoen – vielleicht sogar noch viel weiter zurück. Ökologische Probleme – die Gefährdung der biologischen Vielfalt der Erde und die Dringlichkeit, sie zu erhalten – spielen im Bewußtsein der Öffentlichkeit eine große Rolle. Vielleicht sollten wir uns wegen dieser Sorge um die Chancen und das Schicksal des Lebens auf der Erde erneut für den bemannten Raumflug einsetzen.

Eine verfrühte Apokalypse?

Wir brauchen uns nicht über den Kollaps des ganzen Universums aufzuregen: Der wird, wenn überhaupt, erst eintreten, wenn die Sonne schon lange tot ist. Aber was passiert, wenn Menschen diese letzte »Natur«-Katastrophe vorwegnehmen und unabsichtlich eine Katastrophe auslösen, die nicht nur das Leben auf der Erde, sondern den ganzen Kosmos zerstört? Dieses Szenario ist eine vorstellbare (obwohl glücklicherweise unwahrscheinliche) Folgerung aus den heutigen Vorstellungen, die wir uns über die Grundkräfte gebildet haben.

Während sich unser Universum abkühlt, verändert sich der Raum selbst. Wenn es dabei zu Phasenübergängen kommt, ändern sich die Massen von Teilchen und die Kräfte zwischen ihnen drastisch. Nach der allgemein akzeptierten Theorie von Salam und Weinberg trat ein solcher Übergang ein, als unser Universum etwa 10^{-12} Sekunden alt war. Vor dieser Zeit waren die elektromagnetischen Kräfte und die sogenannte »schwache« Kraft zu einer einzigen »elektroschwachen« Kraft vereint. Ein Phasenübergang war nötig, damit sie ihre heutigen Eigenschaften erhielten. Die Vereinheitlichte Theorie sagt einen anderen, noch früheren Phasenübergang vorher, bei dem das Universum erst 10^{-36} Sekunden alt war. Davor waren die Kräfte, welche die Mikrowelt beherrschten (also alle grundlegenden Wechselwirkungen außer der Schwerkraft), zu einer einzigen Urkraft vereint.

Wenn es schon zwei Phasenübergänge gegeben hat, bei denen sich das Vakuum jedesmal auf einen niedrigeren Energiezustand abkühlte, kann man fragen, ob es noch mehr geben könnte. Sidney Coleman, ein theoretischer Physiker an der Harvard-Universität, meint, es könne einen dritten Übergang geben, der sich vielleicht noch nicht ereignet hat. Das heutige Vakuum könnte unterkühlt sein, etwa so wie ganz reines Wasser noch unter dem Gefrierpunkt flüssig bleiben kann. Eine Veränderung im Vakuum könnte dann durch eine lokale Konzentration der Energie ausgelöst werden, genau wie ein Staubkörnchen unterkühltes Wasser plötzlich zu Eis kristallisieren läßt. Könnten physikalische Gesetze, die das ganze Universum beherrschen, einfach durch das »Auslösen« eines lokalen Energieausbruchs verändert werden?

Die Erschaffung der größten möglichen Energiekonzentration ist das Hauptziel der riesigen Maschinen, mit denen die Physiker bei CERN, Fermilab und sonstwo arbeiten: Teilchen werden auf hohe Energien beschleunigt und dann aufeinandergejagt. Besteht das Risiko, daß die nächste Generation unabsichtlich das Gewebe des Raums zerreißen könnte? Dies wäre die endgültige Katastrophe. Eine Blase des neuen Vakuums würde sich mit Lichtgeschwindigkeit ausdehnen. Nichts würde uns vor seinem Kommen warnen; wir würden nicht wissen, was uns getroffen hat. Die Blasenmauer würde weiterbrausen, bis sie unser ganzes Universum eingehüllt hat. Schlimmer noch, das »neue« Universum im Inneren der Blase wäre eine »Totgeburt«, in der sich nichts entwickeln könnte, denn es würde sich wie ein inflationäres Universum verhalten, bei dem die Zeit umgekehrt ist und alles unendlich dicht zusammengepreßt wird.

Bevor die ersten Atomtests ausgeführt wurden, berechneten die Physiker vorsichtshalber, mit beruhigenden Ergebnissen, daß das Deuterium in den Weltmeeren sich bei einer thermonuklearen Explosion nicht entzünden würde. Was Sidney Coleman sich vorstellt, wäre jedoch eine Katastrophe für den Kosmos, nicht nur für die Erde.

Am *Institute for Advanced Study* in Princeton ermuntert die Aura, die Freeman Dyson umgibt, zu ungehemmten Spekulationen. Bei einem meiner Besuche dort sprach ich mit Piet Hut, einem von Dysons jüngeren Kollegen, über das Risiko einer solchen kosmischen Katastrophe. Hut hatte zuvor eine irdische Katastrophe untersucht, die nichts mit Atomkraft zu tun hatte, als er mit einigen Kollegen in Berkeley der Annahme nachging, daß ein schwacher Stern in einer außerordentlich großen exzentrischen Bahn um die Sonne gefangen ist. Der Stern würde alle 35 Millionen Jahre in das Sonnensystem eindringen, die Kometen stören und einen Schauer von Zusammenstößen auslösen, die auf der Erde zu Verheerungen führen würden. Es gibt zweifelsfreie Hinweise auf (nicht notwendig periodische) Einschläge von Kometen oder Asteroiden. Einer von ihnen könnte möglicherweise die Dinosaurier ausgelöscht haben, und die Zukunft könnte für uns ein ähnliches Schicksal bereithalten. Diese sogenannte Nemesistheorie wurde jetzt aufgegeben – die vermutete Bahn verläuft interessant, trifft aber anscheinend auf keinen Stern!

Könnten achtlose Experimentatoren Teilchen mit genug Energie zusammentreffen lassen, um das Vakuum in einen neuen Zustand zu versetzen, und dabei eine expandierende »Blase« auslösen, die unser Universum vernichtet? Piet Hut und ich überprüften mit einigen einfachen Rechnungen, ob es in den Teilchenbeschleunigern im Labor zu energiereicheren Zusammenstößen kommt als in der Natur. An den energiereichsten natürlichen Kollisionen sind »kosmische Strahlen« beteiligt – sehr schnelle Teilchen, welche die ganze Galaxie durchdringen, vielleicht sogar das ganze beobachtbare Universum. Diese Teilchen wurden durch kosmische Explosionen, die noch heftiger sind als Supernova-Ausbrüche, bis fast auf Lichtgeschwindigkeit beschleunigt. Sie könnten von den starken Radioquellen stammen, von denen wir in Kapitel 2 sprachen, die, wie wir heute meinen, ihre Energie von Materieausbrüchen riesiger Schwarzer Löcher beziehen, oder sie könnten von der Energie stammen, die plötzlich freigesetzt wird, wenn (beispielsweise) zwei einander auf einer Spiralbahn umlaufende Neutronensterne aufeinander zutrudeln und verschmelzen. Ihr Ursprung ist ein Geheimnis, aber wir wissen aus direkten Messungen, daß die schnellsten kosmischen Teilchen aus dem Raum millionenmal energiereicher sind als alle, die hier auf der Erde künstlich beschleunigt werden können. Jedes von ihnen, obwohl nur aus einem einzigen Atom bestehend, hat soviel Wucht wie eine Kugel oder ein hart geschlagener Tennisball.

Kosmische Teilchen mit diesen extremen Energien sind so außerordentlich selten – ein Bereich von einem Quadratkilometer würde pro Jahrhundert nur eines auffangen –, daß wohl nirgendwo im Universum je zwei zusammengestoßen sind. Wir haben jedoch berechnet, daß es viele Zusammenstöße zwischen solchen Teilchen der kosmischen Strahlung gegeben haben müßte, deren Energien immerhin noch etliche hundertmal höher waren, als sie der Große Hadronenbeschleuniger erzeugen kann, der derzeit von CERN in Genf gebaut wird. Alle vorhersehbaren, im Labor vorbereiteten Zusammenstöße sind geradezu sanft im Vergleich mit jenen, die schon wiederholt (und ohne katastrophale Folgen) im interstellaren Raum abgelaufen sind.

Diese Berechnungen waren nicht völlig unnütz. Daß der Raum durch einen katastrophalen Phasenübergang verletzt werden könnte, war zugegebenermaßen nur das Phantasieprodukt einer spekulativen Theorie. Aber die Möglichkeit ist nicht absurd – in unserem jetzigen Stadium, in dem wir noch keine Vereinheitlichte Theorie haben, wären wir dumm, wenn wir sie außer acht ließen. Tatsächlich ist bei solchen Experimenten Vorsicht geboten, die Energiekonzentrationen schaffen, wie es sie möglicherweise in der Natur niemals gegeben hat. Wir können nur hoffen, daß Außerirdische, falls sie über eine gute Technologie verfügen, ebenfalls vorsichtig sind!

13 Die Zeit in anderen Universen

Die Uhr läuft weiter hier in Wembley – sie
läuft überall weiter, nehme ich an.

Ein Fußballreporter

Uhren laufen unterschiedlich schnell, je nachdem, wo sie sich befinden und wie sie sich bewegen. Ein solcher Schluß überrascht, er wird uns aber, wie Einstein erkannte, durch eine ebenso überraschende Tatsache aufgezwungen: Die Messung der Lichtgeschwindigkeit ergibt immer denselben Wert, ob man sich zur Quelle hin bewegt oder von ihr weg. Wir nehmen drei Raumdimensionen wahr, nämlich links und rechts, vorne und hinten, oben und unten, deshalb brauchen wir drei Zahlenangaben, wenn wir ein Ereignis im Raum lokalisieren wollen. Zur Festlegung eines Ereignisses brauchen wir aber noch eine vierte Zahl, nämlich die Zeit. Sie unterscheidet sich deutlich von den drei Raumdimensionen, denn während wir uns in den drei Raumdimensionen frei bewegen können, werden wir vom »Strom« der Zeit mitgenommen, ohne uns wehren zu können. Wie Einstein zeigte, sind Zeit und Raum verknüpft: Zwei Ereignisse haben weder eine eindeutig definierte Entfernung, noch ist der Zeitunterschied zwischen ihnen eindeutig, sie sind vielmehr in der vierdimensionalen Raumzeit durch eine Art »Abstand« getrennt. Wie weit sie räumlich voneinander entfernt sind und wie weit sie zeitlich auseinanderliegen, hängt davon ab, auf welches Bezugssystem sich diese Angaben beziehen.

Kann die Zeit zyklisch sein? Gibt es einen universalen »Zeitpfeil«, der die Vergangenheit von der Zukunft unterscheidet? Verbietet die Natur etwas so Paradoxes wie eine »Zeitreise in die Vergangenheit«? Und sind dem Grenzen gesetzt, wie lange »Zeit« dauern und wie genau sie gemessen werden kann?

Die Zeit »läuft« vielleicht nicht ewig. Der Urknall könnte der Anfang von Raum und Zeit gewesen sein, nicht nur der Anfang aller Materie, die unser Universum füllt. Wir können die Zeit nicht vor den *Big Bang* zurückextrapolieren und auch nicht (falls unser Universum wieder zusammenfällt) jenseits des *Big Crunch*. Was immer mit unserem Universum passiert – jeder, der in ein Schwarzes Loch fiele, hätte eine endliche Zukunft (der »Schlußvorhang« könnte sogar unerfreulich rasch fallen).

Die *längste* Zeitspanne, von der man sinnvoll sprechen kann – der Zeitraum zwischen *Big Bang* und *Big Crunch* –, beträgt mindestens mehrere 10 Milliarden Jahre. Aber wie ist es umgekehrt mit der *kleinsten* Dauer? Läßt sich die Zeit in immer kleinere Intervalle zerteilen? Darauf gibt die Quantentheorie eine Antwort. Heisenbergs Unbestimmtheitsrelation sagt uns, daß wir, um ein Zeitintervall immer genauer zu messen, Quanten mit immer kürzerer Wellenlänge (und daher höherer Energie) brauchen. Weil sich die Lichtquanten mit endlicher Geschwindigkeit bewegen, muß sich die Wirkung auf einen Bereich konzentrieren, der kleiner ist als das Produkt aus der Länge des gemessenen Intervalls, der Masse und der Lichtgeschwindigkeit. Wir kommen an eine Grenze, wenn die dazu nötige Energie so hoch und so konzentriert ist, daß sie zu einem Schwarzen Loch kollabieren würde. Wenn man diese Überlegung durchrechnet, kommt man zu der minimalen Zeitspanne von etwa 10^{-43} Sekunden, die gewöhnlich Planck-Zeit genannt wird. Mit noch größerer Genauigkeit können Ereignisse nicht gemessen oder geordnet werden.[1]

In der Nähe des Anfangs (oder Endes) des Universums würde alles in einen exotischen Zustand zusammengepreßt sein, der die Dimensionen von »Raum« und »Zeit« vermischt. Selbst wenn wir die Physik des ganz frühen Universums gut genug kennen würden (siehe Kapitel 9), um in die Nähe der Planck-Zeit zurückzurechnen, kämen wir an eine unumstößliche Schranke. In diesem Stadium des Universums, so behaupten einige Theorien, die auf Wheelers Gedanken aus den fünfziger Jahren zurückgehen, war die Zeitdimension mit den drei Raumdimensionen in einem Raumzeitschaum vermengt. Nach den zur Zeit gängigen Superstringtheorien könnte es sechs weitere Dimensionen geben. Der Raum dieser zusätzlichen Dimensionen ist fest »eingerollt«, deshalb manifestieren sie sich nur in sehr kleinem Maßstab.

Hartle und Hawking haben einen anderen Ansatz für die »Quantenkosmologie« und den Beginn der Zeit entwickelt. Sie meinen, der Unterschied zwischen Raum und Zeit sei anfänglich verwischt gewesen, so daß die Frage: »Was passierte vor dem Urknall?« eine Frage von der Art ist: »Was passiert, wenn wir vom Nordpol aus nach Norden gehen?«

Unsere Begriffe von Raum und Zeit leiten sich aus unserer Erfahrung und unseren Wahrnehmungen in der Alltagswelt her. Wir sollten nicht überrascht sein, wenn unsere Intuition uns sowohl im kosmischen als auch im submikroskopischen Maßstab im Stich läßt – es ist höchst bemerkenswert (und wir freuen uns über diese willkommene Vereinfachung), daß »vernünftige« Begriffe immerhin in einem so weiten Bereich Gültigkeit haben.

Die meisten von uns können sich eine unendliche Vergangenheit (wie es sie beispielsweise in einem Steady-State-Universum gibt) schlechter vorstellen als eine unendliche Zukunft – wir haben das Gefühl, es müsse einen Anfang gegeben haben, brauche aber nicht unbedingt ein Ende zu geben. Dies ist nicht nur eine Frage der Psychologie, denn auch die Physik liefert gute Gründe, auf diese beiden Möglichkeiten unterschiedlich zu reagieren. Der berühmte Zweite Hauptsatz der Thermodynamik sagt uns, daß Systeme im Lauf der Zeit immer ungeordneter werden, daß heiße und kalte Körper allmählich ins Gleichgewicht kommen und so fort. Warum ist nicht schon alles »abgelaufen«, wenn wir eine unendliche Vergangenheit hinter uns haben? Diese Überlegung wäre zwingend, wenn sie auf ein statisches System angewendet wird, das in einen Kasten eingesperrt ist, aber in einem offenen und möglicherweise unendlichen und dynamischen System wie unserem Universum ist sie weniger überzeugend.

Wenn wir unsere alltäglichen Erfahrungen nicht vertrauensvoll auf ein ganzes Universum ausdehnen können (in dem die Thermodynamik, unsere eigenen Erinnerungen und viele andere Phänomene deutlich eine Zeitrichtung erkennen lassen), stellt sich uns eine neue grundlegende Frage: Was unterscheidet »Vergangenheit« und »Zukunft« im kosmischen Sinn? Weist ein universeller »Zeitpfeil« eindeutig in die Zukunft?

Hat die Zeit eine Richtung?

Mit nur ganz wenigen Ausnahmen (beispielsweise dem in Kapitel 9 erwähnten Zerfall des K-Mesons) sind die Gesetze für die Mikrowelt zeitumkehrbar: Einen Film, der zeigt, wie Teilchen aneinanderstoßen, kann man rückwärts laufen lassen, ohne daß die dargestellten Prozesse dann »falsch« wären. Die makroskopische Welt dagegen zeigt eine deutliche Zeitrichtung, die durch die zunehmende Unordnung (oder Entropie) gegeben wird. Wir sind es gewohnt, Wellen zu sehen, die sich von einer Quelle entfernen – beispielsweise wenn ein Stein in einen Teich geworfen wird –, wären aber verblüfft, wenn Wasserwellen in konzentrischen Kreisen zu einem Punkt zusammenliefen. Unsere subjektive Zeitwahrnehmung ist offensichtlich asymmetrisch. Wir haben nur Erinnerungen an die Vergangenheit, und im allgemeinen ist die Rekonstruktion der Vergangenheit[2] viel zuverlässiger als die Vorhersage der Zukunft. (Das gilt nicht immer: Es läßt sich beispielsweise einfacher vorhersagen, wann künstliche Satelliten in der Atmosphäre verbrennen werden, als herzuleiten, wo oder wann sie gestartet wurden.)

Der Zeitpfeil ist in unserem gewöhnlichen Erfahrungsbereich ganz eindeutig. Jeder Film mit alltäglichen (makroskopischen) Ereignissen erscheint grotesk, wenn er rückwärts abläuft und Ursache und Wirkung vertauscht werden. Glasscherben und Flüssigkeitstropfen setzen sich dann scheinbar zielgerichtet, aber ohne Grund zu einem Glas mit Wein zusammen, das jemand in der Hand hält.

Die vielen Phänomene, die zwischen Vergangenheit und Zukunft unterscheiden – die Zunahme der Entropie, die Asymmetrie zwischen der Art, wie Strahlung emittiert und absorbiert wird und die Tatsache, daß wir uns nur an vergangene Ereignisse erinnern können –, hängen miteinander zusammen. Kosmologen können den Zeitpfeil aber auch anders definieren, nämlich durch die Expansion des Weltalls. Diese Expansion zeichnet eine Zeitrichtung aus, und sie legt auch eine endliche Zeitspanne fest (zurück in die Vergangenheit, wenn die Expansion unendlich weitergeht, und sowohl in die Vergangenheit als auch in die Zukunft, wenn das Universum wieder zusammenfällt). Spielt dieser kosmische Zeitpfeil in der Alltagswelt keine Rolle, oder wird der Unterschied zwischen Vergangenheit und Zukunft vielleicht wirklich durch das Verhalten des Universums auferlegt?

Entropie und Unumkehrbarkeit

Die Alltagswelt ist sehr weit vom thermischen Gleichgewicht entfernt – die Unterschiede zwischen heiß und kalt sind groß. Sie ist nicht vollständig geordnet, aber sie ist auch nicht zu einem völlig ungeordneten und zufälligen Zustand »verkommen«. Dasselbe gilt im größeren Maßstab für den Kosmos – es gibt gewaltige Gegensätze zwischen den Sternen mit ihrer brodelnden Oberfläche (und ihren noch heißeren Mitten) und dem Weltraum dazwischen, dessen Temperatur nahe dem absoluten Nullpunkt liegt. In ferner Zukunft könnten die Bedingungen, wie in Kapitel 12 erörtert, wieder einem Gleichgewicht zustreben, aber das wird auch im Vergleich mit dem jetzigen Alter des Universums noch ungeheuer lange dauern.

Unser Universum war am Anfang heiß und fast gestaltlos. Daß es sich vom Gleichgewicht weg zu einem immer deutlicher strukturierten Zustand entwickelt haben sollte, ist auf den ersten Blick verwirrend – es scheint sogar im Widerspruch zum thermodynamischen Grundgedanken zu sein, daß sich alles ausgleicht. Wie läßt sich das Entstehen von komplexen kosmischen Strukturen erklären?

Die Voraussetzungen sind erstens die *Expansion,* die eine wohldefinierte Asymmetrie zwischen Vergangenheit und Zukunft
schafft, und zweitens die *Schwerkraft,* die es ermöglicht, daß Dichteunterschiede größer werden und damit schließlich zur Entstehung von Strukturen führen, wenn sich das Universum ausdehnt.
Wenn alle mikroskopischen Prozesse – Zusammenstöße zwischen Teilchen, Emission und Absorption von Photonen usw. – im
Vergleich zur kosmischen Expansion sehr schnell abliefen, wäre alles in jedem Augenblick im Gleichgewicht. Die Materie hätte keine
»Erinnerung« daran, ob sie zuvor dichter oder weniger dicht war;
sie enthielte kein Merkmal, das nicht von der Richtung der Zeit
geprägt wäre. In Wirklichkeit laufen die mikroskopischen Prozesse
aber so langsam ab, daß ihre ausgleichende Wirkung im Lauf der
kosmischen Expansion nachläßt und sie schließlich unwirksam werden.

Wenn beispielsweise Kernreaktionen rascher abliefen (oder die
Expansion langsamer erfolgte), wäre die gesamte ursprüngliche
Materie schon zu Eisen »verkocht« wie im Inneren eines sehr heißen Sterns. Dann könnte es in unserem heutigen Universum keine
Sterne geben, weil die gesamte verfügbare Kernenergie im frühen
Feuerball verbraucht worden wäre. Glücklicherweise ließen die ersten wenigen Minuten der Expansion (wie in Kapitel 3 beschrieben)
dafür nicht genug Zeit, so daß die Reaktionen lediglich etwa 25 %
des Wasserstoffs in Helium verwandeln konnten. Ganz anders wäre
das alles, wenn sich das Universum zusammenziehen würde! Dies
ist ein Beispiel für die entscheidende Bedeutung der kosmischen
Expansion.

Ein anderer unumkehrbarer Effekt bewirkt, wie Sacharow als erster erkannte, in einem noch früheren Zustand einen Überschuß
von Materie über Antimaterie (siehe Kapitel 9). Wenn das nicht
eingetreten wäre, wäre alle Materie zusammen mit gleich viel Antimaterie vernichtet worden und hätte ein Universum hinterlassen,
das überhaupt keine Atome enthält – es gäbe dann keine Sterne und
erst recht nicht eine Chemie, welche die Entstehung von komplexen
Strukturen ermöglicht hat.

Die thermischen Eigenheiten der Schwerkraft

Noch wichtiger ist die *Schwerkraft*. Stellen wir uns einmal vor, ein Universum dehnte sich genauso schnell aus wie unseres, aber es gäbe in ihm keine Schwerkraft. Dann wäre die Gleichförmigkeit der Materie durch nichts gestört worden, und jetzt, nach 10 bis 20 Milliarden Jahren, wäre der Raum gleichmäßig mit kaltem, dünnem Gas gefüllt. Erst die Schwerkraft macht gleichförmige Universen instabil und ermöglicht es kleinen anfänglichen Unregelmäßigkeiten, zu großen Dichteunterschieden zu werden (siehe Kapitel 7), und nur dann können sich riesige protogalaktische Gaswolken abtrennen und sich in Sterne aufteilen.

Die Schwerkraft hat auch auf die Sterne selbst einen wichtigen Einfluß. Sterne haben die auf den ersten Blick seltsame Eigenschaft, daß sie sich *erwärmen*, wenn sie Energie *verlieren*. Nehmen wir einmal an, die »Heizung« im Zentrum der Sonne würde ausgeschaltet. Wärme würde weiter nach außen dringen und von der Oberfläche abgestrahlt werden. Wenn die Kernfusion keine Energie nachlieferte, würde die Sonne sich zusammenziehen. Ihre Mitte würde aber danach heißer sein als zuvor, denn um ein neues und kompakteres Gleichgewicht zu erreichen, in dem der Druck in der Mitte groß genug ist, um eine (jetzt stärkere) Gravitationskraft auszugleichen, muß die Innentemperatur zunehmen. Wer in der Schule Physikunterricht genoß (besonders den eher »altmodischen«), hat die »spezifische Wärme« eines Metallklumpens gemessen, indem er ihn in heißes Wasser tauchte und beobachtete, wie das Thermometer im Wasser fiel, weil das Metall die Wärme aus dem Wasser »aufsaugt«. Sterne (und überhaupt alle Körper, die von der Schwerkraft zusammengehalten werden) haben eine *negative* spezifische Wärme – sie müssen Energie verlieren (und nicht gewinnen), um heißer zu werden. Der Grund dafür ist, daß die Gravitationskraft mit wachsendem Abstand nur langsam abnimmt.

Die Schwerkraft hat ähnlich unerwartete Wirkungen, wenn ein künstlicher Satellit auf einer niedrigen Bahn die Reibung der Atmosphäre spürt. Wenn er auf Spiralen seinem Tod durch Verbrennen entgegentrudelt, nimmt seine Bahngeschwindigkeit zu (ein Satellit spürt die Schwerkraft der Erde stärker, wenn seine Umlaufbahn niedriger ist, und läuft dann rascher). Nur die Hälfte der Energie, die er verliert, wird in Wärme umgesetzt; die andere Hälfte dient dazu, ihn zu beschleunigen.

Wenn sich einmal Systeme gebildet haben, deren Masse so groß ist, daß ihr Aufbau merklich durch die Schwerkraft bestimmt ist, werden die Abweichungen vom Gleichgewichtszustand größer. Unser Universum kann sich also, ganz in Übereinstimmung mit der Thermodynamik, beim Urknall aus einem Feuerball – der heiß war, aber gleichförmig – zu einem Gebilde entwickelt haben, das sehr heiße Sterne enthält, die in einen sehr kalten leeren Raum strahlen. Wenn die universelle Expansion weitergeht, werden die Dichteunterschiede immer deutlicher. Einzelsterne werden dichter, wenn sie sich fortentwickeln (einige werden zu Neutronensternen oder Schwarzen Löchern), während die Materie im Mittel immer dünner verteilt wird.

Wir sind mit dem Gedanken vertraut, daß in der Biosphäre der Erde »Ordnung« entsteht, weil das Sonnenlicht die Energie für die komplizierte Chemie liefert, die den Pflanzen das Wachstum ermöglicht (Photosynthese). Die Sonne strahlt Energie auf hohem Niveau aus. Diese wird von der kühleren Erde verarbeitet, die überschüssige Wärme entkommt dann als Energie auf niedrigem Niveau in den (noch kühleren) Raum. Diese Temperaturunterschiede – Vorbedingung für die Entstehung von Komplexität – ergeben sich ganz von selbst als Endglieder einer Kette, die Kosmologen bis auf die »Ursuppe« zurückführen, einen ultradichten Urstoff, der fast strukturlos ist.

Diese Anfänge sind natürlich noch geheimnisvoll, aber es ist kein Geheimnis, wie dieses Übergewicht der Schwerkraft bei großen Gebilden zumindest im Prinzip zu den differenzierten Strukturen führen konnte, die wir jetzt sehen, und welche die komplizierte kosmische Evolution und das Entstehen von »selbstorganisierten Systemen«, wie wir es selbst sind, ermöglichte. Dazu ist nur zweierlei nötig. Erstens muß es sehr kleine Unregelmäßigkeiten im frühen

Universum geben (sie sind vielleicht nicht mehr als die winzigen Schwankungen, die man nach der Quantenphysik erwartet), damit es zu Schwankungen der Massendichte und zur Bildung erster Massenanhäufungen kommen kann. Zweitens muß es biochemische Systeme geben, welche die Energie heißer Quellen absorbieren und bei niedrigeren Temperaturen verarbeiten und wieder ausstrahlen können.

»Das große Fressen«

Falls unser Universum wieder zusammenfällt, kann ein thermisches Gleichgewicht erst hergestellt werden, wenn alles wieder zu so hoher Dichte zusammengepreßt ist, daß es undurchsichtig ist. Bis zu diesem Stadium gibt es keinen offensichtlichen Grund, warum die Zeitpfeile in »lokalen« Gebieten betroffen sein sollten. Falls es zum Kollaps kommt, bevor alle Sterne erloschen sind, könnten unsere fernen Nachkommen sich in einem Universum befinden, in dem kosmische und lokale Zeitpfeile in unterschiedliche Richtungen zeigen. Wenn der Kollaps andererseits um sehr viel mehr als um 10 Milliarden Jahre hinausgeschoben werden könnte, wären nicht nur alle Sterne schon tot, sondern auch alle Atome und Schwarzen Löcher hätten sich in Strahlung aufgelöst. Das erhöht die Wahrscheinlichkeit auf weit über 50 %, daß Beobachter beim Kollaps eine Expansion beobachten würden!

Könnte der Zeitpfeil vielleicht noch enger mit der Expansion verknüpft sein? Die Gleichungen für die Elektrizität und den Magnetismus erscheinen symmetrisch in bezug auf Vergangenheit und Zukunft – sie allein sagen uns nicht, warum sich die Strahlung nach außen ausbreitet, statt nach innen zusammenzulaufen. Einige Kosmologen haben in der Nachfolge der bahnbrechenden Arbeiten von Richard Feynman und John Wheeler behauptet, daß die kosmische Expansion diese Asymmetrie bewirkt – weil, wie die Fachleute sagen, die Grenzbedingungen in der Zukunft andere sind als in der Vergangenheit. Dies würde in einem sich immer ausdehnenden Universum zu keinerlei Widersprüchen führen. Wenn wir aber in einem geschlossenen, endlichen Universum lebten, würde es keinen Pfeil vom *Big Bang* zum *Big Crunch* geben, sondern der Zeitpfeil könnte zunächst in die Richtung weisen, in der das Universum größer wird, und sich im Augenblick der Wende umkehren.

Wenn sich die Richtung der psychologischen Zeit in einem kontrahierenden Universum umkehrte, würden alle Wesen mit Bewußtsein natürlich weiterhin ein expandierendes Universum wahrnehmen, genau wie wir es tun. Hawking ließ diesen Gedanken in den achtziger Jahren kurz wiederaufleben, als er sich bei seinen Versuchen, die Quantentheorie auf das gesamte Universum anzuwenden, einen geschlossenen »Zyklus« vorstellte, in dem Anfangs- und Endstadien gleich sind. Auf den ersten Blick schien dies eine Umkehr des Zeitpfeils am Wendepunkt zu bedeuten, aber sein Kollege Don Page wies auf einen Punkt hin, an dem Hawking später einen Fehler zugab – die Zeitsymmetrie gilt für die Gesamtheit der Universen, nicht für ein einzelnes Element dieser Gesamtheit.

Der Gedanke mag verlockend sein, aber die Vermutung, der Zeitpfeil kehre sich im Augenblick der Wende um, bringt uns offensichtlich nicht weiter. Wenn unser Universum nämlich in seiner Expansion steckenbliebe und wieder zusammenfiele, würde dieser Augenblick durch keine drastische Veränderung angezeigt werden, er wäre kaum wahrzunehmen. Nahe Galaxien würden Blauverschiebungen aufweisen, aber ferne Galaxien wären immer noch rotverschoben, solange wir von ihnen Licht empfingen, das sich vor dem »Wendepunkt« auf die Reise machte.

Penrose meint, der Zeitpfeil beruhe darauf, daß das Universum beim Urknall eine ganz andere Symmetrie hatte, als es bei seinem Ende haben wird. Unser Universum ging in einem erstaunlich homogenen Zustand aus dem Urknall hervor; das Ende sollte chaotischer und weniger synchronisiert sein [3] – Gebiete, die schon zu Schwarzen Löchern zusammengefallen sind, wären Vorläufer des Endes. Nach Penrose deutet der Zeitpfeil in einem geschlossenen Universum, in dem die »Singularitäten« an Anfang und Ende verschieden sind, von der einfacheren Singularität weg zu der komplizierteren hin.

Langsame und schnelle Zeit

Obwohl der Zeitpfeil immer in dieselbe Richtung zu weisen scheint, vergeht die Zeit nicht immer mit derselben Geschwindigkeit. Das bekannteste Beispiel ist Einsteins sogenanntes »Zwillingsparadoxon«, bei dem einer der Zwillinge auf eine lange Reise mit hoher Geschwindigkeit geht und bei der Heimkehr weniger gealtert ist als sein daheimgebliebener Bruder. Dies ist nicht wirklich ein »Paradoxon«: Das Phänomen ist lediglich überraschend, weil es Bedingungen voraussetzt, die weit von den Alltagserfahrungen entfernt sind, die unseren »gesunden Menschenverstand« prägten. Alle Experimentatoren messen (mit ihren eigenen Uhren) dieselbe Lichtgeschwindigkeit, unabhängig davon, wie sie sich bewegen. Daß schnell bewegte Uhren langsamer gehen, ist eine notwendige Folge dieser erstaunlichen, aber wohlbestätigten Tatsache.

Diese Zeitdehnung wird beliebig groß, wenn sich die Geschwindigkeiten der des Lichts nähern. Eine Folge ist übrigens, daß es keine Grenze dafür gibt, wie weit man zu seinen Lebzeiten reisen könnte, wenn nur die Reisegeschwindigkeit nahe genug an der Lichtgeschwindigkeit wäre. Wenn man jedoch 1 Milliarde Lichtjahre weit reist und dann zurückkehrt, sind unabhängig davon, wie jung man sich fühlen mag, daheim mehr als 2 Milliarden Jahre vergangen – die Relativitätstheorie läßt keine Geschwindigkeiten zu, die relativ zur Uhr daheim schneller sind als die Lichtgeschwindigkeit.

Ähnlich ist die Zeit dort »gedehnt«, wo die Schwerkraft stark ist (wie in Kapitel 5 erwähnt wurde). Für einen fernen Beobachter scheinen Uhren auf einem Neutronenstern etwa 20 bis 30 % langsamer zu gehen. Uhren, die sehr nahe an einem rotierenden Schwarzen Loch kreisen (oder auf bestimmten Bahnen in seinem Inneren), könnten eine beliebig große Zeitdehnung anzeigen. Entsprechend könnte ein Beobachter auf einer solchen Bahn das äußere Universum um einen Faktor beschleunigt erleben, dem keine feste Grenze gesetzt ist.

Unterschiede zwischen der Laufgeschwindigkeit von Uhren an

verschiedenen Orten oder in unterschiedlichem Bewegungszustand lassen sich natürlich in einer Alltagswelt kaum erkennen, in der die Schwerkraft schwach ist und die Geschwindigkeit im Verhältnis zur Lichtgeschwindigkeit außerordentlich klein. Flugzeuge fliegen mit einer Geschwindigkeit von etwa einem Millionstel der Lichtgeschwindigkeit. Der vorhergesagte Effekt hat sich bei genauen Uhren gezeigt, die von Flugzeugen oder Raketen mitgeführt wurden. Sie könnten Ihr Leben um etwa 1 Millisekunde verlängern, wenn Sie Ihr Leben lang von Westen nach Osten um die Welt fliegen würden![4]

Es würde aber auch zu keinem tiefen Widerspruch führen, wenn solche Effekte größer wären. Alan Lightman, selbst Astrophysiker, stellt in seinem Buch *Und immer wieder die Zeit. Einstein's dreams* Überlegungen über Verzerrungen der Zeit in einer Alltagswelt an:

> Es gibt einen Ort, an dem die Zeit stillsteht ... Nähert sich ein Reisender diesem Ort aus beliebiger Richtung, so verlangsamen sich seine Bewegungen mehr und mehr. Die Abstände seines Herzschlags werden größer, seine Atmung wird langsamer, seine Temperatur sinkt, seine Gedanken lassen nach, bis er das leblose Zentrum erreicht und erstarrt. Denn dies ist der Mittelpunkt der Zeit. Von diesem Ort aus breitet sie sich in konzentrischen Kreisen aus. Im Zentrum in vollkommener Ruhe, nimmt mit wachsendem Durchmesser ihre Geschwindigkeit zu.

Zeitumkehr und Zeitschleifen

Physiker machen sich Gedanken über hypothetische Teilchen, sogenannte Tachyonen, die schneller sind als Licht. Solche Teilchen wären ganz harmlos, wenn sie nicht mit gewöhnlicher Materie wechselwirken würden, aber das macht sie andererseits erst interessant, weil sie sonst keine Signale übermitteln könnten. Wenn man nun mittels Tachyonen Signale aussenden könnte, die schneller sind als das Licht, würde das zu Widersprüchen führen. Einsteins

Theorie sagt uns, wie die Beschreibung eines physikalischen Vorgangs relativ zu *einem* Bezugssystem in eine entsprechende Beschreibung relativ zu einem *anderen* Bezugssystem »übersetzt« werden kann. Von einigen Bezugssystemen aus gesehen würde ein von Tachyonen übermitteltes Signal ankommen, bevor es abgesandt wurde. Damit kommen wir zum Paradoxon der »Zeitmaschinen«.

Jede Veränderung in der Anordnung der Ereignisse (und nicht nur der Geschwindigkeit, mit der sie passieren) wäre zutiefst paradox. Wenn es möglich wäre, eine »Zeitschleife« zu durchlaufen und in seine eigene Vergangenheit zurückzukehren, ergäben sich offensichtliche Problem mit Kausalität und Willensfreiheit. Vielleicht führt es nicht zum Widerspruch, wenn jemand Dinosaurier erschießt, aber wer seine Großmutter erwürgt, während sie noch in der Wiege liegt, schafft Probleme, die nicht nur die Ethik, sondern auch die Kausalität betreffen. In Isaac Asimovs Roman *Am Ende der Ewigkeit* gebietet die Zeitpolizei solchen Widersprüchlichkeiten Einhalt. Lightmans Zeitreisender in *Und immer wieder die Zeit* ist eine mitleiderregende Gestalt: »Wenn er irgend etwas auch nur im geringsten verändert, kann er die Zukunft zerstören ... er ist aus der Zeit verbannt.«

Unsere alltäglichen Intuitionen beruhen auf dem Umgang mit »gewöhnlichen« Längenskalen und Zeitspannen. Wir akzeptieren bereitwillig, daß auf der atomaren Skala alles ganz anders ist – was könnte weniger »intuitiv« sein als die Quantenmechanik? Und auf noch kleineren Skalen könnten, wie schon erwähnt, Raum und Zeit auf eine Weise vermengt sein, die wir uns noch gar nicht vorstellen können. Können wir also »Zeitreisen« im kleinen Maßstab wirklich ausschließen?

Die aus der Science-fiction vertraute »Raumkrümmung« läßt den augenblicklichen Transport in große Entfernungen zu. Aber Reisen mit Überlichtgeschwindigkeit führen zu denselben Problemen wie die Verständigung mit Hilfe von Tachyonen: Von einigen Bezugssystemen aus würde die »Ankunft« des Reisenden vor dessen »Abreise« beobachtet werden. Anders gesagt: Wenn man eine

Raumkrümmung herstellen könnte, ließe sich auch eine Zeitmaschine bauen. Physikalisch hat die Raumkrümmung am meisten Ähnlichkeit mit einem sogenannten »Wurmloch« – einem Schwarzen Loch, das durch eine Nabelschnur mit einem sehr fernen »Weißen Loch« verbunden ist. Kip Thorne, Igor Novikov und ihre Mitarbeiter haben solche Gedanken sehr ernst genommen. Eine entscheidende Frage ist, ob die Enden des Wurmlochs sich schließen würden, bevor etwas das Loch durchqueren könnte. Die Forscher haben bewiesen, daß es keine Möglichkeit gibt, ein Wurmloch offen zu halten, wenn die Materie, aus der es besteht, nicht sehr exotische Eigenschaften hat – nämlich sehr hohen negativen Druck (also Spannung). Vielleicht gab es diese Materie bei den sehr hohen Energien des sehr frühen Universums.[5]

Noch hat niemand bewiesen, daß es in unserem heutigen Universum unmöglich ist, die Art von gekrümmter Raumzeit zu schaffen, die Zeitreisen zulassen würde. Aber selbst wenn Zeitmaschinen im Prinzip möglich wären, würden sie offensichtlich technische Konstruktionen erfordern, die selbst die Vorstellungskraft eines H.G. Wells weit überschreiten würden, der 1895 einen Zeitreisenden als »eine geisterhafte, verschwommene Gestalt auf einer wirbelnden Masse in Schwarz und Bronze« sah.

Könnte es im mikroskopischen Maßstab geschlossene Zeitschleifen geben? Wären »Zeitmaschinen« wirklich soviel seltsamer als die anderen Merkwürdigkeiten der Quantenwelt? Die Theoretiker haben trotz aller Bemühungen noch nicht herausfinden können, ob »Wurmlöcher« lediglich technisch unmöglich sind (beispielsweise ist ein zeitdehnendes Raumschiff, das mit 99,99 % der Lichtgeschwindigkeit fährt, technisch nicht machbar), oder ob sie prinzipiell unmöglich sind, selbst wenn es die unter hoher Spannung stehende Materie gäbe, aus der ein Wurmloch bestehen sollte. Diese Fragen sind noch ungelöst, aber ich würde dazu neigen, letzteres zu glauben, und schreibe der Physik eine Art innere Geschlossenheit zu, die Reisen in die Vergangenheit verbietet. Die von Hawking vermutete »Zeitschutzverordnung« würde nicht nur »die Welt für Historiker sicher machen« und uns vor Touristen aus der Zukunft schützen, sondern sogar, wenn sie zuträfe, *prinzipiell* (makroskopische wie mikroskopische) Zeitmaschinen ausschließen. Zeitschleifen, die ein Universum umgeben, wurden zuerst vor fast 50 Jahren untersucht. Der große Logiker Kurt Gödel erntete frühen Ruhm, als er zeigte, daß sich selbst in einem so einfachen formalen System wie dem der Arithmetik Aussagen machen lassen, von denen man aus dem System heraus nicht beweisen kann, ob sie wahr oder falsch sind. Später arbeitete Gödel wie Einstein, dessen guter Freund er war, am *Institute for Advanced Study*.[6]

Gödel interessierte sich sehr für die Relativitätstheorie und entwarf ein theoretisch mögliches Universum, das den Einsteinschen Gleichungen genügt und geschlossene Zeitschleifen enthält. Gödels Universum hat nicht viel Ähnlichkeit mit unserem eigenen – beispielsweise dehnt es sich nicht aus. Es stellt sich aber doch die Frage: Könnte es ein Universum geben, das ähnlich wie das unsere Galaxien und Sterne enthält, in dem es aber geschlossene Zeitschleifen gibt? Wenn das vollständige Durchlaufen einer Schleife viele Milliarden Jahre dauerte, käme es zu keinem Konflikt mit unseren Erfahrungen und wohl auch nicht mit all dem, was Astronomen beobachten können. In neuerer Zeit hat Richard Gott vorgeschlagen, ein Universum in Betracht zu ziehen, das Zeitschleifen enthält. Sein Universum ist leer bis auf zwei unendlich große kosmische Strings (siehe Kapitel 11), die sich relativ zueinander rasch bewegen.

Unser eigenes Universum läßt keine Zeitreisen zu, solange nicht das nötige »Wurmloch« geschaffen werden kann, und selbst dann könnten wir niemals in eine Zeit zurückreisen, die vor der Herstellung des »Wurmlochs« liegt. In den von Kurt Gödel und Richard Gott berechneten Universen läßt die Raumkrümmung dagegen Zeitreisen zu. Jeder, der eine Zeitschleife durchläuft, muß eine Geschichte erleben, die sich widerspruchsfrei schließt. Die philosophischen Probleme, die sich dadurch für den freien Willen ergeben, würde es in den von Gödel und Gott erdachten Universen immer gegeben haben.

Was sollen wir von solchen Szenarien halten? Vielleicht ist ihr widersprüchlicher Charakter ein Hinweis auf ein neues und einschränkenderes Gesetz, das alle Universen mit dieser unsympathischen Eigenschaft ausschließt. (Dies erinnert an die Einstellung jener, welche die Lösungen der Einsteinschen Gleichungen ausschließen wollten, die nicht mit dem Machschen Prinzip verträglich sind; siehe Kapitel 12.) Andererseits könnte man anmerken, daß diese geschlossenen Schleifen in einer physikalischen Welt dann nicht zu offensichtlichen Absurditäten führen, wenn die »Zeitpolizei« sicherstellt, daß sich nach jedem Zeitumlauf alles widerspruchsfrei schließt. Trotzdem würden die meisten Physiker vermutlich die Ansicht vertreten, die vielleicht auch nur ein konservatives Vorurteil ist, daß ein tiefes physikalisches Prinzip, das wir noch nicht verstehen, die Natur vor allem schützt, was die normale Reihenfolge von Ursache und Wirkung verletzt.

Fluktuationen, ewige Wiederkehr und Verdopplung

Wir haben schon angemerkt, daß die kosmische Expansion einen Zeitpfeil festlegt. Im Gegensatz dazu würde ein abgeschlossenes, endliches, immer isoliertes System, in dem keine Schwerkraft wirkt, in ein Gleichgewicht gelangen: Es würde dann keine großen Veränderungen mehr geben, und nichts würde eine bestimmte Zeitrichtung auszeichnen. Der große Physiker Ludwig Boltzmann dachte gegen Ende des 19. Jahrhunderts darüber nach, wie der Kosmos, den wir wahrnehmen, sich aus einem solchen Universum ergeben haben könnte. (Das war noch, bevor man von der Existenz anderer Galaxien wußte. Boltzmanns »Universum« war deshalb eine Ansammlung von Sternen und nicht größer als unser Milchstraßensystem.) Boltzmann wurde zu der Annahme geführt, daß alles, was in Reichweite unserer Teleskope ist, eine unglaublich seltene »Fluktuation« in einem ewigen, unendlichen Kosmos darstellt. Dies war auch nach seinen eigenen Bedingungen eine unbefriedigende Theorie. Für unsere Existenz mag eine Fluktuation nötig sein, die so groß ist wie das Sonnensystem, aber es gibt keinen Grund, warum sich die Fluktuation in die ganze Weite des Raums erstreckten sollte, den die Astronomen erforscht haben. Boltzmann hätte eher schließen sollen, daß sein Gehirn koordinierte Reize empfing, die eine kohärente, aber nicht existente Außenwelt vortäuschten. Diese solipsistische Sicht wäre viel weniger unwahrscheinlich, als daß die Außenwelt als zufällige Fluktuation entstanden wäre!

In »geschlossenen Systemen« ergeben sich andere Paradoxa, die bei Annahme einer kosmischen Expansion leicht aufzulösen sind. Anfang dieses Jahrhunderts zeigte Henri Poincaré, daß jedes »geschlossene dynamische System« (sogar unendlich oft) zu seinem jetzigen Zustand zurückkehrt – und sogar das ganze beobachtbare Universum, wenn Boltzmann recht hätte. Aber die sogenannte »Poincaré-Rückkehrzeit« ist selbst im Vergleich mit kosmologischen Zeitskalen ungeheuer lang, denn nur mikroskopische Systeme würden sich in einem Zeitraum von 10 Milliarden Jahren wiederholen.[7] Könnte es denn genug Zeit für eine vollständige Wiederkehr geben, wenn sich unser Universum immer weiter ausdehnte? Die Antwort müßte für ein System fester Größe bejaht werden. In einem expandierenden Universum nimmt die Menge der Materie, die mit einem gegebenen Massenelement in kausalem Zusammenhang steht, unbegrenzt zu.

Ein unendliches Universum könnte »Duplikate« von uns selbst enthalten, die 10 Milliarden Jahre lang eine genau parallele Evolution durchgemacht hätten, aber sie würden weit jenseits unseres jetzigen Beobachtungshorizonts liegen. Das Licht von diesen »Duplikaten« könnte uns schließlich einmal erreichen, aber selbst wenn ihre Geschichte die unsere 10 Milliarden Jahre lang dupliziert hätte, gäbe es keinen Grund, warum sie das auch in ferner Zukunft tun sollte. Sie hätten bis dahin viel Zeit gehabt, auch eine andere Art von Vielfalt zu entwickeln. Es mag Systeme geben, deren ganze Geschichte parallel zu unserer eigenen verläuft, aber sie würden immer weiter im Raum verteilt – unser nächstes »Duplikat« läge immer weit jenseits unseres Horizonts.

14 »Zufälle« und die Ökologie der Universen

Universen ... könnten eine Ewigkeit lang
stümperhaftes Flickwerk gewesen sein, bevor unser System entstand; viel vergebliche
Arbeit, viele fruchtlose Versuche und eine
langsame, aber stetige Verbesserung, die
sich in unendlichen Zeiträumen in der Kunst
der Weltschöpfung abspielen.

David Hume (1779)

Wie konstant sind die Naturkonstanten?

Wir wären überrascht, wenn Atome sich an einem anderen Punkt des Weltalls anders verhielten als hier oder in einem Jahr anders als jetzt. Die Annahme, daß die Physik überall dieselbe ist, ist tief verwurzelt, und gelegentlich vergessen wir, daß ihre Universalität nur auf unserer Erfahrung beruht. Die Grundgesetze scheinen nicht nur überall auf der Erde, sondern auch (soweit wir es beurteilen können) in jedem Teil des beobachtbaren Universums dieselben zu sein. Ferne Galaxien enthalten Sauerstoff, Natrium und andere Atome, die Licht aussenden, das genau dieselben Farben hat wie die Spektren ebendieser Atome in unseren Labors. (Wir müssen natürlich die Rotverschiebung berücksichtigen, die alle Wellenlängen im selben Verhältnis verändert.)

Die gesamte physikalische Welt, nicht nur Atome, sondern auch Sterne und Menschen, werden im wesentlichen durch einige wenige »Konstanten« bestimmt: Dazu gehören die Massen der sogenannten Elementarteilchen und die Stärken der Kräfte – elektromagnetische Kraft, Kernkraft und Schwerkraft –, die sie zusammenhalten und ihre Bewegung bestimmen.

Die numerischen Werte dieser Größen hängen davon ab, in welchen Einheiten sie gemessen werden. Aber die Aussage, daß beispielsweise ein Objekt zehnmal schwerer ist als ein anderes, gilt unabhängig davon, ob wir das Gewicht in Gramm oder in Tonnen messen. Das Verhältnis zweier Größen, ob von zwei Massen oder zwei Preisen, hängt nicht von unserer Wahl der Maßeinheiten oder der Währung ab. Ein Beispiel ist das Verhältnis der Masse eines Protons zu der eines Elektrons, das 1836 beträgt. Auch die Größe der Atome ist wichtig. Sie wird dadurch bestimmt, wie eng die Elektronen den Kern umlaufen. Das wiederum hängt davon ab, welche »Unschärfe« Quanteneffekte im ganz Kleinen hervorrufen. Die entscheidende Zahl, die sogenannte »Feinstrukturkonstante«, sagt uns, wieviel größer Atome wegen des Unschärfeprinzips der Quantentheorie sein müssen als Elektronen.

Die grundlegenden »Naturkonstanten« sind wie Atome und Elektronen Überreste des frühen Weltalls. Sie wurden in den allerersten Augenblicken geprägt. Die Bedingungen waren damals so extrem, daß wir sie im Experiment nicht nachahmen können. Jedes zugrundeliegende Prinzip, das einen Zusammenhang zwischen diesen anscheinend zufälligen Zahlen herstellen kann, wird – falls es ein solches Prinzip überhaupt gibt – sicherlich neue Einsichten darüber erfordern, wie unser Universum begonnen hat.

Veränderliche Kräfte?

Einstein hielt die Schwerkraft für universell und ihre Stärke im Lauf der Zeit für unveränderlich. Andererseits fand man es doch sehr verwunderlich, daß die Naturgesetze in einem sich verändernden Universum unverändert bleiben sollten. Können wir denn sicher sein, daß die »Konstanten« in den 10 Milliarden Jahren, in denen sich unser Universum so stark verändert hat, wirklich konstant geblieben sind?

Der theoretische Physiker Paul Dirac machte seine größten wissenschaftlichen Beiträge in der »goldenen« Zeit der Quantentheorie zwischen 1925 und 1930, als er selbst noch keine 30 Jahre alt war.

Später jedoch interessierte er sich für die Kosmologie. 1937 stellte er die Vermutung auf, daß die Schwerkraft mit zunehmendem Alter des Universums schwächer wird. Die Veränderung wäre allerdings winzig – nicht mehr als 1 zu 10^{10} im Jahr. Weder der gesunde Menschenverstand noch die alltägliche Erfahrung kann dies überprüfen, inzwischen ist das aber mit Hilfe genauer Messungen möglich. Wenn sich die Schwerkraft verändert, müßten sich auch die Bahnen von Planeten und Raumsonden ein wenig verändern. Planeten würden auf Spiralen nach außen laufen, wenn die Gravitationskraft der Sonne nachließe; die Gesamtwirkung wäre schon innerhalb weniger Jahre zu beobachten, wenn die Bahnen genau genug verfolgt werden könnten. Die genaue Beobachtung der Vikingsonden, die von der NASA zum Mars geschickt wurden, zeigte, daß die Schwerkraft sich pro Jahr um weniger als $3 \cdot 10^{-11}$ ihres jetzigen Wertes ändert. Das widerlegt zwar Diracs Vermutung, schließt aber eine noch langsamere Veränderung (beispielsweise um nur ein Zehntel des von Dirac vorgeschlagenen Werts) nicht aus.

Wäre die Schwerkraft in der Vergangenheit stärker gewesen, wäre der Druck im Sonnenkern höher gewesen. Die Sonne hätte heller gebrannt (die Ozeane der jungen Erde hätten dann möglicherweise gekocht) und ihren Kernbrennstoff rascher verbraucht. So wäre es allen Sternen in allen Galaxien ergangen. Ferne Galaxien, deren Licht sich auf den Weg zu uns machte, als das Universum jünger war, sollten deshalb heller sein, als wir es bisher erwartet haben.[1] Es haben sich keine solchen Hinweise gefunden – zwar sehen junge Galaxien anders aus als ältere, aber nur in dem Maß, das man erwartet, wenn man bedenkt, daß ihre Sterne noch in einem Frühstadium der Evolution sind und die »Wiederverwertung« von Gas in Sternen noch nicht besonders weit gediehen ist. Die Folgerungen, die man aus solchen Beobachtungen für die Schwerkraft ziehen kann, sind jedoch weit weniger präzise als jene, die sich aus den Bahnen im Sonnensystem herleiten lassen, die wir direkt berechnen können.

Die genaueste all dieser Überprüfungen stammt von Pulsaren –

Neutronensternen, deren Pulsraten eine genaue Uhr liefern. Einige Pulsare umlaufen einen Begleitstern. Weil die zeitlichen Abläufe auf Pulsaren sehr genau bestimmt werden können, lassen sich ihre Bahnen so genau vermessen wie die von Planeten oder Raumsonden in unserem eigenen Sonnensystem. Wenn die Schwerkraft schwächer würde, geriete ein Pulsar auf seiner Bahn weiter nach außen und hinkte hinter dem vorhergesagten Ort her. Dieses Verfahren bietet inzwischen einen noch stärkeren Hinweis auf die Konstanz der Schwerkraft, als wir sie von den Bahnen innerhalb unseres Sonnensystems erhalten. (Wir erwähnten schon in Kapitel 4 höchst genaue Präzisionsmessungen an Pulsaren in Doppelsternsystemen.)

Ganz abgesehen von der Schwerkraft könnte man sich auch über die beiden anderen Zahlen Gedanken machen, welche die Mikrowelt bestimmen – das Massenverhältnis von Protonen und Elektronen und die Stärken der elektrischen und nuklearen Kräfte. Waren sie früher anders? Sind sie vielleicht, wenn auch nur ganz wenig, von einem Ort zum anderen verschieden, so daß das Licht von einer Galaxie in Milliarden von Lichtjahren Entfernung anders sein könnte als das Licht einer irdischen Kerzenflamme oder der Sonne?

Bei der Untersuchung des Lichts von Galaxien und Quasaren weisen alle Spektrallinien eine Rotverschiebung um denselben Faktor auf. Wenn man die Rotverschiebung berücksichtigt hat, sind diese Atome und Moleküle, die von uns in Zeit und Raum weit entfernt sind, anscheinend mit jenen im Labor identisch. Wenn aber Protonen, die jetzt 1836mal schwerer sind als Elektronen, in der Vergangenheit ein anderes Gewicht gehabt hätten, wären die Spektrallinien des Wasserstoffs relativ zu denen anderer Atome ein wenig verschoben.[2]

Einige der deutlichsten Hinweise auf die Werte dieser Konstanten in der fernen Vergangenheit stammen (überraschenderweise) nicht von Astronomen, die ferne Objekte betrachten, sondern von Geologen, die sich über die Bedingungen Gedanken machen, die hier auf der Erde herrschen. In der Uranmine in Oklo im westafrikanischen Gabun kommen mehrere Elemente und ihre Isotope[3] in

ungewöhnlichen Anteilen vor. Geologen meinen, daß dort aus
irgendeinem Grund angereichertes Uran und Meerwasser zu einem
natürlichen Kernreaktor zusammenfanden, der vor über zwei Milliarden Jahren »kritisch« wurde. Dieser Reaktor läßt heute noch
erkennen, welche Wirkungen der radioaktive Zerfall vor dieser langen Zeit hatte. Besonders interessant ist das seltene Element Sama-
rium, weil eines seiner Isotope die durch Radioaktivität entstehenden
Neutronen ungewöhnlich stark »aufsaugt«. Es würde sich deshalb
bald umwandeln, wenn es dem Neutronenfluß des Reaktors ausgesetzt wäre. Tatsächlich wurde in Oklo nur sehr wenig von diesem
Isotop gefunden. Die Grundkräfte, welche die Kerne zusammenhalten – die Kernkraft (oder »starke« Kraft) und die elektromagnetische
Kraft –, haben sich demnach im Lauf der letzten zwei Milliarden
Jahre kaum verändert, denn sonst hätte sich dieses Samariumisotop
nicht so weitgehend umgewandelt. Dies wäre selbst dann geschehen,
wenn seine Kernstruktur nur um wenige Milliardstel anders gewesen wäre. Die Kernkräfte können sich also in einem Zeitraum von
zwei Milliarden Jahren nicht wesentlich verändert haben. Auch die
elektrischen Kräfte können sich nicht um mehr als wenige Teile von
10^{-17} pro Jahr geändert haben. Dies zeigt, daß der Spielraum für
Veränderungen bei subatomaren Kräften noch kleiner ist als bei der
Schwerkraft.

Natürlich lassen sich außerordentlich kleine Veränderungen
nicht ausschließen. In »Superstringtheorien« (siehe Kapitel 9) werden Teilchenmassen mit Strukturen in zusätzlichen räumlichen Dimensionen in Beziehung gesetzt, die »zusammengerollt« sind, und
diese könnten sich als Reaktion auf die kosmische Expansion ein
wenig verändern. Die entscheidenden Phänomene der Superstringtheorien laufen in Maßstäben ab, die sehr viel kleiner sind als die
jedes bekannten Teilchens. Die Aussichten darauf, daß wir solche
Theorien direkt überprüfen können, sind schlecht, deshalb liefert
dieser indirekte Test eine zusätzliche Motivation, die schwierige
Suche nach winzigen Veränderungen der grundlegenden physikalischen Größen weiter zu verfolgen.

Große Zahlen und schwache Schwerkraft

Dirac hatte einen interessanten Beweggrund für seine Vermutung, daß die Schwerkraft schwächer wird. Weil die Schwerkraft und die elektrischen Kräfte reziprok zum Quadrat der Entfernung der beiden Körper sind, zwischen denen sie wirken, ist das Verhältnis der Stärken dieser Kräfte (beispielsweise zwischen einem Elektron und einem Proton) eine Naturkonstante. Diese Zahl (10^{39}) ist außerordentlich groß. Dirac war überrascht, als er fand, daß die Größe des beobachtbaren Universums (der Hubble-Radius) die Größe eines Protons ebenfalls um einen Faktor von etwa 10^{39} übertrifft. Er schätzte auch, daß die Anzahl der Atome im beobachtbaren Universum etwa 10^{78} ist (diese Zahl ist allerdings viel weniger genau bekannt), also das Quadrat der vorigen Zahl. Weil er diese Ähnlichkeiten ungern als Zufall hinnehmen wollte, stellte er die Vermutung auf, daß zwischen diesen großen Zahlen ein Zusammenhang bestünde.[4]

Wenn aber, wie Dirac annahm, die kosmische Expansion mit einem Urknall begann, muß die Größe des Universums oder der Hubble-Radius im Laufe der Zeit sicherlich zunehmen. Der Durchmesser des Weltalls ist im wesentlichen das Produkt aus der seit dem Urknall verstrichenen Zeit und der Lichtgeschwindigkeit. Eine von Diracs Zahlen, das Verhältnis von Hubble-Radius zur Größe eines Protons, wird also im Lauf der Zeit größer. Wenn die großen Zahlen tatsächlich miteinander zusammenhängen, müßte das Verhältnis von elektrischer Kraft und Schwerkraft ebenfalls seit dem Urknall zugenommen haben, denn sonst wäre es bloßer Zufall, daß die beiden Zahlen gerade heute übereinstimmen. Dirac meinte deshalb, die Schwerkraft würde reziprok zum Alter des Universums abnehmen. (Dirac hätte genausogut behaupten können, daß die elektrische Kraft stärker wird, glaubte aber, daß die Schwerkraft mit größerer Wahrscheinlichkeit auf das Universum als Ganzes reagiert.)

Dickes Antwort auf Dirac

Die »Zufälle«, die Dirac so beeindruckten, sind tatsächlich Täuschungen. Das wurde von dem Physiker Robert Dicke aufgedeckt, der in Princeton lebt und, wie wir schon in Kapitel 3 erwähnten, die kosmische Hintergrundstrahlung vorhersagte. Auch Dicke nahm an, daß es eine »große Zahl« in der Physik gäbe: das Verhältnis der Kräfte der Mikrowelt und Schwerkraft. Das Verhältnis der elektrischen Kräfte und der Schwerkraft zwischen zwei Protonen beträgt etwa 10^{36} (das unterscheidet sich um einen Faktor 1000 von Diracs Zahl, der ja das Verhältnis der Kräfte zwischen einem Proton und einem Elektron untersucht hat). Ebenso groß ist, vom Vorzeichen abgesehen, das Verhältnis der Bindungsenergien. Die Schwerkraft ist also in einzelnen Molekülen durchaus vernachlässigbar. Alles aber übt auf alles andere eine Anziehungskraft aus, denn es gibt keine negativen »Gravitonen«, die wie bei den elektrischen Kräften die Schwerkraft ausgleichen könnten. Deshalb überwiegt auf hinreichend großen Skalen die Schwerkraft; Dicke war der erste, der aufzeigte, wie die Eigenschaften von Sternen von der Verhältniszahl 10^{36} abhängen.

Angenommen, man finge mit einem einzelnen Molekül an und bildete dann immer größere Anhäufungen, die 10, 100, 1000 Atome usw. enthalten. Die 24. solcher Anhäufungen enthielte 10^{24} Atome und hätte die Größe eines Zuckerwürfels, die 40. wäre so groß wie ein Berg oder ein kleiner Asteroid. Die Bindungsenergie der Schwerkraft pro Atom ist proportional zur Größe der Anhäufung, zu der es gehört, dividiert durch den Radius. Sie nimmt proportional zur Gesamtzahl der Atome N zu, aber proportional zu ihrer mittleren Entfernung ab; diese Entfernung verhält sich bei konstanter Dichte wie die Kubikwurzel von N. Insgesamt also verhält sich die Schwerkraft wie $N/N^{1/3}$, also wie die dritte Wurzel aus dem Quadrat von N. Immer wenn N um das Tausendfache zunimmt, nimmt die Schwerkraft um das Hundertfache zu. Obwohl die Schwerkraft zunächst ein Handikap von 36 Zehnerpotenzen hat, überwiegt sie, wenn mehr als 10^{54} Protonen zusammengepackt sind

(36 ist ja zwei Drittel von 54). Das aber entspricht etwa der Masse des Jupiters. Noch größere Masseansammlungen werden zu Sternen: Ein typischer Stern wie die Sonne enthält bereits 10^{57} Atome. Wenn es weniger wären, könnte die Schwerkraft die Materie nicht dicht genug zusammenpressen, und der Druck im Inneren würde nicht ausreichen, um eine Kernreaktion auszulösen.

Auf ähnliche Weise konnte Dicke abschätzen, wie lange ein Stern leben würde. Das hat damit zu tun, wie lange ein Photon braucht, um dem Stern zu entkommen, wobei es Wärme mitnimmt. Diese Zeit, die proportional ist zu der Gesamtzahl der Schritte auf seinem Irrweg an die Oberfläche, ist proportional zum Quadrat des Radius (bei einem Objekt mit vorgegebener Dichte) und deshalb zur dritten Wurzel aus dem Quadrat der Masse – sie verhält sich also genauso wie die von der Schwerkraft herrührende Bindungsenergie. Die Zeit, die ein Photon braucht, um einem Stern zu entkommen, ist ein Maß für das Alter des Sterns und 10^{36}mal länger als die Zeit, in der das Licht ein einzelnes Atom durchquert.

Leben, wie wir es kennen, kann sich nur entwickeln, wenn frühere Sterngenerationen Zeit hatten, sich zu entwickeln und zu sterben, denn in ihnen bildeten sich die chemischen Elemente. Die Zeit mußte auch reichen, die Sonne entstehen zu lassen, und sie mußte groß genug sein, damit sich auf einem die Sonne umlaufenden Planeten die Evolution des Lebens abspielen konnte. Das dauerte mehrere Milliarden Jahre. Als Dicke über die daran beteiligten mikroskopischen Vorgänge nachdachte, erkannte er, daß die Lebenszeiten und Massen von Sternen mit dem Verhältnis zwischen der elektrischen Kraft und der Schwerkraft in Beziehung stehen. Wenn unser Universum so alt ist wie ein Stern, ist die Dimension dessen, was wir beobachten können – also grob gesagt die Entfernung, die das Licht seit seinem Anfang durchqueren konnte –, 10^{36}mal größer als ein Atom. Da wir das Universum aber nicht zu irgendeiner Zeit betrachten, sondern gerade zu einer Zeit, in der es ungefähr so alt ist wie ein Stern, ist es einleuchtend, daß Diracs »Zufall« gar kein Zufall ist.

Die außergewöhnliche Größe unseres Universums sollte uns

nicht überraschen: Sie war notwendig, damit genug Zeit vergehen konnte, in der sich Leben entwickeln konnte – wenn auch vielleicht nur auf *einem* Planeten um *einen* Stern in *einer* Galaxie. Dies ist ein Beispiel für ein »anthropisches« Argument, ein Argument aus »menschlicher« Sicht, das voraussetzt, das kopernikanische Prinzip der kosmischen Bescheidenheit nicht zu ernst zu nehmen. Wir sollten uns nicht unbedingt in den Mittelpunkt des Universums stellen, aber es könnte ähnlich unrealistisch sein, wenn wir leugnen, daß unsere Lage in Raum und Zeit eine besondere ist. Wir sind offensichtlich nicht an einem ganz gewöhnlichen Ort im Universum: Wir sind auf einem Planeten mit besonderen Eigenschaften, der einen stabilen Stern umrundet. Wir beobachten, und das ist noch weniger trivial, das Universum nicht zu einer beliebigen Zeit, sondern zu einer Zeit, in der die Voraussetzungen für eine komplexe Evolution erfüllt sind. Dicke hat gezeigt, daß die Ähnlichkeit der beiden großen Zahlen, die Dirac so wesentlich fand, ganz von selbst aus unserer Existenz folgt. (Unsere Ära ist in der Tat die für alle »Beobachter« günstigste, die Dicke sich nur denken konnte).

Dirac reagierte auf diese Überlegung übrigens mit dem Zugeständnis, daß es kein Leben geben kann, bevor es Sterne gibt. Er hoffe aber, daß es auch dann, wenn die Sterne gestorben sind, noch Lebensformen geben könne – eine gar nicht so absurde Hoffnung (wie in Kapitel 12 bemerkt), aber für Dicke eine nicht gerechtfertigte Annahme, weil wir offenbar eine Lebensform darstellen, die der Wärme eines Sterns bedarf.

Eine Schlußfolgerung nach der Art von Pastor Bayes

Dicke veröffentlichte seine Gedanken 1961. Er hätte sie zu einer Begründung ausbauen können, warum der Urknall der Steady-State-Theorie vorzuziehen sei, die damals noch sehr ernst genommen wurde – das aber tat er nicht. Es wird immer ein Stadium in der Evolution eines Urknall-Universums geben, in dem sein Alter gleich dem eines typischen Sterns ist, deshalb sollten wir nicht überrascht sein, wenn wir finden, daß wir ein solches Universum in diesem besonderen Stadium beobachten. Wir sind aus dem Staub toter Sterne gemacht, aber wir sind abhängig von der Wärme eines Sterns, der noch brennt. In einem Steady-State-Universum jedoch ist die Zeitskala der Expansion des Universums (die Hubble-Zeit) immer dieselbe. Wir wissen zwar nicht, welche Physik die Hubble-Zeit bestimmt, aber sie hat sicher nichts mit den Sternen oder ihrer Entwicklung zu tun. Es gibt zunächst keinen Grund, warum die Zeitskala für die Sternentwicklung und die Hubble-Zeit auch nur näherungsweise gleich sein sollten: Die Lebenszeit von Sternen könnte viel kürzer sein – in diesem Fall würde fast die gesamte Materie in toten Sternen oder ausgebrannten Galaxien stecken –, oder sie könnte viel größer sein als die Hubble-Zeit – in diesem Fall würde nur eine außerordentlich alte Galaxie unserer eigenen ähnlich sehen. Die Tatsache, daß die Lebenszeit von sonnenähnlichen Sternen mit der Hubble-Zeit vergleichbar ist, wäre in der Steady-State-Theorie ein unerwarteter und unwahrscheinlich erscheinender Zufall, während sie im Urknallmodell ganz natürlich ist.

Eine solche Überlegung hat wirkliche Beweiskraft, wenn es darum geht, die Behauptungen von zwei rivalisierenden Theorien zu vergleichen – im obigen Beispiel sind es die Urknalltheorie (U) und die Steady-State-Theorie (S). Wie Sie darüber denken, könnte sich darin zeigen, wie hoch Sie auf den »Sieg« einer Theorie wetten würden. Nehmen Sie an, es hätten sich neue Hinweise ergeben, die überhaupt nicht überraschen, wenn U richtig ist, in S aber höchst unwahrscheinlich oder zufällig wären. Dann würden Sie unabhängig davon, wie hoch Sie früher gewettet hätten, jetzt höher auf U setzen. (Und selbst wenn Sie weiterhin S bevorzugen, würden Sie nicht mehr so stark gegen U sein.) Ein derartiges wissenschaftliches Urteil trägt den Namen des Pastors Thomas Bayes, der es im 18. Jahrhundert entwickelte.

Sind die physikalischen Konstanten auf das Leben »abgestimmt«?

Die Behauptungen, die Entstehung des Lebens habe besondere Bedingungen oder »Feinabstimmung« erfordert, haben eine lange Geschichte. Sie lassen sich auf den klassischen Gottesbeweis zurückführen, wonach es einen intelligenten (und sogar wohlwollenden) Schöpfer gibt. Der berühmteste Vertreter dieser »teleologischen« oder »Zweckmäßigkeitsbeweise« war der Naturtheologe William Paley, der in seinem 1802 veröffentlichten Buch *Natural Theology* die berühmte Analogie zur Uhr und dem Uhrmacher zog. Paley entnahm seine Überlegungen vor allem der Biologie – seine »Hinweise auf die Existenz und die Eigenschaften der Gottheit, gesammelt aus den Erscheinungsformen der Natur« –, sind *nach* Darwin für Theologen auch nur noch wenig interessant. Das unbelebte Universum, der Kosmos, beeindruckte Paley mehr durch seine Großartigkeit als durch seine »Zweckmäßigkeit«. Er schreibt dazu: »Meine Meinung zur Astronomie war immer, daß sie nicht das beste Mittel ist, mit dem sich das Wirken eines intelligenten Schöpfers beweisen läßt, sondern daß er sich, wenn das bewiesen ist, über alle Wissenschaft hinaus in der Großartigkeit seiner Werke zeigt.«

Anfang dieses Jahrhunderts erschienen Bücher, die sich eher im Geist der Wissenschaft mit diesen Fragen beschäftigten. So schilderte Lawrence Henderson, Professor an der Universität Harvard, in seinen 1913 und 1917 erschienenen Büchern *The Fitness of the Environment* und *The Order of Nature* sein Erstaunen, daß die scheinbar überraschenden Eigenschaften einiger gewöhnlicher unorganischer Stoffe Bedingungen schufen, die das Leben besonders begünstigten. Wasser ist insofern eine ungewöhnliche Flüssigkeit, als es sich ausdehnt, wenn es gefriert – Eis schwimmt auf Wasser, deshalb friert ein Teich selten bis auf den Grund zu. Er bemerkte ähnliche »Anomalien« bei anderen wichtigen Molekülen wie z. B. Kohlendioxid. Henderson schloß, daß »wir gezwungen sind, diese Eigenschaften in einem vernünftigen Sinn als eine Vorbereitung auf den Prozeß der Evolution von Planeten zu sehen.

Deshalb muß man den Eigenschaften der Elemente eine Zweckmäßigkeit zuschreiben.«

Hendersons Überlegungen beziehen sich auf die grundlegende Physik und Chemie und lassen sich nicht so leicht abtun wie die von Paley über die »Tauglichkeit« von Tieren und Pflanzen für ihre Umwelt. Jedes komplizierte biologische Gebilde ist das Ergebnis einer langen evolutionären Auslese, zu der eine Symbiose mit der Umwelt gehört. Aber die Grundgesetze, die Atome und Moleküle bestimmen, sind »vorgegeben«, und nichts Biologisches kann auf sie zurückwirken, um sie abzuändern.

Seit Hendersons Zeit ist für viele andere scheinbare Zufälle aufgedeckt worden, daß es sich bei ihnen anscheinend um recht empfindliche Gleichgewichtszustände handelt. Am entscheidendsten ist wohl das Gleichgewicht in den Atomkernen aus der elektrischen Abstoßung zwischen Protonen einerseits und der starken Kernkraft zwischen Protonen und Neutronen andererseits. Wäre die Kernkraft etwas schwächer, gäbe es außer Wasserstoff kein stabiles chemisches Element, und keine Kernenergie könnte die Sterne antreiben. Wären die Kernkräfte relativ zu den elektrischen Kräften dagegen etwas stärker, als sie es sind, würden die Protonen so leicht aneinanderhaften, daß es keinen gewöhnlichen Wasserstoff geben könnte: Die Sterne hätten sich dann ganz anders entwickelt.

Auch der Tatsache, daß das Elektron im Vergleich zum Atomkern so wenig wiegt, kommt Bedeutung zu. Sie ist eine Vorbedingung dafür, daß Moleküle wie DNA ihre eigenen, unterscheidbaren Strukturen erhalten. Heisenbergs Unschärfeprinzip erfordert eine unvermeidliche »Verschwommenheit« des Orts eines Teilchens. Die Unschärfe ist für schwerere Teilchen geringer. In einem Molekül wird die Unschärfe in der Position eines Atoms durch die Masse seines Kerns bestimmt. Elektronen umlaufen den Kern auf sehr großen Bahnen, da sie leichter sind. Die Gesamtgröße der Atome wird durch die Elektronenmasse bestimmt, von der auch der Abstand zwischen den Atomen in einem Molekül abhängt. Weil Protonen 1836mal schwerer sind als Elektronen, ist der Ort der Atome gemessen an den Entfernungen zu ihren Nachbarn sehr genau lokalisiert, weswegen komplexe Moleküle eine wohlbestimmte Form haben.

Ein Neutron ist um 0,14 % schwerer als ein Proton – etwas mehr als ein Tausendstel. Dieser winzige Unterschied ist wichtig, weil er größer ist als die Gesamtmasse eines Elektrons. Wenn Elektronen nicht so leicht wären, würden sie sich spontan mit Protonen zu Neutronen verbinden, und es gäbe keinen Wasserstoff. Erst unter dem extremen Druck im Inneren eines Neutronensterns kann dieser Vorgang in unserem Universum eintreten.

Ist unser Universum ein »besonderes« Universum?

Alle chemischen Elemente (Eisen, Kohlenstoff, Sauerstoff usw.) wurden in Sternen geschaffen, die explodierten, bevor sich unser Sonnensystem bildete. Ihre Bausteine waren Wasserstoff und Helium, die beim Urknall entstanden. Die Ketten von Kernreaktionen, welche die Elemente verwandelten, hingen von weiteren scheinbaren Zufällen ab. Auf dem eindrucksvollsten – er wurde in Kapitel 1 beschrieben – beruht die Erkenntnis von Fred Hoyle, daß einige fein abgestimmte Eigenschaften von Kohlenstoff und Sauerstoff sich als entscheidend für die Allgegenwart von Kohlenstoff und damit für den Lauf der kosmischen Evolution erwiesen haben.

Würde Henderson heute schreiben, hätte er unsere Welt im Maßstab der Galaxien betrachtet (oder sogar als Kosmos) und nicht nur die irdischen »Zufälle« bemerkt, sondern auch die kosmischen, auf denen unsere Entstehung zu beruhen scheint. Unsere kosmische Umwelt muß die Größenverhältnisse und die Stabilität bieten, die Voraussetzung für diese Ereignisse sind. Die Eigenschaften des Kerns des Kohlenstoffatoms hätten ihm gewiß großen Eindruck gemacht.

Henderson hätte auch andere »Zufälle« bemerkt. Neben denen, an denen die Kernkraft und die elektrische Kraft beteiligt sind und die wichtig sind dafür, daß es stabile Kerne geben kann, gibt es solche, bei denen Neutrinos und Radioaktivität eine Rolle spielen. Die

Wechselwirkung der Neutrinos untereinander und mit anderen Teilchen ist nur schwach und selten. Die meisten der Neutrinos, die auf die Erde treffen, gehen geradewegs durch sie hindurch. Kernreaktionen, zu denen die Erschaffung oder Vernichtung von Neutrinos gehört, sind folglich selten und wenig wirksam. Solche Reaktionen sind jedoch entscheidend für den Aufbau chemischer Elemente.

Nach dem Urknall steuerten Neutrinos die Heliumproduktion. Ein Heliumkern besteht aus zwei Protonen und zwei Neutronen, die sich verbinden, wenn die Temperatur auf 1 Milliarde Kelvin gefallen ist. Die Menge des Heliums hängt davon ab, wie viele Neutronen bis dahin überlebt haben. Neutrinos neigen dazu, Neutronen zu vernichten: Sie verwandeln sie bei der Abkühlung des expandierenden Universums in Protonen und Elektronen. Je wirksamer diese Reaktion ist, um so weniger Neutronen überleben und um so weniger Helium kann entstehen. Die Neutrinoreaktionen haben dazu geführt, daß ein Heliumanteil von ungefähr 25 % aus dem Urknall hervorging und nicht ein Anteil von 0 % oder 100 %.

Neutrinos sind aus einem zweiten Grund wichtig für die Herstellung von Elementen. Wenn ein massereicher Stern als Supernova explodiert, fällt sein innerer Kern zu ungeheuren Dichten zusammen, was zu einem starken Ausbruch von Neutrinos führt. Diese verteilen sich nach außen und lagern ihre Energie in den äußeren Schichten des Sterns ab, die weggeblasen werden. Wenn die Kopplung zwischen Neutrinos und gewöhnlichen Atomen viel größer wäre, würden die Neutrinos im Kern gefangen bleiben; wenn diese Kopplung andererseits noch schwächer wäre, als sie es ist, würden alle Neutrinos freikommen. In keinem dieser Fälle könnten sie die Supernova-Explosionen auslösen, mit denen verarbeitete Materie wieder in den interstellaren Raum geschleudert wird. Nur weil in den ersten Sternen Sauerstoff und die anderen Elemente geschmiedet und bei Explosionen in den interstellaren Raum verteilt wurden, konnten Sterne der zweiten Generation wie unsere Sonne die Grundstoffe für die Planeten und das Leben sammeln. Die Bildung aller Elemente hängt – aus diesen beiden ganz unterschiedlichen Gründen – also genau von dem Maß der Wechselwirkung zwischen den Neutrinos und der übrigen Materie ab. Die großräumigeren Strukturen unseres Universums – Galaxien, Galaxienhaufen und Superhaufen – haben sich aus den kleinen Anfangsstörungen im frühen Universum entwickelt (siehe Kapitel 7). Offensichtlich könnten sich keine Galaxien bilden, wenn die Materiedichte zu gering wäre – die Schwerkraft könnte in einem Universum, das nur Strahlung enthält, niemals dem Druck die Waage halten. Aber selbst wenn es genug Materie gibt, muß es auch anfängliche Unregelmäßigkeiten geben, die als Kondensationskerne von Galaxien dienen können.

Das Ausmaß der Unregelmäßigkeiten, die sich der insgesamt glatten Welt anfangs überlagern, wird durch die Zahl Q beschrieben. Wie in Kapitel 7 dargelegt, würde ein glatteres Universum mit einem Q kleiner als 10^{-5} immer dunkel bleiben und weder Galaxien noch Sterne ausbilden. Ein Universum mit einem Q größer als 10^{-5} würde dagegen höchst vielgestaltig sein. Das kosmische Bild wäre dann von Schwarzen Löchern bestimmt und nicht von Galaxien, und die Sterne würden (selbst wenn sie es schafften, sich zu bilden) so oft hin und her gestoßen, daß sich keine stabilen Planetensysteme aufrechterhalten könnten. Es wird interessant sein, die in Kapitel 7 beschriebenen Computermodelle mit Simulationen für Universen zu vergleichen, die ganz andere Werte von Q haben.

Die Schwerkraft: Je kleiner, desto besser

In einem Universum, in dem die elektrischen Kernkräfte nur wenige Prozent stärker wären als die starken Kernkräfte, würde das periodische System nicht 92 Elemente enthalten, sondern nur eines, nämlich Wasserstoff. Gibt es in unserem Universum ähnlich empfindliche Reaktionen auf eine Änderung der Stärke der Schwerkraft? Wenn die Schwerkraft nur wenige Prozent anders wäre als die anderen Kräfte der Mikrowelt, würde sich *nichts* Wesentliches ändern. Da die Schwerkraft jedoch um einen Faktor von ungefähr

10^{36} – eine Eins mit 36 Nullen – schwächer ist als die mikrophysikalischen Kernkräfte, sollte man auch größere Abweichungen in Betracht ziehen. Stellen wir uns beispielsweise ein Universum vor, in dem die Schwerkraft »nur« 10^{26}mal (und nicht 10^{36}mal) schwächer ist als die mikrophysikalischen Kräfte in einem Wasserstoffatom –, die Mikrophysik ansonsten aber unverändert ist. In diesem Universum würden sich Atome und Moleküle genauso verhalten wie in unserem, aber die Schwerkraft könnte es schon bei kleineren Objekten mit den anderen Kräften aufnehmen. Die Anzahl der Atome, die nötig ist, um einen Stern (einen durch die Schwerkraft zusammengehaltenen Fusionsreaktor) zu bilden, ist proportional zur Wurzel aus der 3. Potenz dieser großen Zahl. In unserem gedachten Universum hätten die Sterne dann 10^{-15} Sonnenmassen, und ihre Lebensdauer wäre um den Faktor 10^{10} kürzer. Ein gewöhnlicher Stern würde nicht 10 Milliarden Jahre leben, sondern nur etwa ein Jahr.

Alle Strukturen in einem solchen Universum, auch die Galaxien, wären dann kleiner. Die Sterne wären nicht weit verstreut, sondern so dicht gepackt, daß sie oft aufeinandertreffen würden. Schon dies würde stabile Planetensysteme ausschließen, weil die Planetenbahnen von vorbeilaufenden Sternen gestört würden – was (zum Glück für unsere Erde) in unserem eigenen Sonnensystem sehr unwahrscheinlich ist.

Wir könnten Planeten als Objekte definieren, die zu klein sind, um Sterne zu sein, aber groß genug, daß ihre Schwerkraft ihre Form beeinflußt – sie mehr oder weniger rund macht – und vielleicht auch eine Atmosphäre halten kann. Die Massen von Planeten würden deshalb wie die der Sterne um einen Faktor 10^{15} kleiner. Unabhängig davon, ob diese Planeten auf stabilen Bahnen laufen könnten oder nicht, würde die Stärke der Schwerkraft auf ihnen jede Evolution von Leben verhindern.

Wie schon Galilei wußte, ist die Größe irdischer Lebewesen durch die Schwerkraft begrenzt. Man stelle sich ein Tier vor, das doppelt so groß ist wie ein Elefant. Wenn seine linearen Ausmaße verdoppelt sind, werden Volumen und Gewicht verachtfacht, aber der Querschnitt seiner Beine wird nur vervierfacht, und sie wären zu schwach, das Tier zu tragen. Es müßte also neu entworfen werden: Größere Geschöpfe brauchen im Verhältnis zu ihrer Gesamtgröße dickere Beine; die Beine von Riesen müßten dicker sein als ihr Körper. Die Physik setzt der Größe von Tieren hier auf der Erde eine Grenze, die von der Stärke der Schwerkraft abhängt. Wenn die Schwerkraft 10^{10}mal stärker wäre, würde die Grenzgröße eines Tieres (gemessen mit der Anzahl der Atome, die es enthalten könnte) bei weniger als 30 Millionen liegen – kein Tier könnte viel größer sein als ein Insekt, und selbst dieses würde sich auf dicke Beine stützen müssen.

Die (buchstäblich) erdrückende Wirkung starker Schwerkraft würde die Möglichkeiten für komplexe Evolution auf dieser hypothetischen Welt stark einschränken. Noch wichtiger ist jedoch die begrenzte Zeit. Chemische Vorgänge und der Stoffwechsel würden nicht schneller ablaufen, aber die Minisonne würde schneller brennen und hätte ihre Energie schon erschöpft, bevor noch die ersten Schritte in der organischen Evolution gemacht worden wären.[5]

Die Gesetze, nach denen sich solche Zeitskalen verändern können, sind unbekannt. Die Bedingungen für komplexe Evolution wären aber zweifellos weniger günstig, wenn (falls alles andere unverändert bleibt) die Schwerkraft stärker wäre. Es liegen dann weniger Zehnerpotenzen zwischen den astrophysikalischen Zeitskalen und den grundlegenden mikrophysikalischen Zeitskalen für physikalische oder chemische Reaktionen. Komplexe Strukturen könnten nicht sehr groß werden, ohne selbst von der Schwerkraft erdrückt zu werden. Obwohl die Schwerkraft im ganz Großen immer überwiegt, ist sie lokal gesehen im Vergleich mit anderen Kräften so klein, daß es sehr große und langlebige Systeme geben kann. In jedem »interessanten« Universum muß es mindestens eine derartige sehr große Zahl geben, wie es in »unserem« Universum das Verhältnis der elektrischen Kernkräfte zur Schwerkraft ist.[6]

Wie viele Dimensionen gibt es?

Unsere Phantasie wird nicht übermäßig strapaziert, wenn wir uns kurzlebige Universen denken, oder solche, in denen die Grundkräfte andere Stärken haben oder in der es andere Fundamentalteilchen gibt. Aber wir können uns weniger leicht Universen ausdenken, die eine andere Anzahl von Dimensionen haben. Unser Universum läßt sich am besten als »3 + 1«-dimensional beschreiben; es gibt vier Dimensionen, aber eine von ihnen, die Zeit, ist deutlich anders als die anderen drei. Die so definierte Raumzeit hat bestimmte mathematische Eigenschaften. Wenn beispielsweise ein Objekt auf eine beliebige Weise gedreht wird, braucht man drei Zahlen – genauso viele wie die Anzahl der Dimensionen –, um die Drehung zu beschreiben: zwei zur Festlegung der Richtung der Rotationsachse und eine weitere, die den Winkel festlegt, um den es sich dreht.

Die Schwerkraft und die elektrischen Kräfte gehorchen einem Gesetz, in dem das reziproke Quadrat des Abstands eine Rolle spielt, *weil* wir in einem Universum mit drei Raumdimensionen leben. Dies läßt sich am einfachsten an Faradays Begriff der Kraftlinien einsehen. Eine Schale mit Radius r um eine Masse oder Ladung hat eine Fläche, die proportional ist zu r^2; die Kraft nimmt mit $1/r^2$ ab, weil die Kraftlinien bei größeren Radien über einen größeren Bereich verteilt sind und ihre Wirkung »verdünnt« ist. Im vierdimensionalen Raum ist die Fläche einer Schale proportional zu r^3, und die Kraft nimmt entsprechend mit $1/r^3$ ab.

Planeten könnten nicht auf ihrer Bahn bleiben, wenn die Schwerkraft reziprok zur dritten (oder einer noch höheren) Potenz wäre. Wenn sich ein Planet etwas verlangsamt, würde er in die Sonne hineintrudeln und nicht lediglich auf eine etwas kleinere Bahn gedrängt werden. Als erster hat der Theologe Paley die besondere Stabilität eines Gesetzes bemerkt, das reziprok zum Abstandsquadrat ist.[7] Darin sah er eine Bestätigung seiner Argumente, die für die göttliche Vorsehung sprachen, aber er stellte keine Beziehung zur Anzahl der Raumdimensionen her.

Neue Einsichten könnten zeigen, daß eine Raumzeit mit 3 + 1 Dimensionen, wie es die unsere ist, die einzig mögliche ist. Aber gegenwärtig finden wir an einem Universum mit zusätzlichen Dimensionen nichts Absurdes. Nach den Superstringtheorien hatte das ganz frühe Universum zehn Dimensionen. Die zusätzlichen sechs wären aufgerollt und »kompaktifiziert« worden, statt sich mit den anderen zusammen auszudehnen. Die Theoretiker können noch nicht sagen, ob diese Kompaktifizierung unweigerlich zu unseren 3 + 1 Dimensionen führt. (Ob ein Universum mehr als eine Zeitdimension haben könnte, ist weniger klar erkennbar. Sicherlich brauchte man zur Beschreibung der Vorgänge, die sich in ihm abspielen, eine Sprache mit mehr Zeitformen, als unsere sie aufweist!)

Gibt es ein System von Universen?

Die Gesetze der Mikrophysik wurden während der ganz frühen Phase der kosmischen Expansion geprägt. So war es auch mit anderen entscheidenden Eigenschaften unseres Universum, beispielsweise der Anzahl der Baryonen, die schließlich zur Verfügung stehen, um Sterne und Galaxien zu bilden, der Menge der dunklen Materie, deren Schwerkraft Galaxien zusammenhält, und der Zahl Q, welche die Abweichungen von der vollständigen Gleichförmigkeit angibt.

Die Naturgesetze, wie sie im Urknall »niedergelegt« wurden, scheinen überall zu gelten, wo wir derzeit beobachten können. Aber obwohl sie (jedenfalls fast) unveränderlich sind, scheinen sie recht genau angepaßt zu sein. Dies könnte ein Zufall sein, jedenfalls dachte ich früher so. Aus umfassenderer kosmologischer Sicht aber bietet sich eine sehr überzeugende Deutung an. Es könnte andere Universen geben – unzählig viele –, von denen unseres nur eines ist. In den anderen sind die Gesetze und Konstanten andere. Unser Universum gehört zu der ungewöhnlichen Teilmenge, in der sich Komplexität und Bewußtsein entwickeln konnten. Wenn wir das einmal akzeptieren, überraschen die scheinbar »fein abgestimmten« und »zweckmäßigen« Eigenschaften unseres Universums gar nicht mehr. Das nächste Kapitel führt diesen Gedankengang weiter.

15 »Anthropisches Denken« – mit und ohne Prinzip

Das Universum hat gewußt, daß wir
kommen.

Freeman Dyson

Unsere auf Kohlenstoffchemie beruhende Biosphäre hat sich nur allmählich entwickelt – auf einem Planeten, der einen stabilen Stern umläuft. Schon aus dieser Tatsache lassen sich ganz direkt einige Einschränkungen für die Naturgesetze folgern, die das Universum beherrschen. Mehrere auffallende Zufälle, auf die wir in diesem Buch immer wieder hingewiesen haben, erscheinen in einem ganz anderen Licht, wenn wir bedenken, daß unsere Evolution ohne sie nicht möglich gewesen wäre. Ihnen kommt meiner Meinung nach große Bedeutung zu, denn sie geben Hinweise darauf, wie der Kosmos in Größenordnungen beschaffen ist, die über die hinausgehen, die wir derzeit (oder irgendwann in der Zukunft) erkunden können.

Unser Universum hat einige Eigenschaften – beispielsweise ist es langlebig, stabil und weit vom thermischen Gleichgewicht entfernt –, die Voraussetzungen sind für unsere Existenz. Außerdem hängt unsere Entstehung, wie wir gesehen haben, entscheidend davon ab, daß die Naturkonstanten »fein abgestimmt« sind, also davon, daß die Stärken der Grundkräfte, die Massen der Elementarteilchen usw. gut zueinander passen.

Dazu kann man natürlich – etwas herablassend – sagen, daß die Naturkonstanten schließlich irgendeinen Wert annehmen müssen, deshalb gibt es keinen Grund, einen Wert erstaunlicher zu finden als einen anderen. Sciama führt diese Überlegung durch einen Vergleich ad absurdum:

Stellen Sie sich vor, Sie kämen in ein Zimmer und fänden auf einem riesigen Tisch 1 Million Karten, die numeriert sind und in der Reihenfolge 1, 2, 3 usw. bis 1 000 000 angeordnet sind. Würden Sie annehmen, daß sie zufällig so hingelegt worden seien, weil jede Anordnung gleich wahrscheinlich ist? Sicher nicht.

Um dies zu verstehen, brauchen wir nicht zu wissen, warum Menschen Karten in einer bestimmten Ordnung auslegen, denn diese Anordnung kann aus einem objektiven mathematischen Grund speziell genannt werden: Sie läßt sich durch eine ganz einfache Anweisung definieren: »Beginnen Sie mit eins und legen Sie jeweils eine um eins höhere Karte daneben.« Dagegen wäre bei den meisten anderen Zahlenfolgen ein langes und kompliziertes Programm nötig, um dem Computer zu sagen, was er ausdrucken soll – eine völlig zufällige Folge kann sogar nur von einem Programm erzeugt werden, das so lang ist wie die Folge selbst (das ist im wesentlichen die Definition von »zufällig«). Offensichtlich ist die Ordnung, die aus den kosmischen Zufällen entsteht, nicht ganz so augenfällig wie bei den geordneten Karten. Aber wie das Vergleichsbeispiel zeigt, sollten wir nicht jede Ordnung, die wir finden, als Zufall abtun, ohne uns um eine Erklärung zu bemühen.

Es scheint vernünftiger, in Zufällen die Folge einer Art von »Auslese« zu sehen. Fischer wundern sich nicht (um ein altes Bild Eddingtons zu gebrauchen), wenn sie keine Fische fangen, die kleiner sind als die Löcher in ihren Netzen. Ebensowenig sind optische Astronomen überrascht, wenn die von ihnen aufgespürten Objekte sehr heiß sind (sonst würden sie ja nicht leuchten). Ähnlich wäre es unvernünftig, wenn man sich darüber wunderte, daß unser Universum Eigenschaften hat, ohne die es uns gar nicht geben würde.

Aber selbst das reicht anscheinend nicht ganz aus. Unsere Neugierde, warum das Universum so ist, wie es ist, muß nicht im Keim erstickt werden, indem wir sagen, wir wären ja sonst nicht da. Der kanadische Philosoph John Leslie hat einen guten Vergleich gefunden: Stellen Sie sich vor, es stünde ihnen die Hinrichtung durch ein Exekutionskommando von 50 Soldaten bevor. Die Kugeln werden abgeschossen, und Sie stellen fest, daß alle ihr Ziel verpaßt haben. Wenn sie das Ziel nicht verpaßt hätten, würden Sie nicht mehr leben und über die Sache nachdenken können. Wenn Sie merken, daß Sie leben, sind Sie überrascht und fragen mit gutem Recht nach dem Grund.

Es scheint doch zumindest bemerkenswert, daß die physikalischen Gesetze, die unser Universum beherrschen, die Entwicklung von so viel interessanter Komplexität zugelassen haben, zumal wir uns gut »totgeborene« Universen vorstellen können, in denen sich nichts entwickelt hätte. Wenn ein »kosmisches Wesen« durch Drehen an Knöpfen die Naturkonstanten abändern und eine ganze Reihe von Universen konstruieren könnte, wäre vermutlich eines von ihnen wie unser eigenes, während wir uns in den meisten anderen nicht »zu Hause« fühlen würden – soviel steht fest. Weniger trivial jedoch und möglicherweise höchst bedeutungsvoll ist, daß nur ein enger Bereich von hypothetischen Universen überhaupt die Entwicklung von Komplexität zulassen würde.

Dieser Gedankengang hat eine lange Geschichte. Er beruht auf dem sogenannten »anthropischen Prinzip«. Der Begriff »Prinzip« ist schlecht gewählt. Prinzipien haben in der Kosmologie den Beiklang von Annahmen, die nicht auf bewiesenen Tatsachen beruhen, ohne die man aber bei der Entwicklung von Theorien nicht weiterkommt.[1] Weil die Kosmologen in der Vergangenheit oft mit »Prinzipien« argumentiert haben, stießen sie auf Probleme, wenn ihr Fachbereich auch von Empirikern akzeptiert werden sollte. Ich ziehe den etwas weniger anspruchsvollen Ausdruck »anthropisches Denken« vor.

Das heutige Interesse an anthropischem Denken wurde von Brandon Carter geweckt, einem meiner Kommilitonen, der ebenfalls in Cambridge bei Sciama arbeitete. Er hat als erster die innere Struktur und die Bedeutung der rotierenden Schwarzen Löcher erfaßt, die durch Roy Kerrs berühmte Lösung der Einstein-Gleichungen beschrieben werden (siehe Kapitel 5); er lieferte dann weitere Beiträge zu Schwarzen Löchern und (neuerdings) zu kosmischen Strings. Carter schrieb 1970 eine lange Arbeit, in der er die »zufälligen« Werte der Naturkonstanten untersuchte und auf einige neue hinwies – beispielsweise können sich auch Planetensysteme möglicherweise nur dann ausbilden, wenn zwischen der Stärke der Schwerkraft und anderen aus der Atomphysik hergeleiteten Zahlen eine ganz bestimmte Beziehung besteht. Obwohl diese Arbeit nicht veröffentlicht wurde und auch mehrere Jahre später nur eine Kurzfassung erschien, hat Carters Manuskript viele Diskussionen entfacht, und Carter selbst hat zu der nachfolgenden Debatte wertvolle Beiträge geleistet.

Carter unterschied zwischen »schwachem« und »starkem« anthropischen Denken. Was er das »schwache anthropische Prinzip« nannte, läuft im wesentlichen darauf hinaus, daß unsere Möglichkeiten der Naturerkenntnis durch unsere raumzeitliche Position in der Welt und die uns jeweils verfügbaren Beobachtungsmittel beschränkt sind. Wir sollten die kopernikanische Bescheidenheit also nicht übertreiben, müßten aber akzeptieren, daß Geschöpfe wie wir das Universum nicht von allen Punkten in Raum und Zeit aus beobachten können. Selbst dieses »schwache Prinzip« läßt einige Folgerungen zu, die interessant und keineswegs offensichtlich sind. Ein gutes Beispiel war Dickes (im vorigen Kapitel erwähnter) Beweis, daß Dirac sich irrte, wenn er sich über die Gleichheit zweier großer Zahlen wunderte – die eine mißt die Größe unseres beobachtbaren Universums, die andere die Stärke der Schwerkraft. Dicke wies darauf hin, daß wir das Universum nicht zu einem zufälligen Zeitpunkt seiner Geschichte betrachten: Wir leben in einer Zeit, in der einige, aber nicht alle Sterne gestorben sind, und die Physik der Sterne fordert ganz direkt, daß Diracs »zufällige Übereinstimmungen« in dieser Zeit zutreffen.

Umstrittener und spekulativer war Carters »starkes anthropisches Prinzip«, der Gedanke, daß die Grundgesetze in jedem Universum so beschaffen sein müssen, daß es Beobachter geben kann. Eine solche Behauptung hat teleologische Obertöne und wurde deshalb nur von wenigen ernst genommen. Sie findet jedoch in einigen Interpretationen der Quantentheorie Widerhall.

Der Beobachter des Kosmos als ein Teil des Kosmos

Nach Niels Bohr hat jemand, der sich nicht über die Quantentheorie wundert, sie nicht voll erfaßt. Bis heute haben philosophische Debatten über diese Theorie noch nichts von ihrer Lebendigkeit eingebüßt. Die am häufigsten vertretene Sichtweise, die sogenannte »Kopenhagener Deutung«, wie sie von Bohr und seinen Anhängern vertreten wurde, sieht jedes System von einer »Wellenfunktion« bestimmt, deren Verhalten durch Schrödingers berühmte Gleichung festgelegt ist, bis ein Beobachter sich entscheidet, eine Messung durchzuführen, die zum sogenannten Kollaps der Wellenfunktion führt. Dabei geht unwiederbringlich Information verloren, die zu dem, was tatsächlich gemessen wird, *komplementär* ist (beispielsweise die genaue Geschwindigkeit eines Teilchens, wenn wir seinen Ort messen, oder umgekehrt).

Die Quantentheorie hat sich zweifellos bewährt. Die meisten Physiker wenden sie vertrauensvoll ohne viel Nachdenken an. Wie John Polkinghorne sagte, ist »der durchschnittliche Quantenmechaniker nicht philosophischer als der durchschnittliche Automechaniker«. Die Kopenhagener Deutung bereitet vielen von uns Unbehagen, denn sie legt eine scharfe und künstlich erscheinende Trennung zwischen dem gemessenen Objekt und dem Beobachter (oder Experimentator) nahe, während andererseits alles – Beobachter wie Experiment – gleichermaßen den Quantengesetzen unterworfen sein soll.

Gelegentlich wurde die Rolle des Beobachters noch weiter hervorgehoben. Es wurde behauptet, eine Beobachtung sei nötig, »um die Welt ins Sein zu bringen«, und Universen seien nur dann »wirklich«, wenn sie Beobachter enthielten. Der Status eines Universums hängt dann wesentlich davon ab, ob es in ihm einen bewußten Beobachter irgendwelcher Art gibt (ob er nun Leben ähnelte, das auf Kohlenstoff aufbaut, oder nicht). Diese Sicht des »Teilhabens« wurde von John Wheeler vertreten, der schrieb:

Das System der gemeinsamen Erfahrungen, das, was wir die Welt nennen, wird als etwas gesehen, das sich aus Quantenphänomenen aufbaut, elementaren Vorgängen, an denen der Beobachter zugleich auch teilhat. Die Fragen, die Forscher mittels ihrer Meßgeräte stellen – und die Antworten, die sie mittels ihrer Meßgeräte erhalten –, wirken also ebenso wie die Art, wie die Ergebnisse mitgeteilt werden, alle daran mit, die Eindrücke zu schaffen, die wir das System nennen, womit wir all das meinen, was für den oberflächlichen Betrachter Zeit und Raum, Teilchen und Felder ausmacht.

Das »teilhabende Universum« ist anscheinend schwer zu akzeptieren – schwer auch nur ernst zu nehmen. Welchen Beobachter muß man voraussetzen, damit »das Universum ins Sein kommt«? Eine Maus? Einen Menschen? Oder einen promovierten Physiker? Ich möchte aber nicht allzu abfällig klingen, denn Wheeler hat sich das Recht verdient, gehört zu werden. Zu Beginn seiner Laufbahn, in den dreißiger Jahren, erarbeitete er gemeinsam mit Niels Bohr die Theorie der Kernspaltung. Einer seiner ersten Doktoranden war 1942 Richard Feynman; seitdem ist Wheeler für viele Generationen von Physikern eine Quelle der Inspiration. In den fünfziger Jahren untersuchte er, was die Quantenunschärfe für das Wesen von Raum und Zeit bedeuten könnte. Er erfand den Begriff des Raumzeitschaums – wonach im Planck-Bereich Raum und Zeit selbst und sogar die Dimensionalität der Welt beliebig fluktuieren. Er führte »Geonen« ein – hypothetische Größen, die sich wie Teilchen verhalten, aber lediglich aus gekrümmtem, endlichem Raum bestehen. Wheelers kühne Vermutungen nahmen die heutigen Gedanken der chaotischen Kosmologie und der Wurmlöcher zur Planck-Zeit voraus. Er prägte den Ausdruck »Schwarzes Loch« und regte in den sechziger Jahren in den USA die Wiederbelebung der Forschung auf dem Gebiet der Relativitätstheorie an. Sein Blick ist immer noch auf die begrifflichen Grenzen der Kosmologie gerichtet – er nennt sie die »flammenden Festungen der Welt«.

Die Paradoxien der Quantenmechanik und das Wesen des Bewußtseins sind sicherlich zwei der allergrößten Geheimnisse. Es ist verblüffend, daß John Wheeler und Roger Penrose, die beiden originellsten und einflußreichsten der heutigen Theoretiker, die über Raum und Zeit nachdenken, beide in ihren späteren Jahren übereinstimmend die Meinung vertraten, daß diese Geheimnisse miteinander zu tun haben, eine Meinung, die wenige andere teilten.

Was immer man über Wheelers Auffassung von der Quantenmechanik denken mag, jedenfalls verschiebt sie die Sichtweise der anthropischen Überlegungen, indem sie sie weniger anthropozentrisch macht. Statt zu fragen, welche Bedingungen für unsere Evolution nötig waren, können wir fragen, was ein »totgeborenes« Universum von einem unterscheidet, das »wahrnehmbar« ist in dem Sinn, daß sich eine Art Bewußtsein oder eine Art von Beobachtern in ihm bilden könnte. Man braucht gar nicht allzu »menschenbezogen« zu denken, um sich die Bedingungen für das Entstehen eines bewußten Beobachters vorstellen zu können. Vielleicht sind dazu weder Sterne noch Atome absolut notwendig. Die Autoren von Science-fiction haben uns mit vielen bizarren Alternativen vertraut gemacht. Wesentlich scheint jedoch ein Abweichen vom thermischen Gleichgewicht zu sein. Ein Universum, das zu rasch in einem *Big Crunch* zusammenfiele, wäre beispielsweise während seines kurzen Lebens niemals »wahrnehmbar«. Es könnte auch sein, daß eine Kraft wie die Schwerkraft wesentlich ist, damit sich (wie in Kapitel 7 beschrieben) Strukturen entwickeln können, aber sie muß, wie in unserem eigenen Universum, schwach sein und ihre Wirksamkeit erst im Verlauf langer Zeiträume entfalten.

Ein anderer Ansatz zur Quantentheorie ist die »Viele-Welten-Theorie«, die in den fünfziger Jahren von Hugh Everett vorgeschlagen wurde. Der Grundgedanke wurde in Olaf Stapledons klassischem Science-fiction-Roman *Der Sternenschöpfer* vorweggenommen:

In einem unvorstellbar komplizierten Kosmos war dieses Prinzip noch erweitert worden. Jedesmal, wenn ein Wesen vor eine Entscheidung gestellt war, ergriff es alle zu Gebote stehenden Möglichkeiten und schuf auf diese Weise eine Unzahl verschiedener zeitlicher Dimensionen und kosmischer Entwicklungen. Da es in jeder Entwicklungsperiode des Kosmos zahlreiche Wesen gab, die sich ständig zahllosen Entscheidungen gegenübersahen, und da darüber hinaus die Kombinationsmöglichkeiten aus allen ihren Entscheidungen unendlich waren, entstand eine Unendlichkeit an Universen in jedem Augenblick jedes nur denkbaren kosmischen Zeitalters.

Der Viele-Welten-Ansatz sieht unser gesamtes Universum als ein einziges Quantensystem. Das spricht besonders die Kosmologen an, für welche die Kopenhagener Deutung unbefriedigend ist, weil es dort keinen Beobachter geben kann, der das System, das ja das *gesamte* Universum umfaßt, von außen betrachtet. Eine neuere Variante, die wir David Deutsch verdanken, ersetzt die Vorstellung sich verzweigender Universen durch die einer unendlichen Gesamtheit von Universen, die sich parallel entwickeln und im Lauf der Zeit vielfältiger werden.

Eine anthropische Auswahl an Universen

Die Werte der Naturkonstanten sind offenbar in »unserem« Universum überall gleich. Vielleicht sind sie in anderen Welten anders. Brandon Carter und ich hörten solche Spekulationen zuerst in öffentlichen Vorlesungen, die der Biologe Charles Pantin Anfang der sechziger Jahre hielt. Er sagte:

Die Eigenschaften des materiellen Universums eignen sich einzigartig zur Entwicklung von Lebewesen. Wenn wir wüßten, daß unser eigenes Universum nur eines aus einer unendlichen Menge mit unterschiedlichen Eigenschaften ist, könnten wir vielleicht eine Lösung finden, die analog ist zum Prinzip der natürlichen Auslese, wonach nur in gewissen Universen, zu denen das unsere zufällig gehört, die Bedingungen geeignet sind für die Existenz von Leben und daß es nur dann Beobachter gibt, die bemerken, daß diese Bedingung erfüllt ist.

Wenn es nichts gibt, das über unser Universum hinausgeht, erscheinen seine Eigenschaften in der Tat aufeinander abgestimmt oder sogar vorherbestimmt. Aber nehmen wir an, Pantins Vermutung ließe sich bestätigen – nehmen wir an, es gäbe wirklich andere Universen. Wenn die »Konstanten« in jedem von ihnen andere Werte hätten, wäre es keine Überraschung, wenn einige Universen Geschöpfen wie uns die Existenz ermöglichten. Offensichtlich gehören wir ja zu einer dieser Teilmengen. Wer in einem Bekleidungshaus, in dem das Angebot groß ist, nach einem Anzug sucht, braucht sich nicht zu wundern, wenn er einen passenden findet.

Naturwissenschaftler befolgen gewöhnlich die Devise von »Ockhams Rasiermesser« – jener berühmten Anweisung, die Wilhelm von Ockham Anfang des 14. Jahrhunderts machte und die (aus seinem Latein übersetzt) besagt: »Vervielfache Größen nicht mehr als absolut nötig.« Nichts scheint diesen Grundsatz drastischer zu verletzen als die Forderung nach unendlich vielen Universen! Es scheint auf den ersten Blick auch nicht besonders »wissenschaftlich« zu sein, wenn man etwas über Bereiche aussagt, die nicht beobachtbar sind und möglicherweise nie beobachtbar sein werden. Es versteht sich von selbst, daß der Begriff einer Gesamtheit von Universen, von der unseres nur ein (und nicht unbedingt ein typisches) Element ist, theoretisch noch nicht scharf gefaßt ist. Aber mit Hilfe dieses Begriffs lassen sich grundlegende (und früher geheimnisvolle) Eigenschaften unseres Universum erklären, so etwa, warum es so groß ist und warum es sich ausdehnt. In der umfassenderen Perspektive eines »Multiversums« hat anthropisches Denken wirklich erklärende Kraft.

Gibt es ein Multiversum?

Die Viele-Welten-Theorie der Quantenmechanik bietet einen Ansatz zum Verständnis des Begriffs »Multiversum«. Der Gedanke der »ewigen Inflation«, wie er in Kapitel 10 beschrieben wird, legt, wenn auch noch sehr spekulativ, einen Zusammenhang nahe, in dem es mehrere Universen geben könnte.

Die Grundkräfte – Schwerkraft, Kernkräfte und Elektromagnetismus – wurden alle mit ihren jetzigen Werten und erkennbaren Eigenschaften »eingefroren«, als sich unser Universum abkühlte. Ähnlich war es mit den Massen der Elementarteilchen. Als die inflationäre Ära aufhörte, machte der Raum selbst (das »Vakuum«) eine drastische Veränderung durch. Wie in Kapitel 10 beschrieben, kann die Inflation zu getrennten Universen führen – getrennten Bereichen in einem Multiversum –, die sich unterschiedlich stark abkühlen und am Ende unterschiedlichen Gesetzen gehorchen.

Eine komplexe Evolution kann sich nur in »Oasen« abspielen, in denen die Konstanten geeignete Werte haben. Unsere Oase muß einen Durchmesser von mindestens 10 Milliarden Lichtjahren gehabt haben, weil die physikalischen Gesetze offenbar überall, wo wir sie beobachten können, gleich sind. Aber in der fernen Zukunft, vielleicht in 10^{12} Jahren, könnte die »Wüste« jenseits davon ins Blickfeld geraten. Diese lange Wartezeit verhindert empirische Tests, trotzdem sind die Aussagen über ein Multiversum keineswegs nichtssagend. Sie haben Ähnlichkeit mit den Vermutungen, die frühe Forschungsreisende darüber anstellten, was jenseits der Grenzen der damals bekannten Welt liegen könnte, oder auch mit der von Barrow und Tipler angestellten Spekulation, daß das Universum in 10^{15} Jahren zusammenfallen wird.

Die anderen Universen könnten sogar völlig anders sein als das unsere, so daß sie auch nicht in den Blick unserer fernsten Nachfahren kommen werden. Wir sind vielleicht ein Teil eines unendlichen und ewigen Multiversums, in dem sich neue Bereiche zu Universen »auswachsen«, deren Horizonte sich niemals überschneiden – es entbehrt nicht der Ironie, daß der Gedanke eines Steady-State-Universums wiederbelebt werden könnte – angewandt auf das Multiversum und nicht auf seine Bestandteile. Vielleicht löst der *Big Crunch* unseres Universums neue Universen aus, oder sie entstehen im Inneren von Schwarzen Löchern. Alex Vilenkin zieht es vor, sich vorzustellen, daß die Universen voneinander getrennt und spontan entstehen, und jedes sich seinen eigenen Raum aufbläht. All diese Vermutungen sehen den Urknall übereinstimmend als ein Ereignis innerhalb einer größeren Struktur; die gesamte Geschichte unseres Universums ist nur eine Episode im unendlichen Multiversum.

Frühere Kapitel haben einen Vorgeschmack davon gegeben, wie andere Universen aussehen könnten. Im Multiversum könnte es alle möglichen Werte der Naturkonstanten geben und auch Universen, deren Lebenszyklen eine ganz andere Dauer haben: Einige dehnen sich vielleicht wie das unsere 10 Milliarden Jahre lang aus, andere könnten »Totgeburten« sein, die nach kurzem Bestehen kollabieren oder in denen die physikalischen Gesetze keine komplexen Gebilde zulassen. In einigen könnte es keine Schwerkraft geben, oder die Schwerkraft könnte von der abstoßenden Wirkung einer kosmologischen Konstanten (Lambda) überwogen werden, wie es vermutlich zu Beginn der Inflationsphase unseres Universums der Fall war. In anderen Universen wieder ist die Schwerkraft vielleicht so stark, daß sie alles erdrückt, was sich zu einem komplexen Organismus entwickeln könnte. Vielleicht sind einige Universen immer so dicht, daß alles nahe am Gleichgewichtszustand bleibt und die Temperatur überall gleich ist. In manchen Universen könnte sogar die Anzahl der Dimensionen anders sein als in unserem.

Selbst ein Universum, das, wie das unsere, langlebig und stabil ist, könnte lediglich träge Teilchen dunkler Materie enthalten, weil entweder die Physik verhindert, daß sich je gewöhnliche Atome bilden, oder weil sich alle Atome mit genau der gleichen Anzahl von Antiatomen vernichten. Selbst wenn es Protonen und Wasserstoffatome gäbe, wären die Kernkräfte vielleicht nicht stark genug, um die Kerne schwerer Atome zu binden: Dann gäbe es kein periodisches System und keine Chemie.

Smolins Spekulation

Die natürliche Auslese »bevorzugter« Universen gehört wohl in den Bereich der Science-fiction. Der amerikanische Kosmologe Lee Smolin vermutet jedoch, daß im Multiversum Vererbung und Auslese eine Rolle spielen könnten. Wenn ein Schwarzes Loch kollabiert, sprießen seiner Meinung nach aus seinem Inneren andere Universen und schaffen einen neuen Bereich von Raum und Zeit, der von unserem getrennt ist. Kleine Universen, in denen Raum oder Zeit nicht zur Bildung vieler Schwarzer Löcher ausreicht, würden nicht viele Nachkommen hinterlassen, und auch ein großes Universum nicht, wenn die Physik in ihm nicht zuläßt, daß Sterne als Schwarze Löcher enden.

Dann aber gibt Smolin dem Ganzen eine neue Wendung, wenn er sagt, die in der Tochterwelt herrschenden Naturgesetze könnten – nur ganz wenig – anders sein als die der Mutterwelt. Da die Anzahl der Nachkommen, die ein Universum hat, davon abhängt, welche Gesetze in seinem Inneren herrschen, ist der Selektionsdruck groß. Nach vielen Generationen würde es zu einer »Machtübernahme« durch die Universen kommen, welche die meisten Nachkommen erzeugt haben, und das wären jene, die von Gesetzen bestimmt werden, welche die Bildung besonders vieler Schwarzer Löcher ermöglichen.

Die Grundgesetze und Naturkonstanten in einem neuen Universum werden durch Mechanismen »geprägt«, die offensichtlich unser Verständnis übersteigen. Aber Smolins Gedanke hat, auch wenn er höchst spekulativ ist, doch den Vorteil, eine überprüfbare Vorhersage zu machen. Wenn auch unser eigenes Universum das Ergebnis einer solchen »Auslese« ist, sollte es nämlich außerordentlich gut neue Universen erschaffen können – in ihm müßten sich also leichter Schwarze Löcher bilden können als in einem anderen Universum. Diese Vorhersage könnten Astronomen mit Hilfe von relativ konventionellen Beobachtungen und physikalischen Vorstellungen überprüfen.

Wenn wir uns nämlich vorstellen, wir könnten mit unserem Universum »spielen«, indem wir die Masse der Elektronen, die Stärke der Schwerkraft und andere Variable verändern, sollte, wenn Smolin recht hat, jede Veränderung der Originaleinstellung, jedes »Drehen an den Knöpfen«, entweder das Universum verkleinern oder die Neigung der Sterne verringern, Schwarze Löcher zu bilden. Um Smolins Vermutung zu überprüfen, müssen wir also wissen, wie eine Veränderung der Naturkonstanten die Wahrscheinlichkeit beeinflußt, daß ein schwerer Stern als Schwarzes Loch endet und nicht zu seinen Lebzeiten so viel Masse abgibt (und damit unter Chandrasekhars Grenzmasse kommt, wie in Kapitel 4 beschrieben wurde), daß er am Ende ein Weißer Zwerg oder ein Neutronenstern wird. Wir müssen zudem wissen, ob diese Veränderung auch die Sternentstehung und das Gleichgewicht beeinflussen würde, das zwischen Sternen mit hoher Masse (die zu Schwarzen Löchern werden können) und mit niedriger Masse (die als Weiße Zwerge enden) besteht.

Die Astrophysiker werden ein Modell für die »Ökologie« und die Wiederverwertungsprozesse selbst für unser eigenes Milchstraßensystems erst aufstellen können, wenn sie die Sternentstehung besser verstehen. Vorher werden sie auch die Bilder ferner neugebildeter Galaxien nicht zu deuten vermögen, die das Raumteleskop uns übermittelt. Im Orionnebel beispielsweise kondensieren in nur 1500 Lichtjahren Entfernung derzeit dichte Gas- und Staubwolken zu Proto-Sternen. Die genauen Strömungsmuster, die zu Proto-Sternen führen, lassen sich nur schwer berechnen, aber sie hängen offenbar von komplizierten Wechselwirkungen zwischen der Schwerkraft und dem Druck ab (der wiederum von der Gastemperatur abhängt); auch Magnetfelder spielen eine Rolle und der mit dem Gas vermischte Staub, der mit dazu beiträgt, die Wolken abzukühlen und ihren Druck zu verringern. Aber wie haben sich Sterne in einer jungen Galaxie zu einer früheren kosmischen Zeit gebildet? Damals sollte es keine anderen chemischen Elemente gegeben haben als Wasserstoff und Helium (und deshalb auch keinen Staub). Wahrscheinlich gab es auch keine Magnetfelder, und die Urstrahlung, die jetzt nur noch 2,7 Kelvin hat, wäre wärmer gewesen und könnte verhindert haben, daß die Wolken so kalt wurden, wie sie heute sind.

Astrophysiker finden diese Fragen auch heute noch verwirrend. Weil sie diese Vorgänge nicht durchschauen, wissen sie nicht genug über die Entwicklung von Galaxien und können deshalb auch nicht die Spekulationen Smolins überprüfen. Wir können darauf vertrauen, daß sich in der Tat viele Schwarze Löcher durch den Tod von Sternen oder durch die Ansammlung riesiger Massen in galaktischen Zentren bilden. Unser Universum ist deshalb nach Smolins Kriterium sicher nicht »steril«, aber wir können nichts darüber sagen, ob es in irgendeiner Form »optimal« ist für die Bildung Schwarzer Löcher.

Nehmen wir beispielsweise an, ein hypothetisches Universum gliche dem unseren bis auf die Tatsache, daß die elektrische Abstoßungskraft in Atomkernen etwas stärker ist. Dann verschmelzen die Kerne nicht zu den Elementen des periodischen Systems, und folglich kommt die zugehörige Energiefreisetzung nicht in Gang. Weil die Sterne dann über keine innere Energiequelle verfügen, erreichen sie ihr Endstadium viel rascher. Zwar würden Sterne mit niedriger Masse auch dann Weiße Zwerge werden, aber schwere Sterne würden mit viel größerer Wahrscheinlichkeit als in unserem Universum zu Schwarzen Löchern, weil die Kernenergie keine Gelegenheit hätte, Materie wegzublasen und die Sternmasse damit unter die Chandrasekhar-Grenze zu bringen. Auf den ersten Blick scheint dieser Gedanke die Spekulationen von Smolin widerlegen zu können. Aber seine Vermutung könnte doch zutreffen, falls die Sternentstehung in einer Umgebung aus reinem Wasserstoff anders verläuft und ein Stern dort nie genug Masse hat, um ein Schwarzes Loch zu werden und Nachkommen zu erzeugen.

Ganz abgesehen von der Bedeutung, die diese Vorgänge für andere Universen haben, würden Astrophysiker diese Frage gern beantworten, weil die ersten Sterne, die sich in unserem expandierenden Universum bildeten, aus Wasserstoff und Helium bestanden haben müssen. Wenn diese wirklich eine niedrigere Masse hatten, würden sie Kandidaten für die baryonische dunkle Materie sein (siehe Kapitel 6). Um das zu erhellen, müssen wir zunächst »herkömmliche« astronomische Vorgänge noch besser verstehen – was, wie ich hoffe, in wenigen Jahren der Fall sein wird –, nicht aber exotische neue Konzepte.[2]

Wheeler und Guth haben vermutet, daß kleine Schwarze Löcher durch Implosion geschaffen werden könnten und Keime neuer Universen sind. Falls wir in einem absichtlich erschaffenen »Tochteruniversum« leben, erübrigen sich natürlich alle anthropischen Überlegungen. Dann könnten Paleys alte »Zweckmäßigkeitsbeweise« wiederbelebt werden.

Die Einordnung anthropischer Überlegungen

Wie steht es heute mit anthropischen Überlegungen? Als sie in den siebziger Jahren aufkamen, wurden sie meist rasch abgetan. Solche Überlegungen stellen ganz offensichtlich keine ernstzunehmende wissenschaftliche Erklärung dar, sondern können bestenfalls Staunen erregen und unsere Neugier für Phänomene wecken, für die echte physikalische Erklärungen gesucht werden, aber noch nicht gefunden worden sind. So hofft man immer noch, einmal mit Hilfe einer mathematischen Formel eine Beziehung zwischen den verschiedenen Kernkräften herzustellen, etwa so, wie James Clerk Maxwell vor über einem Jahrhundert eine Beziehung zwischen elektrischen und magnetischen Kräften und der Lichtgeschwindigkeit gefunden hat. In ähnlicher Weise haben Salam und Weinberg einen weiteren Schritt gemacht, als sie die schwachen Neutrinokräfte integrieren konnten. In Fortführung dieser Gedanken könnte eine umfassendere Theorie schließlich alle Grundkräfte einschließen.

Vielleicht können die physikalischen Naturkräfte und Konstanten eines Tages mathematisch berechnet werden – was ihre Messung überflüssig machen würde –, wie wir ja auch den Umfang eines Kreises aus seinem Durchmesser berechnen können. Weinberg sagt: »Ich würde sicherlich den Versuch nicht aufgeben, das anthropische Prinzip überflüssig zu machen, indem ich eine theoretische Basis für die Werte aller Konstanten suche. Es ist den Versuch wert, und wir müssen annehmen, daß wir Erfolg haben werden, sonst wird es uns sicher mißlingen.« Es wäre ein Jammer, wenn theoretische Physiker die anthropischen Gedanken allzu ernst nehmen würden, weil sie dann weniger Grund hätten, nach einheitlichen Theorien zu suchen.

Besonders abfällig äußerte sich der Physiker Heinz Pagels über den anthropischen Gedanken in seinem Buch *Zeit vor der Zeit*:

> Die Physiker und Kosmologen, die sich auf anthropische Gedanken berufen, scheinen mir ohne Not das erfolgreiche Programm der gewohnten Physik über Bord zu werfen, wonach man die quantitativen Eigenschaften unseres Universums auf der Grundlage allgemeingültiger physikalischer Gesetze erkennen kann. Vielleicht waren sie bei ihren Versuchen ... auch so enttäuscht und frustriert, daß sie alles hinwarfen. Das anthropische Prinzip dagegen hat die Entwicklung moderner kosmologischer Modelle nicht befruchtet; es hat nichts erklärt, sondern allenfalls einen negativen Einfluß ausgeübt, was sich auch daran zeigt, daß der Wert bestimmter Konstanten, ... für die einmal anthropische Gründe als Erklärung herangezogen wurden, jetzt durch neue physikalische Gesetze belegt werden kann ... Ich wäre dafür, das anthropische Prinzip aus dem Begriffsrepertoire der Wissenschaft zu verbannen.

Diese Ablehnung allen anthropischen Denkens geht meiner Meinung nach zu weit. Schließlich geht das anthropische Prinzip in seiner schwachen Form – als Erkenntnis, daß unsere Existenz als Beobachter in Beziehung zur Beschaffenheit unserer kosmischen Umgebung steht – kaum darüber hinaus, daß ein Beobachter routinemäßig die Grenzen seiner Verfahren und Ausrüstung berücksichtigt. Wenn wir sagen, daß unsere kosmische Umwelt auf unsere Lebensweise »abgestimmt« ist, ist das nicht nur eine Tautologie, sondern führt zu wirklichem Verständnis. Dafür ist Dickes Erklärung von Diracs vermuteten »Zufällen« (siehe Kapitel 14) ein Beispiel. Die Behauptung, daß ein anderes Universum für das Leben wenig geeignet sein könnte, ist nicht umstritten. Universen, die nahe am thermischen Gleichgewicht bleiben, die nicht lange genug bestehen oder die (noch radikaler) nur zwei Raumdimensionen haben, eignen sich sicherlich weniger als unseres für die Entwicklung von Lebensformen.

Geltungsbereich und Grenzen einer »endgültigen Theorie«

Die Aussagekraft und der Geltungsbereich anthropischer Überlegungen hängen auf Dauer von der Art der (noch völlig unbekannten) Naturgesetze auf der alleruntersten Ebene ab. Weinberg hofft, daß es eine »endgültige Theorie« gibt, die wir eines Tages finden werden. Eine solche Theorie könnte vielleicht unser Universum eindeutig aus einigen Grundgleichungen herleiten.

Falls die Naturkonstanten wirklich durch eine »endgültige Theorie« eindeutig festgelegt sind, ist es eine schlichte Tatsache, daß diese universellen Zahlen zufällig in dem eng beschränkten Bereich liegen, der die Entstehung von Komplexität und Bewußtsein zuließ. Die Möglichkeiten, die in den Grundgleichungen stecken – alle die verwickelten Strukturen unseres Universums –, mögen uns verblüffen, aber unser Erstaunen hätte Ähnlichkeit mit der Überraschung, die Mathematiker gelegentlich fühlen, wenn aus harmlos scheinenden Axiomen äußerst komplizierte Strukturen hergeleitet werden können.

Denken wir beispielsweise an die Mandelbrotmenge. Die Anweisungen, die zum Zeichnen dieses erstaunlichen Musters genügen, lassen sich in wenigen Zeilen niederschreiben, aber wenn wir das Muster immer weiter vervielfältigen, erschließen sich uns ungezählte Schichten vielfältiger Strukturen. Jeder, der analytische Geometrie gelernt hat, in der die Koordinaten x und y die Entfernungen entlang der beiden Achsen bezeichnen, kann sich vorstellen, daß $x^2 + y^2 < 1$ das Innere eines Kreises darstellt, aber nur eine wirkliche Superintelligenz könnte die Form der Mandelbrotmenge allein beim Lesen der »Formel« vor dem geistigen Auge entstehen lassen. Ähnlich könnte in den knappen Gleichungen einer »endgültigen Theorie« alles stecken, was in unserem Universum entstanden ist, während es sich vom anfänglichen Urknall zu der diffusen niedrigenergetischen Welt abkühlte, in der wir leben.

Aber vielleicht ist die Suche nach einer einzigen Theorie auch zum Scheitern verurteilt: Die Teilchen und Kräfte in unserem Universum könnten ihrem Wesen nach beliebig sein. Für Ingenieure ist es wichtig, wie ein Metallstab auf Druck oder Biegung reagiert, und es gibt detaillierte Tabellen der Elastizität aller Stoffe. Für den Physiker aber sind die Eigenschaften von Festkörpern sekundäre Größen, die durch die grundlegende Atomstruktur bestimmt werden. Entsprechend sind die sogenannten Fundamentalkonstanten – die Zahlen, die für Physiker wichtig sind – vielleicht nur zweitrangige Folgerungen aus der »endgültigen Theorie« und nicht ein unmittelbarer Ausdruck ihrer tiefsten und grundlegendsten Schichten. Das Multiversum mag von einer einheitlichen Theorie beherrscht sein, aber jedes Universum könnte sich in einer Weise abkühlen, die »zufällige« Züge hat und am Schluß von anderen Gesetzen (mit anderen Naturkonstanten) beherrscht werden als andere Universen.

Es könnte sich herausstellen, daß einige Konstanten wirklich universell sind und andere nicht. Vielleicht sind jene, welche die Mikrowelt bestimmen, im ganzen Multiversum eindeutig (oder zumindest in allen Welten mit drei räumlichen Dimensionen) und deshalb »schlichte Tatsachen«, aber die Konstanten, die für die Kosmologie eine Rolle spielen, unterscheiden sich von einem Universum zum nächsten. Diese Universen könnten dann andere Werte für Omega haben (das Maß, das die Dichte festlegt), für Lambda (das Maß der Energie, die latent im leeren Raum steckt) und für Q (das Maß für die Glätte, das bestimmt, welche Strukturen sich in dem Universum entwickeln).

Wenn einige Naturkonstanten beliebig sind, können anthropische Überlegungen angemessen sein, um die Werte zu erklären, die sie in unserem Universum tatsächlich annehmen – dies wäre dann sogar die einzige Möglichkeit, um zu verstehen, warum sie nicht ganz andere Werte haben.

Eine endgültige Theorie ist noch in so weiter Ferne, daß wir nicht ahnen können, welche Eigenschaften (falls es sie überhaupt gibt) im Multiversum allgemeingültig sind und welche Zufälle sich aus der Art der Abkühlung unseres Universums ergeben haben. Wir können deshalb noch nicht einschätzen, wie weit sich unser Universum anthropisch erklären läßt. Aber genau wie Smolins spekulative Vermutung über die natürliche Auslese von Universen Vorhersagen macht, die von konventionellen Astrophysikern bestätigt oder widerlegt werden können, so können wir vielleicht auch das Wesen der endgültigen Theorie erahnen, bevor wir noch ihre Einzelheiten kennen.

Nehmen wir an, daß die wichtigen Naturkonstanten in anderen Welten andere Werte annehmen. Vielleicht sind unsere Meßwerte nicht typisch für das ganze Multiversum: Unser Universum muß, wie wir gesehen haben, sehr speziell und ungewöhnlich gewesen sein, weil unsere Existenz sonst nicht möglich wäre. Aber es sollte nicht über alle Maßen speziell gewesen sein. Diese Erkenntnis ermöglicht es uns, zu vermuten, welche Konstanten Zufall sind und welche durch die Gesetze einer endgültigen Theorie bestimmt werden könnten, die im ganzen Multiversum Gültigkeit hat.[3]

Denken wir beispielsweise an die kosmologische Konstante Lambda, jene Abstoßungskraft, welche die kosmische Expansion beschleunigt. Wird die endgültige Theorie einen tiefen Grund liefern, warum sie genau Null sein sollte? Oder ist ihr Wert Zufall? Wir wissen es einfach nicht. Selbst jene Theoretiker, die hoffen, daß die meisten Konstanten sich genau festlegen lassen, sind in bezug auf Lambda nicht so optimistisch. Steven Weinberg beispielsweise vermutet, daß Lambda die einzige Zahl ist, die anthropisch bestimmt und nicht direkt durch die endgültige Theorie festgelegt ist. Anthropische Zwänge schließen einen sehr großen Bereich von Lambdawerten aus, weil sich keine Galaxie hätte bilden können, wenn die kosmische Abstoßung ungeheuer heftig gewesen wäre.

Auch sehr große *negative* Werte würden ausgeschlossen sein, weil das Universum dann schon so bald zusammengefallen wäre, daß sich keine Sterne entwickelt haben könnten.

Vielleicht ist Lambda in unserem eigenen Universum nicht Null: Wie in Kapitel 8 ausgeführt wurde, lassen sich die Altersschätzungen für Sterne besser mit einer kurzen Hubble-Zeit in Übereinstimmung bringen, wenn die kosmische Expansion sich beschleunigt und nicht verlangsamt. Dies würde bedeuten, daß Lambda vergleichbar ist mit dem anthropisch zulässigen Maximum – in einem Universum, in dem Lambda wesentlich größer ist als der Wert, den einige Beobachter bevorzugen, könnten sich keine Galaxien bilden. Unser Universum wäre dann in bezug auf Lambda viel genauer abgestimmt, als es unsere Existenz erfordern würde.

Wenn andererseits bessere Beobachtungen zeigen würden, daß Lambda keine erkennbaren Auswirkungen hat, und daraus folgt, daß es möglicherweise tausendmal kleiner ist, als anthropische Zwänge es erfordern, dann wäre unser Universum in Hinsicht auf Lambda noch außergewöhnlicher! Wir könnten dann erwarten, daß die endgültige Theorie im ganzen Multiversum ein genau verschwindendes Lambda erfordert.

Wenn wir ähnliche Überlegungen auf andere Konstanten anwenden, können wir schließen, welche Eigenschaften im ganzen Multiversum einzigartig und gleichförmig sind und welche Vielfalt die getrennten Universen zeigen können. Können alle mikrophysikalischen Konstanten und Teilchenmassen in anderen Universen anders sein? Und wie ist es mit der Schwerkraft? Es könnte – wie Smolin vermutet – Ergebnis der natürlichen Auslese sein und kein reiner Zufall, wenn die Naturkonstanten in unserem Universum die von uns gemessenen Werte haben.

Unser Universum und andere

Die meisten Universen sind vermutlich weniger für die komplexe Evolution geeignet als unseres, aber nicht unbedingt alle. Wir können uns nicht vorstellen, welche Strukturen in ferner Zukunft in unserem Universum entstehen könnten. Noch weniger können wir uns deshalb vorstellen, was in einem Universum passieren würde, in dem es mehr Kräfte gibt als die vier, mit denen wir vertraut sind, oder in dem die Anzahl der Dimensionen größer ist. Unser Universum könnte »verarmt« sein im Vergleich mit anderen, die viel reichere Strukturen haben und deren Möglichkeiten unsere Vorstellungskraft übersteigen.

Indem wir unser Universum mit allen Verfahren der Astronomie kartieren und erkunden, gelangen wir allmählich – in einem Ausmaß, das noch vor einem Jahrzehnt erstaunlich erschienen wäre – zu einem Verständnis für unsere kosmische Umwelt, für die Gesetze, die das Universum beherrschen, und dafür, wie sie sich seit ihren ersten Anfängen entwickelt haben. Noch bemerkenswerter ist, daß wir eine Ahnung von anderen Universen bekommen haben und vielleicht etwas über sie herleiten können. Wir können den Umfang und die Grenzen einer endgültigen Theorie herleiten, auch wenn wir noch weit davon entfernt sind, sie zu formulieren – selbst wenn sie unserem intellektuellen Fassungsvermögen für immer verschlossen bleiben sollte.

Chandrasekhar hat länger und intensiver über unser Universum nachgedacht als irgend jemand seit Einstein. In einer seiner letzten Vorlesungen kam er zu dem Schluß:

Die Naturwissenschaft ist oft mit dem Ersteigen von Bergen verglichen worden, von hohen und nicht so hohen. Aber wer unter uns kann schon hoffen, den Mount Everest zu besteigen und seinen Gipfel zu erreichen, wenn der Himmel blau und die Luft still ist und in der ruhigen Luft den ganzen Himalaja im glänzenden Weiß des Schnees, der sich in die Unendlichkeit erstreckt, vor sich zu sehen? Und schon gar nicht kann einer von uns auf einen vergleichbaren Blick auf die Natur und das Weltall hoffen! Aber es hat nichts Kleines oder Erniedrigendes, wenn wir unten im Tal stehen und warten, daß über dem Kinchinjunga die Sonne aufgeht!

Anmerkungen

1 Von den Atomen zum Leben: Galaktische Ökologie

1 Eine Ausnahme machen die seltenen radioaktiven Elemente, die sich spontan umwandeln. So verwandelt sich beispielsweise Uran langsam in Blei. Die besten Schätzungen des Erdalters ergeben sich aus Messungen des Bruchteils von Uran, der seit der Zeit der ersten Verfestigung der Erde überlebte.

2 Wasserstoffkerne (Protonen) können sich auf zwei Weisen zu Heliumkernen verbinden. Die eine besteht aus direkten »Proton-Proton«-Reaktionen, die andere (die möglich ist, wenn es schon schwerere Kerne gibt) ist der sogenannte »CNO-Zyklus«, bei dem Kohlenstoff, Stickstoff und Sauerstoff als Katalysatoren wirken, wobei sich ihre Gesamthäufigkeit nicht verändert.

3 Hans Bethes Karriere umspannt fast 70 Jahre. Er leitete die theoretische Abteilung in Los Alamos, als dort die erste Atombombe entwickelt wurde – und hat sich die letzten 50 Jahre unermüdlich für die Rüstungskontrolle eingesetzt. Darüber hinaus blieb er auch bei der Erforschung der Supernovae an vorderster Front.

4 Wie weiter unten in Kapitel 4 ausgeführt wird, wurde 1992 ein ungewöhnliches Planetensystem entdeckt. Sein Zentralstern unterscheidet sich sehr von unserer Sonne, er ist ein Neutronenstern, der Kreiselbewegungen ausführt. Ein derartiges Planetensystem wäre ein ungeeigneter Ort für Leben.

5 Carter skizzierte in derselben Vorlesung vor der Royal Society auch seine noch umstrittenere Überlegung zum Jüngsten Gericht, die zeigen sollte, daß die Menschheit mit großer Wahrscheinlichkeit nicht mehr als einige wenige weitere Jahrhunderte überleben wird. Die Überlegung beruht auf einer (anfechtbaren) Analogie mit der folgenden einfachen Gedankenkette. Man stelle sich einen Kasten vor, der N Eintrittskarten enthält, die von 1 bis N numeriert sind. Man weiß nicht, wie groß N ist: Es könnten 10 Karten im Kasten sein, aber auch Milliarden. Man zieht dann eine Karte, auf der z. B. 2452 stehen möge. Man könnte dann vermuten, daß N mit großer Wahrscheinlichkeit etwa bei 5000 liegt, so daß die ausgewählte Karte etwa in der Mitte zwischen Anfang und Ende der Folge liegt. Es wäre wenig wahrscheinlich, wenn die gezogene Zahl unter den ersten 5 % oder unter den letzten 5 % der Karten in dem Kasten läge. Wenn man 2452 gezogen hat, kann man zu 90 % darauf vertrauen, daß N weder kleiner ist als ungefähr 2600 (sonst wäre man ja in den letzten 5 %), noch größer als 50 000 (sonst wäre man in den ersten 5 %). Die Überlegung zum »Jüngsten Gericht«

überträgt einen derartigen Gedankengang auf die Liste aller Menschen, die je gelebt haben und noch leben werden. (Obwohl es Zehntausende früherer Generationen von Menschen gab, hat die Bevölkerung in neuerer Zeit so drastisch zugenommen, daß mehr als 10 % aller Menschen, die je gelebt haben, heute leben.) Carter schließt, daß die Bevölkerung innerhalb weniger Jahrhunderte verschwinden oder jedenfalls stark abnehmen muß, weil wir sonst gegen alle Wahrscheinlichkeit zum ganz »frühen« Bereich gehören würden. Diese Überlegung wurde von dem kanadischen Philosophen John Leslie und von Richard Gott (dessen geniale Gedanken zu Zeitmaschinen in Kapitel 13 erwähnt werden) aufgenommen und mit Begeisterung ausgearbeitet. Ich persönlich messe der Überlegung Carters zur Seltenheit des Lebens in unserem Universum einige Bedeutung bei, hoffe allerdings, daß Biologen uns bald eine gesichertere wissenschaftliche Abschätzung geben werden. Ich kann jedoch die Überlegung zum »Jüngsten Gericht« nicht ernst nehmen, obwohl ihr deprimierender Schluß an sich nicht unwahrscheinlich ist. Die Zahl N der Karten im Kasten scheint mir keine gute Analogie zu einer Zahl darzustellen, die von einer unbestimmten und »offenen« Zukunft abhängt und auch unendlich sein könnte.

2 Die kosmische Szenerie: Der Horizont weitet sich

1 Einsteins Vertrauen in ein statisches Universum hatte ihn veranlaßt, einen »kosmischen Abstoßungsfaktor« in seine Gleichungen einzuführen, der die Schwerkraft auf kosmischem Maßstab ausgleichen sollte. Dieser Gedanke wurde, wie in Kapitel 8 beschrieben wird, vor kurzem neu belebt.

2 Der von Hubble untersuchte Bereich ist so klein, daß die dort herrschenden Kräfte angemessen von der Newtonschen Theorie beschrieben werden – der Fehler beträgt nur 1 : 100 000. Die Galaxien erstrecken sich aber in weit größere Entfernungen. Am besten stellen wir uns eine Reihe uns umgebender kugelförmiger Schalen vor, von denen sich die weiter entfernten rascher von uns entfernen als die näheren. Die Fluchtgeschwindigkeit der größeren Schalen kann der Lichtgeschwindigkeit nahe kommen, und dann reicht die Newtonsche Theorie nicht mehr aus. Friedmanns Arbeit berücksichtigte das und beschreibt in angemessener Weise ein Universum mit gleichförmiger Dichte und Ausdehnungsgeschwindigkeit. Lokale Bereiche kann man dabei immer noch hinreichend gut mit der Newtonschen Theorie beschreiben: Eine aus einer Friedmann-Welt herausgelöste Kugel gehorcht genau den Newtonschen Gesetzen. Für fast alle Berechnungen zur Bildung von Galaxien und zu ihrer Bewegung in Haufen und Superhaufen genügt das vertraute Newtonsche Gravitationsgesetz (siehe Kapitel 7).

3 Innerhalb einzelner Galaxien und auch innerhalb von Galaxienhaufen läßt

sich keine Expansion beobachten. Das einfache »Hubble-Gesetz« gilt nur für Größenbereiche, in denen man das Universum als gleichförmig betrachten kann. In der Praxis gibt es deutliche Abweichungen bis in die Größenordnungen von Superhaufen hinein.

4 Als in den sechziger Jahren Quasare entdeckt wurden, kam es erneut zu lebhaften Auseinandersetzungen darüber, ob die Rotverschiebungen dieser ungewöhnlichen Objekte einen anderen Ursprung haben. Erst einige Jahre später waren fast alle Astronomen aufgrund der Beobachtungsdaten davon überzeugt, daß auch Quasare eine Hubble-Rotverschiebung aufweisen.

5 Bondi, Gold und Hoyle entwickelten die Steady-State-Theorie 1948, nachdem sie den englischen Film *The Dead of Night* gesehen hatten, in dem am Schluß die Anfangsszene wiederholt wird.

6 Das Licht, das wir von diesen Quasaren empfangen, wurde im extremen Ultraviolett ausgesandt. Solche Strahlung ist für unser Auge unsichtbar und kann auch nicht die Erdatmosphäre durchdringen. Aber die Rotverschiebung bei diesen außerordentlich fernen Objekten ist so groß, daß die Strahlung im sichtbaren Bereich des Spektrums liegt, wenn sie uns erreicht.

7 Diese Behauptung erscheint auf den ersten Blick verwirrend, wenn die Lichtgeschwindigkeit eine endgültige »Geschwindigkeitsbegrenzung« darstellt: Folgt dann nicht, daß der Quasar sich mit dem Fünffachen der Lichtgeschwindigkeit entfernt, wenn das Licht fünf Sechstel des Alters unseres gegenwärtigen Universums braucht, um zu uns zu gelangen? Einsteins Spezielle Relativitätstheorie sagt uns, daß sich nichts rascher bewegen kann als Licht, wenn die Zeit durch eine Uhr gemessen wird, die *nicht* an dieser Bewegung teilhat. Aber diese Theorie sagt uns auch, daß eine schnell bewegte Uhr langsamer läuft. (Dies ist die Grundlage des »Zwillingsparadoxons«, das in Kapitel 13 beschrieben wird.) Eine schnell bewegte Uhr könnte in der Tat in jeder Stunde, die sie verzeichnet, 5 Lichtstunden zurücklegen; sie müßte sich dann mit etwa 98 % der Lichtgeschwindigkeit bewegen.

3 Vorgalaktische Geschichte: Erdrückendes Beweismaterial

1 Dieser Wandel im kosmologischen Denken weist einige Ähnlichkeit mit einem etwa gleichzeitigen plötzlichen und drastischen Sinneswandel bei den Geophysikern auf. Schon lange hatte Alfred Wegener die Theorie der Kontinentalverschiebung vertreten – wie der bahnbrechende Kosmologe Alexander Friedmann war auch er ursprünglich Meteorologe. Aber die Beweise waren vor 1963 nicht mehr als Hinweise. Die Geophysiker hatten keine plausible Erklärung dafür, wie die Kontinentalverschiebung zustande kommen könnte, und lehnten die Theorie überwiegend ab. Als aber die Geophysiker Drummond Matthews und Frederick Vine aus Cambridge über-

zeugend zeigten, daß der Meeresboden sich vom mittelatlantischen Graben ausgehend ausdehnt und Europa und Amerika auseinanderdrängt, fand der Gedanke plötzlich allgemeine Zustimmung.

2 Sie erkannten auch nicht, daß es schon indirekte Beweise gab, die bis 1941 zurückgehen. Der kanadische Astronom Andrew McKellar hatte bei der Untersuchung von Sternspektren in einer interstellaren Wolke die verräterischen Anzeichen von Dicyan (dieses Molekül ist aus einem Kohlenstoffatom und einem Stickstoffatom zusammengesetzt) entdeckt. Er nahm an, die Cyanmoleküle müßten völlig kalt und in ihrem niedrigsten Energiezustand (dem sogenannten »Grundzustand«) sein. Aber aus den Eigenschaften ihrer Spektren schloß er, daß sie einer Umgebung entstammten, deren Strahlung (so schätzte er) einer Temperatur von 2,4 Kelvin entsprach. Gerhard Herzberg berichtet in seiner klassischer Abhandlung über diatomare Moleküle von diesen Beobachtungen, fügt aber hinzu, diese Temperatur habe »nur sehr eingeschränkte Bedeutung«!

3 Lemaître sprach vom »atom primitif«, Gamow prägte dafür das Wort »Ylem«.

4 Die Erde hat ihren ursprünglichen Anteil an Wasserstoff und Helium verloren. Dies sind flüchtige Stoffe, welche die Schwerkraft der Erde nicht festhalten kann, sie sind jedoch in der Sonne und den riesigen äußeren Planeten weitaus häufiger als alle anderen. Die anderen Elemente – Kohlenstoff, Sauerstoff, Eisen usw. – kommen auf der Erde etwa in denselben Proportionen vor wie in der Sonne und den meisten anderen Sternen.

5 Diese Berechnungen setzen eine Grenze dafür, wie viele Atome im Universum in einer »dunklen« Form verborgen sein können – das ist, wie in Kapitel 6 ausgeführt, wichtig für die Frage, was dunkle Materie ist und ob es genug geben kann, um die kosmische Expansion anzuhalten.

4 Die Macht der Schwerkraft

1 Hewish interessierte sich vor allem für die eigenartigen, stark im Radiofrequenzbereich strahlenden fernen Galaxien. Dies waren die Objekte, deren statistische Eigenschaften es Martin Ryle ermöglichten, der Steady-State-Theorie den ersten Hieb zu versetzen (siehe Kapitel 2). Die ersten Radioteleskope lieferten jedoch leider nur verzerrte Bilder; sie zeigten beispielsweise nicht, ob die Radiostrahlung tief aus dem Inneren einer Galaxie stammte oder aus einem diffusen Bereich ihrer Umgebung. Hewish erfand ein spezielles Verfahren zur Bestimmung der Größe einer Radioquelle. Sein Verfahren nutzte dasselbe physikalische Prinzip, das auch Sterne, aber nicht Planeten funkeln läßt: Sternenlicht wird in der oberen Atmosphäre ungleichmäßig gebrochen, aber diese Unregelmäßigkeiten sind so klein, daß

sie bei einem Planeten, dessen Bild eine Scheibe ist, überdeckt werden und der Effekt sich wegmittelt. Hewish entdeckte, daß der von dem deutschen Astrophysiker Ludwig Biermann vorhergesagte »Sonnenwind« (diffuses Gas, das von der Sonne aus in den interplanetaren Raum geblasen wird) Radiowellen in etwa derselben Weise beeinflußt wie die obere Atmosphäre das sichtbare Licht. Wenn Radioquellen Milliarden Jahre entfernt sind, wie Ryle annahm, sollten sie funkeln oder flimmern, wenn sie kleiner wären als eine Galaxie – nicht aber, wenn sie größer und flächenhafter wären.

2 Jocelyn Bell erhielt nicht annähernd die ihr gebührende Anerkennung für die Entdeckung der Pulsare. Das lag, meine ich, an den gesellschaftlichen Zwängen, die (damals noch mehr als heute) der Karriere von Frauen im Weg standen und ihren wissenschaftlichen Ehrgeiz bremsten. Nach der Promotion zog sich Bell einige Jahre lang aus der aktiven Forschung zurück – es schien damals selbstverständlich, daß die Karriere ihres Ehemanns Vorrang hatte. Hätte sie weitergearbeitet und sich in der kleinen Gruppe der Radioastronomen Gehör verschafft, die in den nächsten Jahren unser Wissen über die Pulsare festigten und viele entdeckten – wie es ein Mann mit ihrem außerordentlichen Anfangserfolg sicherlich getan hätte –, wären ihre Leistungen wohl kaum in demselben Maß übergangen worden.

3 Einige Pulsare umlaufen während eines Teils ihres Lebens einen Begleitstern. Sie haben eine höchst komplizierte Geschichte; sie »schrauben« sich manchmal zu äußerst raschen Rotationsraten hoch – bis zu 600 Umdrehungen pro Sekunde. Diese »Millisekundenpulsare« haben aus noch unbekannten Gründen schwächere Magnetfelder als andere Pulsare. Sie haben aber viel weniger »Ausreißer« bei ihrer Drehgeschwindigkeit und sind deshalb noch präzisere »Uhren«. Eine der Folgerungen, die wir aus dem regelmäßigen Gang dieser natürlichen himmlischen Uhren ziehen können, wird in Kapitel 12 beschrieben.

4 Die Energie, die nötig ist, um einen Stern in seine Bestandteile zu zerlegen (die sogenannte »gravitative Bindungsenergie«), beträgt gewöhnlich 20 % der Ruhemassenenergie (mc^2). Tatsächlich lassen sich magnetische Energie und Rotationsenergie der Pulsare auf die Gravitation zurückführen. Gewöhnliche Sterne drehen sich langsam (die Rotationsperiode der Sonne beispielsweise beträgt knapp einen Monat). Wenn ein Stern (oder sein Kern) auf die Größe eines Neutronensterns zusammenfällt, dreht er sich viel rascher und energiereicher. In dieser Rotationsenergie eines »toten« Sterns steckt mehr Energie, als Kernreaktionen während seiner gesamten Lebenszeit erzeugen könnten. Diese wie in einem riesigen Schwungrad gespeicherte Energie, die letztlich von der Schwerkraft herrührt, läßt Pulsare leuchten.

5 Wenige Monate vor Wolzczyans Ankündigung hatte Andrew Lyne, ein Radioastronom am *Jodrell Bank Observatorium* in England, (aufgrund ähn-

licher Überlegungen) behauptet, daß er einen weiteren Pulsar gefunden hätte, der von einem Planeten umkreist würde. Das stellte sich als falsch heraus; die Unregelmäßigkeiten in der Ankunftszeit der Pulse, die Lyne einem Planeten zugeschrieben hatte, beruhten auf einem kleinen Fehler, den er gemacht hatte, als er Korrekturen einfügte, um die Bewegung der Erde um die Sonne zu berücksichtigen. Hätte aber Wolczczyan die Behauptung von Lyne nicht gekannt, hätte er seine eigenen Daten vielleicht gar nicht so sorgfältig untersucht und seinen so bemerkenswerten Fund gar nicht beachtet – vielleicht ein Beispiel dafür, wie selbst falsche Ergebnisse gelegentlich einen konstruktiven Anreiz geben können.

5 Schwarze Löcher: Tore zu einer neuen Physik

1 Astronomen können den Dopplereffekt im Licht des Begleitsterns messen und daraus seine Umlaufzeit berechnen. Dann läßt sich aus Newtons Gravitationsgesetz berechnen, wie schwer die Röntgenquelle ist (genau wie wir die Masse der Sonne herleiten können, wenn wir die Größe der Erdbahn kennen und wissen, wie schnell sich die Erde bewegt). Die Quellen, die man für Neutronensterne hält, haben alle Massen in der Nähe von 1,4 Sonnenmassen; jene Quellen, die man für Schwarze Löcher hält (das sind jene, die unregelmäßig flackern) haben viel größere Massen.

2 Massereiche Schwarze Löcher können auf zwei Weisen Energie erzeugen. Wenn sie Gas oder auch ganze Sterne aus ihrer Umgebung aufnehmen, kann sich die eingefangene Materie, die in sie hineingewirbelt wird, zu etwa 10 % ihrer Ruhemassenenergie (mc^2) in Strahlung verwandeln, bevor sie unwiederbringlich verschluckt wird. Dies findet vielleicht in kleinerem Maßstab in Cygnus X-1 statt. Ein zweiter interessanterer Prozeß wurde in Cambridge von Roger Blandford und Roman Znajek entdeckt. Danach verhalten sich Schwarze Löcher wie Kreisel oder Schwungräder. Blandford und Znajek zeigten, daß ein äußeres Magnetfeld, das von Gas oder Sternen in der Gastgalaxie herrühren kann, ein rotierendes Loch abbremsen und damit seine latente Rotationsenergie anzapfen könnte. Vermutlich ist das die Energiequelle der starken kosmischen Radioquellen (Kapitel 2). Astrophysiker versuchen zu berechnen, wieviel Energie in der gewonnenen Masse steckt und wieviel vom Spin des Lochs herrührt, um herauszufinden, in welcher Form sich die jeweiligen Beiträge bemerkbar machen. Solche Berechnungen spielen für die Vorstellung, die wir uns von der Aktivität in galaktischen Zentren machen, dieselbe Rolle wie die Kernphysik für Theorien der Sternstruktur und Evolution. Die Phänomene in galaktischen Zentren waren eines meiner Hauptforschungsgebiete, haben aber mit dem Thema des vorliegenden Buchs wenig zu tun.

3 Es gibt eine Grenze dafür, wie nahe ein Stern einem Schwarzen Loch kommen kann, ohne Schaden zu nehmen. Der Stern würde auf Gezeiteneffekte reagieren – den Gradienten in dem Gravitationssog, der den Stern auseinanderzieht. Diese Kräfte könnten den Stern zerreißen, wenn sie zu stark sind. Die Gezeitenkräfte sind bei den größten Löchern an der »Oberfläche« weniger heftig; das Loch in M 87 könnte einen Stern von der Art der Sonne verschlucken, ohne ihn zu zerreißen. Wenn die Masse des Lochs jedoch unter 100 Millionen Sonnen liegt (dem Bereich, der für die nächsten Galaxien wichtig ist), würde ein Stern wie die Sonne von den Gezeiten zerrissen werden, wenn seine Entfernung vom Loch weniger als das Zehnfache des Radius beträgt. (Ein sehr kompakter Stern – beispielsweise ein Weißer Zwerg – könnte mehr oder weniger intakt in ein massereiches Schwarzes Loch fallen.) Ein Stern reagiert auf komplizierte Weise, indem er entlang der Bahnrichtung gedehnt, senkrecht zur Bahn zusammengepreßt und stark gestaucht wird. Dieses Phänommen läßt sich bis heute noch nicht auf dem Computer simulieren. In wenigen Jahren sollten uns genaue Computermodelle ermöglichen, die Kennzeichen (Dauer, Farbe usw.) der »Flares« zu berechnen: kurzfristige Strahlungsausbrüche, die dann auftreten, wenn ein Stern zerstört wird. Die Astronomen können dann nach Hinweisen auf diese Ereignisse suchen, die wiederum unmittelbare Hinweise auf die Bedingungen in großer Nähe des Lochs geben.

4 Mathematische Physiker lassen sich in zwei Gruppen einteilen. Einige denken dann, wenn sie wichtige Gleichungen gefunden haben, mehr über die Gleichungen nach als über die von ihnen beschriebenen physikalischen Phänomene (Chandrasekhar beispielsweise dachte sehr stark in Gleichungen). Andere wiederum finden bildliche oder geometrische Begriffe hilfreich. Zu ihnen gehört Penrose: Er kann sich vier oder mehr Dimensionen so leicht vorstellen wie die meisten von uns zwei.
Bemerkenswert sind auch die Breite und die Originalität seiner Einsichten. Er hat viele Jahre auf die Entwicklung seiner Theorie der »Twistoren« verwendet – wonach es in Raum und Zeit nicht Punkte gibt, sondern verwobene »Lichtkegel«. Selbst die Unterhaltungsmathematik hat von ihm profitiert. Er entwarf »Penrose-Kacheln«, Überdeckungen der Ebene, in denen es auch dann keine Wiederholungen gibt, wenn die überdeckte Fläche beliebig groß ist. Diese Arbeit wurde von Kristallographen aufgegriffen, als sie die sogenannten »Quasikristalle« zu verstehen suchten. Diese Kristalle weisen anscheinend eine pentagonale Symmetrie auf, aber es ist bekannt, daß es keine regelmäßigen pentagonalen Gitter gibt. Roger Penrose entwickelte gemeinsam mit seinem Vater Lionel (einem Genetiker) »unmögliche Objekte« – perspektivische Zeichnungen, die sich nicht widerspruchsfrei als feste Körper deuten lassen. Sie sind uns vertraut, weil sie beispielsweise Zeichnungen von M. C. Escher zugrunde liegen.

Penrose erörtert viele dieser Themen in seinem Buch *Computerdenken* – einem Streifzug durch alles, was ihn begeistert. Er spricht darin zwei ungelöste Grundprobleme an, nämlich die Vereinheitlichung von Gravitationstheorie und Quantentheorie und das Wesen von Bewußtsein und menschlichem Denken. Er behauptet, daß diese beiden Mysterien etwas miteinander zu tun haben – was von anderen heftig bestritten wird. Sein Buch war ein außergewöhnlicher Verkaufserfolg, offensichtlich wurde die Botschaft, daß der menschliche Geist mehr ist als eine »reine Maschine«, gern gehört.

5 Hawking ist der Öffentlichkeit natürlich vor allem durch sein Buch bekannt, das er in einem ganz anderen Stil schrieb als das mit George Ellis. Das wunderbarste an *Eine kurze Geschichte der Zeit* ist, daß dieses Buch überhaupt geschrieben werden konnte. Nachdem Hawking einen ersten Entwurf verfaßt hatte, erlitt er einen weiteren gesundheitlichen Rückschlag, der ihn eine Weile vollständig lähmte. Er konnte sich damals nur verständigen, indem er seine Augen auf den jeweils einem Buchstaben des Alphabets entsprechenden Teil einer großen Tafel richtete. Ohne Computertechnologie hätte er niemals etwas anderes vermitteln können als die einfachsten Bitten. Dann aber ermöglichte es ihm ein mit einem Hebel gesteuerter Word-Prozessor, das Buch, wenn auch langsam und unter Schmerzen, zu vollenden. Mit Hilfe eines Sprachsynthesierers kann Hawking sich jetzt deutlicher und verständlicher artikulieren als zuvor und sogar (nach sorgsamer Vorarbeit) ungeheuer populäre öffentliche Vorträge halten. Wenn die Verfahren der maschinellen Übersetzung weiter große Fortschritte machen, wird er demnächst Japaner und Koreaner ohne zusätzliche Mühen in ihrer eigenen Sprache ansprechen können.

6 Ein Kollege erzählte mir einmal, daß ein Fachartikel im Mittel 0,6 Leser hat (und fragte sich, etwas zynisch, ob der Gutachter dabei schon mitgezählt worden sei).

7 Eine umfassendere Darstellung der eher beobachtungsorientierten Fragen, die in diesem und dem vorangegangenen Kapitel erwähnt wurden, findet sich in dem Buch *Schwarze Löcher im Kosmos* von Mitchell Begelman und mir.

8 Arthur Eddington hat sich nach 1930 in eine numerologische »Fundamentaltheorie« vertieft, die bei seinen Zeitgenossen auf wenig Resonanz stieß. Nach einer seiner Vorlesungen fragte ein besorgter Student seinen Doktorvater, den Physiker Samuel Goudschmidt, wie man vermeiden könne, daß es einem selbst einmal später im Leben so gehen würde. Goudschmidt beruhigte ihn: »Machen Sie sich keine Sorgen. Das geht nur Genies so; wir anderen werden nur immer dümmer.«

6 Sichtbares und Unsichtbares:
Galaxien und dunkle Materie

1 Astronomen haben eine detaillierte Rangordnung für Galaxien erstellt und klassifizieren sie nach Größe, Form und den in ihnen vorherrschenden Sterntypen. Gerard de Vaucouleurs – weltweit die Autorität für galaktische Morphologie – formulierte ein System mit über 100 Kategorien, und selbst dieses erfaßt noch nicht alle »ausgefallenen« Arten.

2 Wir können mit Ausnahme der hellen Sterne in den uns nächsten Galaxien nicht einmal auf den besten und schärfsten Aufnahmen von Galaxien einzelne Sterne erkennen.

3 Adams hatte das Ergebnis seiner fünfjährigen Berechnungen dem Königlichen Astronomen, Sir George Airy, und Challis, dem Direktor der Sternwarte in Cambridge, mitgeteilt, aber beide waren skeptisch. Leverrier, der aufgrund seiner Berechnungen Bahn, Masse und Position des unbekannten Störenfrieds angeben konnte, fand keinen französischen Astronomen, der sich die Mühe machen wollte, seine Vorhersage durch Beobachtung zu überprüfen. Deshalb nahm er die Gelegenheit wahr, an Galle zu schreiben: »Gegenwärtig suche ich nach einem ausdauernden Beobachter ... Richten Sie Ihr Fernrohr auf den Punkt der Ekliptik im 326. Längengrad im Sternbild Fische, und Sie werden innerhalb eines Grades davon einen neuen Planeten finden, der wie ein Stern etwa der 9. Größenklasse aussieht und eine wahrnehmbare Scheibe zeigt.« Galle, damals Assistent, bat den Direktor der Sternwarte, ihm die Suche zu gestatten, und erhielt die Erlaubnis, weil der Direktor seinen Geburtstag feiern und deshalb nicht selbst beobachten wollte. Mit Hilfe des Studenten Heinrich d'Arrest machte Galle sich an die mühsame und langwierige Arbeit, Position und Helligkeit aller in Frage kommenden Sterne mit der Karte zu vergleichen – zufällig standen ihnen die Korrekturbögen einer ausgezeichneten neuen Karte zur Verfügung –, und hatte schon nach einer Stunde Erfolg! Die Freude war für Adams und seine Landsleute nicht ungetrübt, denn sie hätten den Ruhm der Entdeckung gern für sich in Anspruch genommen. Noch immer steht in Cambridge ein 12-Zoll-Refraktor, dessen Verdienst es vor allem ist, daß Neptun mit ihm hätte entdeckt werden können.

4 Die Röntgenastronomie bietet eine weitere Möglichkeit, dunkle Materie sowohl in Galaxienhaufen als auch in einzelnen elliptischen Galaxien nachzuweisen. Diese Systeme sind durchdrungen von dünnem heißen Gas, das im wesentlichen von der Schwerkraft in den Haufen gehalten wird. Aus der Röntgenstrahlung lassen sich die Temperatur und der Druck des Gases berechnen. Das Gas ist so heiß, daß es nicht in diesen Bereichen bleiben würde, wenn nicht eine stärkere Gravitationskraft darauf wirkte, als von den Sternen allein ausgeht.

5 Weil das Sonnensystem in unserer Galaxis eine Bahn beschreibt, die auch den Halo durchläuft (der selbst langsamer rotiert als die Scheibe der Galaxis), müßten Zusammenstöße vor allem in unserer Bewegungsrichtung erfolgen. Dadurch könnten sich »echte Ereignisse« von jenen unterscheiden lassen, die (beispielsweise) von der Radioaktivität des Gesteins herrühren. Außerdem ändert sich die relative Geschwindigkeit der Erde in bezug auf die Teilchen im Halo im Lauf des Jahres, weil die Erde die Sonne umläuft. Deshalb sollte die Rate der Ereignisse im Lauf des Jahres schwanken. Wenn es eine solche jährliche Schwankung mit einer Amplitude von wenigen Prozent gäbe, die im Juni einen Höchstwert erreicht, würde das zeigen, daß die Ereignisse von Teilchen aus der Galaxis verursacht werden, auch wenn wir nicht wissen, aus welcher Richtung sie kommen.

7 Von ersten kleinen »Störungen« zu kosmischen Strukturen

1 Es bedeutete einen besonders großen Fortschritt, als die photographischen Platten durch eine neue Art von Lichtsensoren ersetzt wurden, sogenannte ladungsgekoppelte Detektoren (CCD = Charge-coupled Device). Eine photographische Platte hat eine »Quanteneffizienz« von wenig mehr als 1 % – in der photographischen Emulsion wird also von 100 Lichtquanten (oder Photonen) nur eines registriert. Bei den CCD ist die Effizienz dagegen bis zu 80 %. Dies ist nicht der einzige Grund, warum erdgebundene Teleskope heute sehr viel besser sind als früher. Spektren brauchen nicht mehr einzeln aufgenommen zu werden, denn lichtleitende Glasfasern ermöglichen es, mehrere 100 Objekte im Gesichtsfeld gleichzeitig zu untersuchen.

2 Ein weiterer Vorteil größerer Spiegel ist, daß sie schärfere Bilder ergeben. Aber selbst wenn die Spiegel vollkommen wären, würde die Luftunruhe die Bilder besonders in blauem Licht verwischen. Auf Dauer hoffen die Astronomen, das Flimmern der Atmosphäre mit zu registrieren und sofort korrigieren zu können. Die USA haben diese Verfahren im Rahmen des SDI-Programms für militärische Zwecke erforscht; diese Arbeiten wurden später zur »zivilen« Nutzung freigegeben.

3 Im Englischen wird gern der Begriff »ripples« verwendet.

4 In unserem Universum spielen außer der Schwerkraft auch andere Kräfte eine Rolle. Eine Galaxie entsteht durch das Kollabieren eines Bereichs mit einem Durchmesser von 100 000 Lichtjahren. Das Gas, aus dem sie besteht, strahlt die durch die Kontraktion freigesetzte Wärme ab, sammelt sich zu einer Scheibe und zerfällt in Millionen kleinerer Wolken, von denen jede groß genug ist, der Geburtsort von Sternen zu werden; damit wird ein neuer Zyklus eingeleitet, bei dem alle Elemente des periodischen Systems entstehen und verteilt werden.

5 Die Unebenheit des frühen Universums (sozusagen die »Höhe« des Gekräu-
sels) könnte im Prinzip von der Größenordnung abhängen. Für die Harri-
son-Zeldovich-Schwankungen ist Q jedoch in allen Größenordnungen
gleich und eine Grundgröße.

6 Der Wert für Q, der aus den COBE-Daten folgt, stimmt mit dem überein,
der sich aus Schätzungen von Superhaufen, der Großen Mauer usw. ergibt.
Wenn man auf Galaxienhaufen und einzelne Galaxien extrapolieren will,
muß man Annahmen über die dunkle Materie machen. Die Daten für die
kleineren Gebilde sind nur dann mit der CDM-Theorie verträglich, falls Q
etwa halb so groß ist, wie die Daten von Superhaufen und COBE es nahele-
gen. Es gibt mehrere Möglichkeiten, die übliche CDM-Theorie so »zurecht-
zubiegen«, daß diese Unstimmigkeit zwischen kleineren und größeren Skalen behoben wird. Die Anfangsfluktuationen könnten beispielsweise mit
wachsender Skala größer werden; das würde bedeuten, daß Q nicht für das
ganze Universum konstant ist. Die Übereinstimmung wäre auch besser,
wenn Neutrinos gerade genug Masse haben, um 20 % der dunklen Materie
zu liefern (die restlichen 80 % wären »kalt«). Die Neutrinos aus dem frühen
Universum hätten kleinräumige Schwankungen »verwischt«, großräumigere verstärkt. Wenn es experimentelle Bestätigungen für eine Neutrinomasse gäbe, würden viele Kosmologen diese »Zwitter«-Hypothese für die
dunkle Materie befürworten. Die Übereinstimmung wird auch verbessert,
wenn es weniger dunkle Materie gibt, als nötig wäre, um die »kritische«
Dichte zu erreichen – jene Dichte (siehe Kapitel 8), die nötig ist, damit die
universelle Expansion schließlich einmal zu einem Halt kommt.

8 Omega und Lambda

1 Man könnte sich bei dem Gedanken unbehaglich fühlen, Newtons Gravitationstheorie auf das ganze Weltall anzuwenden. Aber obwohl man die glo-
balen Eigenschaften eines Universums und auch die Lichtausbreitung nicht
angemessen ohne eine so hochentwickelte Theorie wie die Einsteinsche Relativitätstheorie beschreiben kann, sind die Beziehungen zwischen Expansion und Dichte in einem homogenen und isotropen Universum doch mehr
oder weniger so, wie sie Newtons Theorie beschreibt.

2 Die hier genannte kritische Dichte von 5 Atomen pro Kubikmeter entspricht
einer Hubble-Zeit t_H von 10 Milliarden Jahren; die tatsächliche kritische
Dichte hängt von $1/t_H^2$ ab. Glücklicherweise hängen viele Verfahren zur
Messung kosmischer Dichten in ähnlicher Weise von t_H ab. Die weiter unten in diesem Kapitel erwähnten Ungewißheiten in bezug auf die Hubble-Zeit
wirken sich nicht unbedingt auch auf Abschätzungen von Omega aus. (Leider lassen sich diese Dichten aus ganz anderen Gründen schwer abschätzen!)

3 Ein solches »bevorzugtes Bezugssystem« ist durchaus mit Einsteins Theorie verträglich, denn danach ist die *lokale* Physik in allen frei bewegten Raumschiffen gleich, der Blick aus dem Fenster zeigt aber nicht bei allen dasselbe. Nur in diesem Bezugssystem würden wir die Expansion des sehr fernen Universums als isotrope Fluchtbewegung beobachten. Jeder andere Beobachter würde in der Bewegungsrichtung kleinere Rotverschiebungen beobachten und in der entgegengesetzten größere.

4 Was wir wirklich brauchen, ist ein Verfahren, das Konzentrationen dunkler Materie in der Größenordnung von Superhaufen zeigt und das alle Ungewißheiten in bezug auf galaktische Bewegungen und Entfernungen und den Zusammenhang zwischen Galaxien und dunkler Materie umgeht. Ein neuer Ansatz sucht nach den Verzerrungen der Bilder sehr entfernter Galaxien, die von der Lichtablenkung durch Superhaufen entlang der Sichtlinie herrühren. Solche Verzerrungen wurden schon bei Galaxien beobachtet, die hinter Haufen liegen (siehe Kapitel 6). Die dunkle Materie ist in Superhaufen vermutlich weniger konzentriert als in Haufen und erzeugt deshalb in einem Superhaufen keine sehr verzerrten oder vergrößerten Bilder. Aber Superhaufen sind so große Gebilde, daß hinter jedem von ihnen Hunderttausende schwach leuchtender Galaxien liegen könnten. Diese würden entsprechend verzerrt, so daß selbst eine Verzerrung von nur einigen wenigen Prozent auf statistische Weise entdeckt werden könnte, wenn alle Galaxien im Hintergrund gleichermaßen betroffen sind.

5 Die Abstände zwischen Galaxien betragen nur das Zehnfache ihrer Gesamtgröße – in Galaxienhaufen noch weniger. Dagegen sind die Sterne in jeder Galaxie um das Millionenfache ihrer eigenen Größe voneinander entfernt. Zusammenstöße zwischen Galaxien sind gar nicht besonders selten. Andererseits stoßen Sterne höchstens im inneren Kern von Galaxien, wo sie besonders eng gepackt sind, zusammen.

6 Diese Einschränkung für die Dichte der Kerne im frühen Universum führt auf direktem Weg zu einem Grenzwert für die jetzige Atomdichte, weil das Maß der Expansion (und folglich der Verdünnung) direkt damit zusammenhängt, um wieviel die Temperatur gesunken ist. Die heutige Temperatur liegt nur knapp über dem absoluten Nullpunkt. Bei der Abkühlung von 3 Milliarden Kelvin auf 3 Kelvin hat sich das Universum um das Milliardenfache (10^9) gedehnt und seine Dichte um 10^{-27} verringert. Diese Schätzungen lassen sich verbessern, wenn man in Betracht zieht, daß Deuterium in Sternen vernichtet wird, und indem man die Häufigkeit von Helium und auch von Lithium berücksichtigt (Lithium ist ein seltenes Element, das wie Deuterium und Helium vermutlich dem Urknall entstammt).

7 Die genaue Schranke hängt von der Hubble-Zeit ab. Die hier genannte Zahl ist eine großzügige Obergrenze. Es hat Versuche gegeben, diesen Schluß zu umgehen oder wenigstens abzuschwächen, indem man annahm, daß die

Baryonen im frühen Universum nicht gleichförmig, sondern eher »klumpig« verteilt waren. Dies ist eine nicht theoretisch begründete Ad-hoc-Annahme. Außerdem erweitert sie den erlaubten Bereich der Dichten nicht wesentlich.

8 Die Frage der »Flachheit« wird weiter unten in Kapitel 10 diskutiert.

9 Der Begriff der Vakuumenergie taucht in Kapitel 10 in Verbindung mit der »inflationären« Phase des sehr frühen Universums wieder auf. Nach dieser Theorie hatte das Vakuum ursprünglich eine sehr hohe Energie (was einem sehr großen Lambda entsprach). So gesehen scheint es jetzt keine Einwände gegen die Existenz eines von Null verschiedenen Lambda zu geben – das Geheimnis ist eher, warum Lambda nicht unannehmbar groß ist.

10 Aus mathematischer Sicht könnte unser Universum sogar »mehrfach zusammenhängend« sein. Dann könnte sich unsere Umgebung immer weiter ausdehnen, obwohl wir uns weiter in einem »kleinen« Universum befinden, weil wie in einem Kaleidoskop bei der Expansion immer wieder dieselben endlichen Volumina der Gitterstruktur sichtbar werden. Bis vor kurzem ließ sich diese seltsame Möglichkeit nicht überprüfen. Wir können aber jetzt eine »Zellgröße« ausschließen, die kleiner ist als das jetzt beobachtbare Universum. Die Hinweise ergeben sich daraus, daß wir bis jetzt keine Duplikate so auffälliger Strukturen wie Haufen und große Mauern gefunden haben. Außerdem zeigen die von COBE entdeckten Ungleichförmigkeiten in der Hintergrundstrahlung Größenordnungen bis hin zum Hubble-Radius: Es gibt keine Hinweise darauf, daß es auf dem Weg dahin eine Grenze gibt.

11 In Universen ohne Lambda verlangsamt sich die Expansion, weil alles auf alles andere eine Schwerkraft ausübt. Wenn die Dichte wirklich in der Nähe des kritischen Werts liegt (Omega also 1 ist), erweist sich das Gesetz für die Verlangsamung als besonders einfach: Wenn sich die Galaxien um das Vierfache voneinander entfernt haben, ist das Universum achtmal so alt wie jetzt (nicht nur viermal, wie es wäre, wenn sich die Expansion nicht verlangsamen würde). Jede sich ausdehnende Kugel hat eine Gravitationsenergie, die proportional ist zum Reziproken des Radius, und eine kinetische Energie, die vom Quadrat der Ausdehnungsgeschwindigkeit abhängt. Für Omega = 1 ist die Gesamtenergie einer jeden Kugel, die man aus dem expandierenden Universum »herausschneiden« würde, genau Null, weil die (positive) kinetische Energie gleich der (negativen) Gravitationsenergie ist. Wenn sich das Universum um einen Faktor 4 ausdehnt, nimmt die gravitative Bindungsenergie jeder Kugel um den Faktor 4 ab. Die kinetische Energie, die proportional zum Quadrat der Geschwindigkeit ist, muß um denselben Faktor abnehmen, was bedeutet, daß die Ausdehnungsgeschwindigkeit nur noch halb so groß ist. Das Alter des Universums (Radius/Geschwindigkeit) hat deshalb um das Achtfache zugenommen, genau wie die Entfernung, die das Licht zurücklegen konnte (also die Entfernung zum Horizont). In die-

sem Stadium sind die Galaxien in dem verlangsamten Universum jedoch nur noch viermal so weit entfernt. Alles, was wir heute sehen, wird deshalb in dieser fernen Zukunft weniger als halb so weit vom neuen Horizont entfernt sein. Der neue Horizont wird also $2^3 = 8$mal soviel Galaxien enthalten.

12 Die Hintergrundtemperatur ist bis auf ein Hunderttausendstel in alle Richtungen gleich, in die wir sehen können. Abweichungen von der Gleichförmigkeit sind deshalb klein. Wir können sogar in Größenordnungen, die etwas über den Hubble-Radius hinausgehen, Aussagen über »Klumpen« oder Wellen machen, weil die sich ergebenden Gradienten die Hintergrundstrahlung auf der einen Seite unseres Universums stärker erhöhen würden als auf der anderen. Aber unsere Beobachtungen können nichts über Dimensionen aussagen, die tausendmal größer sind als der heute erkennbare Horizont, weil die Gradienten der Hintergrundstrahlung bei weitem zu gering wären.

9 Zurück an den Anfang

1 Diese Experimente waren nicht vollständig ergebnislos. Ein unerwarteter Erfolg war, als man, wie in Kapitel 6 beschrieben, Neutrinos von der Supernova 1987 A entdeckte. In denselben unterirdischen Labors werden auch andere Experimente durchgeführt, bei denen möglicherweise Teilchen entdeckt werden könnten, aus denen die dunkle Materie besteht.

10 Die »Inflation« und das Multiversum

1 Der Raum eines solchen Universums hat eine flache Geometrie im Gegensatz zur gekrümmten Geometrie des Einsteinschen Raums.

2 Der Grund für diese Spannung läßt sich durch eine sehr einfache Überlegung verdeutlichen. Man denke an ein mit einem beweglichen Kolben verschlossenes leeres Glas (also ein Glas, das ein Vakuum enthält). Wenn der Kolben nach außen gezogen wird, wird das Volumen des Vakuums größer. Wenn das Vakuum eine konstante Energiedichte hat, hat der Inhalt des Behälters also Energie gewonnen. Das ist das Gegenteil von dem, was passiert, wenn der Behälter heißes Gas enthält: Das Gas wird durch die Expansion verdünnt und kühlt sich ab. Die dabei verlorene Wärmeenergie wird in Arbeit verwandelt, die von dem Druck geleistet wird, der den Kolben schiebt. Das Vakuum übt also einen »negativen Druck« auf den Kolben aus. (Der Vergleich zwischen dem Raum und einem Glas hinkt natürlich. Der Raum

läßt sich nicht in einen Behälter sperren, und nur die Expansion eines ganzen Universums kann die Menge der Vakuumenergie verändern.)

3 Die Energiezufuhr vom »Vakuumzerfall« könnte das Universum so stark erwärmt haben, daß die in Kapitel 9 erörterten Prozesse – bei denen mehr Materie als Antimaterie übrigblieb – ablaufen konnten.

4 Es ist kein Zufall, daß der Gedanke der Inflation erst um 1980 ernst genommen wurde und nicht schon viel früher. Damals wurde versucht, eine »Große Vereinheitlichte Theorie« aufzustellen, bei der die Erhaltung der Baryonenzahl nicht gewährleistet ist: Solche Theorien bestätigten Sacharows Vorschlag, wie ein Überschuß von Materie über Antimaterie erzeugt werden kann. Wenn die Baryonenzahl streng erhalten bliebe, müßten die 10^{80} Baryonen, die wir jetzt beobachten, schon von der Zeit t = 0 an dagewesen sein, und es wäre nur schwer einzusehen, wie alles aus einem infinitesimalen Volumen entstanden sein könnte, wenn es schon immer so ungeheuer viele Teilchen gegeben hätte. Die Physik muß zulassen, daß der Raum erst nach dem Ende der Inflation mit Baryonen bevölkert wird, ohne daß gleichzeitig eine gleiche Anzahl von Antibaryonen entsteht.

5 Anders als die Baryonenzahl bleiben einige Größen – beispielsweise die elektrische Ladung – streng erhalten. Die gesamte elektrische Ladung in unserem Universum sollte daher in der Tat jetzt und immer genau Null sein.

6 Die chaotische Inflation wird beispielsweise in Lindes Buch *Elementarteilchenphysik und inflationäre Kosmologie* beschrieben.

7 Man kann solche Übergänge auch bei Magneten finden: Bei hohen Temperaturen verschwindet der Magnetismus, weil die einzelnen Atome thermisch so angeregt sind, daß ihre Orientierung rein zufällig ist. Aber wenn ein magnetischer Stoff unter eine bestimmte Temperatur, den sogenannten Curie-Punkt abkühlt, richten sich die Atome spontan aus, wobei die Richtung im allgemeinen nicht vorhersagbar ist.

11 Exotische Überreste und fehlende Zwischenglieder

1 Ein Schwarzes Loch hat eine wohldefinierte Temperatur, die proportional zur Gravitationskraft knapp außerhalb des Lochs ist. Diese Kraft hängt von M/r^2 ab. Der Radius r eines Lochs nimmt mit seiner Masse M zu, deshalb hängt diese »Hawking-Temperatur« von M/M^2 ab – sie verhält sich also reziprok zur Masse des Lochs.

2 Wenn die Entropie zunimmt, geht Information verloren. Wenn wir beispielsweise mit einem Kasten beginnen, der in zwei Teile geteilt ist, von denen der eine kaltes Gas enthält (langsam bewegte Atome) und der andere heißes (rasch bewegte Atome), und dann die Unterteilung wegnehmen, so

daß sich die langsamen und schnellen Atome vermischen, wissen wir weniger über den Ort eines jeden Atoms als vorher. Wenn sich ein Schwarzes Loch bildet, gehen alle Spuren seiner Herkunft verloren. Seine »Entropie« kann man sich als ein Maß dafür denken, auf wie viele Arten es sich gebildet haben könnte.

3 Es ist noch umstritten, ob ein verdampfendes Loch vollständig verschwindet oder einen Rest hinterläßt. Die Antwort hängt zum Teil davon ab, ob es eine Art »Ladung« trägt, die erhalten bleibt, die es also nicht abstrahlen oder neutralisieren kann. Elektrische Ladung bleibt im Universum exakt erhalten, trotzdem könnte ein Loch, das bei seiner Entstehung eine Ladung trägt, die Ladung neutralisieren, indem es Teilchen mit entgegengesetzter Ladung anzieht. Andererseits kann ein Loch die »magnetische Ladung«, mit der es entstand, vielleicht nicht loswerden, und dann würde ein magnetisch geladenes Teilchen der Masse 10^{-5} g überleben. Solche Teilchen müssen in die Liste der »exotischen Überbleibsel« aufgenommen werden, um die es in diesem Kapitel ging.

4 Neutronensterne sind die dichten Überbleibsel von Supernova-Explosionen; Astronomen entdecken junge Neutronensterne in der Form von Pulsaren oder Röntgenquellen (siehe Kapitel 4).

5 Monopole kann man sich als Defekte mit der Dimension Null vorstellen (sie sind punktförmig), Strings dagegen sind eindimensional. Es könnte im Prinzip auch zweidimensionale Defekte, sogenannte Domänenwände, geben, aber diese würden noch mehr (theoretische) Schwierigkeiten bereiten als ein Übermaß an Monopolen. Strings andererseits wären vielen Kosmologen sehr willkommen.

6 Die Statistik der Netzwerke – die Größen der Schlingen und die relative Gesamtlänge der offenen Strings und der Schlingen – ist noch umstritten, denn es ist schwer, einen hinreichend großen Teil des Universums lange genug zu simulieren, um ein vertrauenswürdiges Ergebnis zu erhalten. Wenn Strings mit einer Geschwindigkeit um sich schlagen, die fast so groß ist wie die Lichtgeschwindigkeit, senden sie Gravitationswellen aus, die den Schlingen Energie entziehen; infolgedessen schrumpfen die Schlingen immer weiter. Das Endstadium – ob sie völlig verschwinden oder ein massereiches Teilchen hinterlassen – ist so ungewiß wie das Schicksal der verdampfenden Schwarzen Löcher.

7 Astronomen haben auch nach den charakteristischen Wirkungen gesucht, die ein rasch bewegter String im Mikrowellenhintergrund hinterlassen würde. Wenn ein String sich bewegt, bewirkt er auf seiner einen Seite eine Rotverschiebung (und folglich eine scheinbare »Abkühlung« der Hintergrundstrahlung) und auf seiner anderen eine Blauverschiebung (und folglich eine scheinbare »Erwärmung« der Hintergrundstrahlung).

12 Auf dem Weg zur Unendlichkeit: Die ferne Zukunft

1 In unserer Galaxis liegen die meisten Sterne in einer dünnen Scheibe, und jeder umläuft das galaktische Zentrum auf einer nahezu kreisförmigen Bahn; die Sterne werden von dem Sog aller anderen Sterne (und der dunklen Materie) in diesen Bahnen gehalten, die insgesamt die Zentrifugalkraft ausgleichen. Wenn die Galaxien verschmelzen, wird jeder Stern in unserer eigenen Galaxis eine gleich starke Kraft der Andromedagalaxie spüren. Diese Kraft, die schräg zu unserer eigenen Scheibe wirkt, bringt die Sternbahnen in unserer Galaxis durcheinander. Umgekehrt wird die Schwerkraft der Milchstraße alle Sterne im Andromedanebel aus der Scheibenfläche herausziehen.

2 Unser jetziges Universum ist auch in noch größerem Maßstab als in dem der Superhaufen etwas unregelmäßig. Genau wie die Vorläufer von Galaxien und Galaxienhaufen kleine Störungen im frühen Weltall waren, so könnten Massenansammlungen, die noch größer sind als Superhaufen, schließlich aus Bereichen kondensieren, die jetzt nur wenig dichter sind als im Mittel. Ein Bereich, der 1 % dichter ist als im Mittel, wird auskondensieren, wenn das Universum sich um einen weiteren Faktor von 100 ausgedehnt hat. Wenn der Dichteüberschuß nur 0,1 % beträgt, muß sich das Universum um einen Faktor 1000 ausdehnen und so fort. Wir wissen deshalb über diese Überdichten im großen Bescheid, weil sie in der Hintergrundstrahlung kleine Unregelmäßigkeiten bewirken, die COBE aufzeichnete. Zur Hierarchie der kosmischen Gebilde kommen mit dem Altern des Universums immer neue Stufen hinzu. Die größten Superhaufen betragen nur 1 % vom Hubble-Radius (sie enthalten vielleicht ein Millionstel der Gesamtmasse innerhalb unseres Horizonts). Wenn der Horizont größer wird, werden auch die größten Haufen größer. Wenn Omega genau 1 ist und die Unregelmäßigkeiten in jeder Größenskala gleich sind (das ist die in Kapitel 7 beschriebene Annahme von Harrison und Zeldovich), nehmen die größten Galaxienhaufen mit dem Hubble-Radius zu. Wenn jedoch die Unregelmäßigkeiten bei größeren Skalen relativ gesehen größer werden, könnte sich das Universum am Ende wieder schließen, weil die größten Strukturen dann so groß werden wie der Horizont. Andererseits könnten die Unregelmäßigkeiten mit wachsender Größenskala auch kleiner werden; in diesem Fall könnten die Strukturen in einem bestimmten Stadium aufhören zu wachsen und zu verschmelzen. Die größten Unterschiede würden sich einstellen, wenn es eine kosmologische Konstante Lambda gäbe (wie in Kapitel 8 erörtert wurde). Selbst wenn diese zu klein wäre, um die heutige kosmische Expansion zu beeinflussen, würde sie schließlich (außer wenn der Wert genau Null ist) eine kosmische Abstoßung ausüben, welche die Schwerkraft überwiegen würde. Ein Beobachter auf einem Haufen würde sehen, wie sich die

anderen mit immer größerer Geschwindigkeit entfernen, bis überhaupt nichts mehr in Sichtweite wäre.

3 Ein anonymer Graffitikünstler verkündete an der Universität Texas die Einsicht:»Zeit ist das Mittel, mit dem die Natur verhindert, daß alles zugleich passiert.«

13 Die Zeit in anderen Universen

1 Einige Forscher, beispielsweise der vielseitige russische Physiker Vitaly Ginzburg, vermuten, daß eine andere Grenze wichtig wird, bevor wir noch der Planck-Zeit nahe kommen. Theorien wie die Superstringtheorien legen nahe, daß die Raumzeit mit einem Raster von 10 bis 43 Sekunden eine Gitterstruktur aufweist. Aus Experimenten wissen wir jedoch lediglich, daß die Gitterabstände nicht größer sein können als 10 bis 26 Sekunden.

2 Im Englischen gibt es dafür – in Anlehnung an *Forecast* – die Begriffe *Nowcast* (wenn es die Rekonstruktion der Gegenwart betrifft) und *Backcast* (Rekonstruktion der Vergangenheit).

3 Es ist hilfreich, sich ein »Raum-Zeit-Diagramm« vorzustellen, in dem die aufeinanderfolgenden Zeiten horizontale Schnitte sind, wobei spätere Zeiten weiter oben sind und die »Weltlinien« von Objekten im Universum geradewegs nach oben weisen. Wenn wir nur zwei (und nicht drei) räumliche Dimensionen aufzeichnen, wäre der *Big Bang* eine glatte horizontale »Schnittfläche« ganz unten. Der *Big Crunch* aber wäre eine sehr zerrissene Fläche. Einige Teile würden nach unten weisen und Teilen des Universums entsprechen, die schon früh zu Schwarzen Löchern zusammenfielen. Das Bild würde einer Höhle ähneln, die einen glatten Boden hat (also keine Stalagmiten), aber viele von der Decke herunterhängende Stalaktiten.

4 Für Uhren auf der Erde oder in ihrer Nähe wird die Lage aufgrund der Schwerkraft und der Erdrotation etwas komplizierter. Deshalb ist die Wirkung nicht dieselbe, wenn man von Osten nach Westen fliegt.

5 Eine inflationäre Expansion, wie sie in Kapitel 10 erörtert wird, setzt voraus, daß das frühe Universum sich verhält, als ob in ihm negativer Druck herrscht.

6 Gödel war übrigens viel eigensinniger und exzentrischer als Einstein. Als Gödel den Eid auf die Verfassung der USA ablegte, der ihn zum amerikanischen Staatsbürger machen sollte, versuchte er, auf Schwächen der amerikanischen Verfassung hinzuweisen, weswegen ihm fast die Einbürgerung verweigert wurde. Er starb im Krankenhaus an Unterernährung, weil er aus Angst, die Nahrung sei vergiftet, das Essen verweigerte.

7 Diese Zeit ist für Objekte von menschlichen Dimensionen so groß, daß man, wenn man sie als Zahl ausgedrückt in Taschenbücher eintragen wollte, einen Bücherstapel erhielte, der etwa dasselbe Volumen hätte wie der Mond.

14 »Zufälle« und die Ökologie der Universen

1 Wenn die Schwerkraft in der Vergangenheit etwas höher gewesen wäre, wäre das abgeleitete Alter der Sterne geringer. Eine solche Hypothese könnte das (in Kapitel 8 erörterte) Problem beheben, daß Sterne anscheinend so alt sind wie das Universum. Dieser Gedanke wurde nicht weiterverfolgt. Sonst spricht nichts für eine veränderliche Gravitationskonstante G. Wenn G veränderlich wäre, müßten wir vielmehr auf Einsteins so erfolgreiche Allgemeine Relativitätstheorie verzichten!

2 Es würde sogar im Wasserstoffatom selbst interessante Veränderungen geben. Die charakteristische Strahlung, die Wasserstoff im Radiobereich mit einer Wellenlänge von 21 cm ausschickt, hängt auf andere Weise von der Elektronenmasse, der Planckschen Konstanten usw. ab, als die spektralen Eigenschaften, die wir im optischen und ultravioletten Bereich beobachten. Aber Radio- und optische Astronomen erhalten dieselben Ergebnisse, wenn sie die Rotverschiebung eines fernen Objekts messen.

3 Ein Element wird durch seine Ordnungszahl im periodischen System definiert, also die Anzahl von Protonen in seinem Kern. Es kommen Varianten desselben Elements vor, die in ihrem Kern eine andere Anzahl von Neutronen haben. Diese Varianten heißen Isotope. Deuterium beispielsweise ist mit einem Proton und einem Neutron ein schweres Isotop des Wasserstoffs. Eine Beschreibung des »Reaktors« in Oklo findet sich in dem Artikel von M. Maurette in *Annual Reviews of Nuclear Science*, Band 26, S. 319 (1976).

4 Dirac machte diesen Vorschlag zu einer Zeit, als sein Zeitgenosse und Kollege in Cambridge, Eddington, der schon lange wegen seiner klassischen und bahnbrechenden Arbeiten zur Relativitätstheorie und zum Sternaufbau berühmt war, sich der Entwicklung einer komplizierten numerologischen »Fundamentaltheorie« zugewandt hatte, nach der unser Universum geschlossen und endlich ist und, wie er behauptete, »15 747 724 136 275 002 577 605 653 961 181 555 468 044 717 914 527 116 709 366 231 425 076 185 631 031 296 Protonen und ebenso viel Elektronen« enthalten sollte. (Diese Zahl ist übrigens $2^{256} \times 136$.) Kein lebender Wissenschaftler glaubt ihm, und kaum einer hat es der Mühe wert erachtet, Eddingtons Überlegung nachzuvollziehen.

5 Die hier skizzierten Einzelheiten sind vereinfacht: Andere Eigenschaften, etwa die Oberflächentemperaturen von Sternen, werden auf kompliziertere

Weise beeinflußt. In einem kleinen Universum mit großer Schwerkraft wären die Aussichten auf eine komplexe Evolution besser auf einem Planeten, der um einen Stern kreist, der gerade groß genug ist für die Kernfusion, und nicht um einen, der unserer Sonne entspricht (deren Lebenszeit nur 1 Jahr betrüge). Solche Sterne können in unserem Universum 10^{13} Jahre leben und im Infrarot strahlen; im hypothetischen »beschleunigten« Universum müßte ihre Oberfläche viel heißer sein, und sie könnten nur 1000 Jahre alt werden.

6 Ich selbst begann in den siebziger Jahren, mich mit den verschiedenen scheinbaren »kosmischen Zufällen« zu beschäftigen. Viele haben eine direkte physikalische Deutung gefunden (wie etwa Diracs »Zufälle«). Aber es gibt andere, die anscheinend »anthropische« Bedeutung haben. Das spätere Interesse an diesen wurde hauptsächlich von einem Artikel mit dem Titel *Anthropic Principle and the Physical World* ausgelöst, den ich mit meinem Kollegen Bernard Carr schrieb (*Nature*, Band 278, S. 605 [1979]).

7 Zu Paleys Zeit war ein hochentwickeltes Interesse an wissenschaftlichen Fragen bei Theologen keine Seltenheit. Die intellektuell ehrgeizigsten studierten in Cambridge gewöhnlich auch Mathematik und unterzogen sich den sehr strengen Prüfungen. Studenten, die sich in den Mathematikprüfungen besonders auszeichneten, wurden »Wranglers« genannt; der beste hieß Senior Wrangler. Paley war 1764 Senior Wrangler; er soll mit Hilfe von Newtons Gesetzen außerordentlich gut Bahnen und anderes berechnet haben können – weit besser als heutige Studenten, die sich viel mehr mit modernen Themen abgeben müssen. Paley studierte außer Theologie auch Griechisch und Latein. Ein Pfarramt auf dem Land war seinerzeit ein angenehmer Zufluchtsort für Akademiker, die damals nicht in Oxford oder Cambridge bleiben konnten, wenn sie heirateten. Auch Thomas Bayes, der Pionier der Statistik, war Geistlicher; John Michell, dessen Spekulationen zu Schwarzen Löchern in Kapitel 5 erwähnt wurden, war Pfarrer in Thornhill in Yorkshire.

15 »Anthropisches Denken« – mit und ohne Prinzip

1 Der englische Kosmologe E.A. Milne postulierte als »kosmologisches Prinzip«, daß das Universum im großen (über das zu seiner Zeit fast nichts bekannt war) so gleichförmig sei, daß man einfache theoretische Modelle dafür aufstellen könne. Bondi und Gold gingen weiter und gründeten ihre Steady-State-Theorie auf ein sogenanntes »vollkommenes kosmologisches Prinzip« – wonach das Universum zu allen Zeiten und auch an allen Orten gleich ist. Wir haben recht bald festgestellt, daß das nicht zutrifft (siehe Kapitel 2 und 3). Im Gegensatz dazu wurde Milnes »kosmologisches Prin-

zip« für den Teil des Universums innerhalb unseres derzeitigen Horizonts genauer bestätigt, als er es zu hoffen gewagt hätte. Das in Kapitel 12 beschriebene Machsche Prinzip hat sich als fruchtbarer erwiesen als andere »Prinzipien«, wenn auch vielleicht nur deshalb, weil es so viele unterschiedliche Interpretationen erlaubt.

2 Bevor Smolins Idee (die zuerst in einem Artikel in der Zeitschrift *Classical and Quantum Gravity*, Band 9, S. 173 [1992] aufgestellt wurde) weiterentwickelt werden kann, müssen zwei Fragen klarer formuliert werden. Erstens: Begünstigt der Ausleseprozeß Universen, die Schwarze Löcher mit der maximalen Geschwindigkeit (und maximalen Wirksamkeit) erzeugen, oder ist die von einem Universum zu seinen Lebzeiten erzeugte Gesamtzahl wichtiger? Das letztere Kriterium würde vor allem davon abhängen, wie groß und langlebig ein Universum ist. Zweitens geht es um die anthropischen Zwänge: Nehmen wir an, es stellte sich heraus, daß Schwarze Löcher am einfachsten in einem Universum erzeugt werden, in dem sich niemals komplexes Leben entwickeln könnte. Sterne könnten sich beispielsweise leichter aus Schwarzen Löchern bilden, wenn es keine Quellen für Kernenergie gäbe und keine stabilen Elemente außer Wasserstoff. Aber dann gäbe es keine Chemie und vielleicht keine Komplexität. Sollte das so sein, könnte man Smolins Gedanken völlig zurückweisen. Man könnte dann aber eine andere Vorhersage überprüfen, nämlich daß unser Universum mehr Schwarze Löcher erzeugt als jedes andere, in dem die Bedingungen für eine komplexe Evolution ähnlich günstig sind.

3 Diese Überlegung hat Ähnlichkeit mit dem Einwand, der sich gegen Boltzmanns Hypothese hätte erheben lassen, daß unser Universum eine »Fluktuation« ist, die vom Gleichgewicht wegführt (siehe Kapitel 13). Unsere Existenz erfordert zwar eine Fluktuation, die nicht sehr wahrscheinlich ist, aber das tatsächliche Universum ist viel größer und stellt eine noch ungeheuer viel weniger wahrscheinliche Fluktuation dar.

344

Danksagungen

Dieses Buch stellt die Kosmologie dar, wie ich sie sehe – wie wir meiner Meinung nach unser Universum wahrnehmen, welche Themen gerade aktuell sind, welche Möglichkeiten sich unserem Wissen in Zukunft öffnen könnten und welche Grenzen ihm gesetzt sind. In seiner jetzigen Form wäre das Buch wohl niemals fertiggestellt worden, wenn nicht Nick Webb von Simon & Schuster mich immer wieder angeregt und angetrieben hätte. Sein Rat als Lektor war sehr wertvoll; insbesondere bestand er darauf, daß ich meine Phantasie spielen lassen und auch umstrittene Themen, vor denen ich mich sonst gescheut hätte, behandeln sollte. Dieses Buch ist für Nichtfachleute bestimmt, die genau wie Nick Webb von der Frage fasziniert sind, wie Wissenschaft betrieben wird und welche Probleme die Kosmologen hauptsächlich beschäftigen.

Ich danke Anita Ehlers für ihre umsichtige Übersetzung meines Buches ins Deutsche. Sie und ihr Ehemann, der herausragende Relativitätstheoretiker Jürgen Ehlers, haben mit zahlreichen Vorschlägen zur Verbesserung meiner Darlegungen beigetragen.

Eine Auswahl weiterführender Literatur

J. D. Barrow, *Theorien für Alles. Die philosophischen Ansätze der modernen Physik*, Heidelberg (Spektrum) 1992

J. D. Barrow und F. Tipler, *The Anthropic Cosmological Principle*, Oxford (Oxford University Press) 1986

M. Begelman und M. Rees, *Schwarze Löcher im Kosmos*, Heidelberg (Spektrum) 1997

F. Combes u. a., *Galaxies and Cosmology*, Berlin (Springer) 1995

P. Davies, *Die Unsterblichkeit der Zeit*, München (Scherz) 1995

A. Dressler, *Reise zum großen Attraktor*, Reinbek (Rowohlt) 1996

M. Gell-Mann, *Das Quark und der Jaguar*, München (Piper) 1994

J. Gribbin und M. Rees, *Ein Universum nach Maß*, Frankfurt/M. (Insel) 1994

S. W. Hawking, *Eine kurze Geschichte der Zeit*, Reinbek (Rowohlt) 1988

S. W. Hawking und R. Penrose, *The Nature of Space and Time*, Princeton (Princeton University Press) 1996

T. Henning und B. Stecklum, *Molekülwolken und Sternentstehung*, Leipzig (Barth) 1995

M. Kaku und J. Trainer, *Jenseits von Einstein*, Frankfurt/M. (Insel) 1993

L. Ledermann und D. Schramm, *Vom Quark zum Kosmos*, Heidelberg (Spektrum) 1990

A. Linde, *Elementarteilchenphysik und inflationäre Kosmologie*, Heidelberg (Spektrum) 1990

J.-P. Luminet, *Schwarze Löcher*, Wiesbaden (Vieweg) 1996

A. G. Lyne und F. Graham-Smith, *Pulsare*, Leipzig (Barth) 1993

J. North, *Viewegs Geschichte der Astronomie und Kosmologie*, Wiesbaden (Vieweg) 1996

I. D. Novikov, *Schwarze Löcher im All*, Frankfurt/M. (Harri Deutsch) 1989

A. Pais, *Raffiniert ist der Herrgott ...: Albert Einstein*, Wiesbaden (Vieweg) 1988

R. Penrose, *Computerdenken*, Heidelberg (Spektrum) 1991

M. Rees, *Perspectives in Astrophysical Cosmology*, Cambridge (Cambridge University Press) 1995

M. Rowan-Robinson, *Das Flüstern des Urknalls*, Heidelberg (Spektrum) 1996

C. Sagan, *Unser Kosmos*, München (Droemer Knaur) 1982

P. Schneider, J. Ehlers u. a., *Gravitational Lenses*, Berlin (Springer) 1992

J. Silk, *Die Geschichte des Kosmos*, Heidelberg (Spektrum) 1996

K. S. Thorne, *Gekrümmter Raum und verbogene Zeit. Einsteins Vermächtnis*, München (Droemer Knaur) 1994

S. Weinberg, *Der Traum von der Einheit des Universums*, München (Bertelsmann) 1993

–, *Die ersten drei Minuten*, München (Piper) 1992

J. A. Wheeler, *Gravitation und Raumzeit. Die vierdimensionale Ereigniswelt der Relativitätstheorie*, Heidelberg (Spektrum) 1991

Namen- und Sachregister